中国通信学会普及与教育工作委员会推荐教材

21世纪高职高专电子信息类规划教材
21 Shiji Gaozhi Gaozhuan Dianzi Xinxilei Guihua Jiaocai

通信线路施工与维护

管明祥 主编

王乐 龚汉东 副主编

Electronic Information

人 民 邮 电 出 版 社

北 京

图书在版编目（CIP）数据

通信线路施工与维护 / 管明祥主编. -- 北京 : 人民邮电出版社, 2014.11（2024.1重印）
21世纪高职高专电子信息类规划教材
ISBN 978-7-115-34876-0

Ⅰ. ①通… Ⅱ. ①管… Ⅲ. ①通信线路－工程施工－高等职业教育－教材②通信线路－维护－高等职业教育－教材 Ⅳ. ①TN913.3

中国版本图书馆CIP数据核字(2014)第087959号

内 容 提 要

本书采用工作过程系统化的方法介绍了通信线路施工与维护的基本方法、技术要点及注意事项。本书分为8章，主要介绍通信传输线路基础、管道杆路光缆的施工要求、杆路建筑、管道建筑、光（电）缆线路施工、通信线路维护、通信线路质量控制和施工安全规程，最后介绍了通信线路工程中常用测试仪器仪表的使用方法及注意事项。另外，全书还举例说明了目前通信线路工程中常见的一些质量、安全问题及竣工文本的编制方法。

本书既可作为高职高专通信技术专业及相关专业学生的教材，也可作为光（电）缆线路工程维护人员的参考用书。

◆ 主　　编　管明祥
副 主 编　王　乐　龚汉东
责任编辑　武恩玉
责任印制　彭志环　杨林杰

◆ 人民邮电出版社出版发行　　北京市丰台区成寿寺路11号
邮编　100164　　电子邮件　315@ptpress.com.cn
网址　http://www.ptpress.com.cn
固安县铭成印刷有限公司印刷

◆ 开本：787×1092　1/16
印张：12.5　　　　2014年11月第1版
字数：372千字　　　　2024年1月河北第16次印刷

定价：32.00元

读者服务热线：(010)81055256　印装质量热线：(010)81055316
反盗版热线：(010)81055315

前　言

本书系统地阐述了通信传输线路的基本知识；管道杆路光缆施工的基本要求与安全规范；讲解了线路施工的步骤、注意事项与质量控制等；同时也对施工中常见的仪器仪表给予了介绍。

本书力求重点突出以下几方面的特色。

1. 采用工作过程系统化的方法开发课程

在完成大量企业调研和7届毕业生就业岗位摸底调查的基础上，开展了校企专家“头脑风暴”研讨，全面分析了本地区通信技术专业通信线路方面的人才需求，包括典型工作任务记录、任务描述、工作过程描述、工作环境描述等。借鉴高职教育人才培养方案开发规范，以职业岗位需求调研为起点，通过开展以工作岗位分析，典型工作任务记录与分析，知识与技能重构，专业课程体系构建，到实训平台推演与设计为主线的系统化设计方法，开发“通信线路施工与维护”课程。

2. 课程编排突出工作过程主线

结合基于职业岗位的课程建设，课程教学以工作过程为主线，通过对通信工程勘察、设计、施工、验收、维护等典型工作任务的分析，确定相关学习领域及学习情景。课程根据典型工作任务设计相关的教学模块及学习情景，通过教学模块把理论知识和相关实践连接起来，形成完整的链条。

3. 课程注重学生职业素质培养

知识编排深入浅出，把各种通信线路的基本理论知识及相关操作技能由浅入深地传授给学生，和其他专业课一起完成对学生专业综合职业素质的培养。

4. 理实一体化教材

本课程配有大量的实训项目，有较强的实用性和系统性。与广东怡创科技股份有限公司合作编排，吸纳企业一线能工巧匠共同编写，以企业真实案例开展技能训练。

广东怡创科技股份有限公司的姜涛、黄小东为本书提供大量素材，深圳信息职业技术学院通信技术专业教研室的王乐、龚汉东、夏林中也提供很多帮助，在此对他们的大力协助与支持表示衷心的感谢。

由于时间仓促和编者水平有限，书中错误和不足之处难以避免，敬请读者批评指正。

编　者

2014年1月

目录

第 1 章

通信传输线路基础

在有线通信中，其物理信道主要是指通信线路，而通信线路又包括通信电缆，通信光缆等。本章通过对电缆、光纤及光缆的结构、类型及特性的介绍，让学生了解目前常见的有线传输介质结构、分类、传输特性等，为后续的线路施工与维护打下基础。

1.1 通信电缆的结构、类型及特性

1.1.1 通信电缆的分类及用途

通信电缆的用途就是构成传递信息的通道，形成四通八达的通信网络。通信电缆可按敷设和运行条件、传输的频谱、电缆芯线结构、绝缘材料和绝缘结构以及护层类型等几个方面来分类。

① 根据敷设和运行条件可分为：架空电缆、直埋电缆、管道电缆及水底电缆等。

② 根据传输频谱可分为：低频电缆（10kHz 以下）和高频电缆（12kHz 以上）等。

③ 根据电缆芯线结构可分为：对称电缆和不对称电缆两大类。对称电缆指构成通信回路的两根导线的对地分布参数（主要指对地分布电容）相同的电缆，如对绞电缆。不对称电缆是指构成通信回路的两根导线的对地分布参数不同，如同轴电缆。

④ 根据电缆的绝缘材料和绝缘结构分为：实心聚乙烯电缆、泡沫聚乙烯电缆、泡沫/实心皮聚乙烯绝缘电缆以及聚乙烯垫片绝缘电缆等。

⑤ 根据电缆护层的种类可以分为：塑套电缆、钢丝钢带铠装电缆、组合护套电缆等。

1.1.2 全色谱全塑双绞通信电缆的结构与类型

全色谱全塑双绞通信电缆是现在本地网中广泛使用的电缆。全塑电缆是指电缆的芯线绝缘层、缆芯包带层和护套均采用高分子聚合物——塑料制成的电缆。全塑市话电缆属于宽频带对称电缆，现已广泛用来传送电话、电报和数据等业务电信号。

由于全塑电缆具有电气特性优良、传输质量好、重量轻、运输和施工方便、抗腐蚀、故障少、维护方便、造价低、经济实用、效率高及使用寿命长等特点，使它得到了很快的发展和推广，与之相配套的线路技术，如电缆的布放、接续，各种成端技术，新的线路网结构和配线制式，传输技术和维护测试技术等也得到了飞速的发展。

1. 全色谱全塑双绞通信电缆的结构

（1）芯线材料及线径

芯线材料由纯电解铜制成，一般为软铜线。标称线径有：0.32mm、0.4mm、0.5mm、0.6mm和0.8mm等5种。此外，曾出现过0.63mm、0.7mm和0.9mm的，现已逐渐减少。我国部颁标准中只规定了前述5种标称线径。

（2）芯线的绝缘

① 绝缘材料：高密度聚乙烯、聚丙烯或乙烯——丙烯共聚物等高分子聚合物塑料，称为聚烯烃塑料。

② 绝缘形式：全塑电缆的芯线绝缘形式分为实心绝缘、泡沫绝缘、泡沫/实心皮绝缘。如图1-1（a）、（b）、（c）所示，由绝缘层形成原则可知，三种绝缘形式的绝缘效果由好到差的排列顺序依次为（c）、（b）、（a）。它们均能满足电话通信的需求。

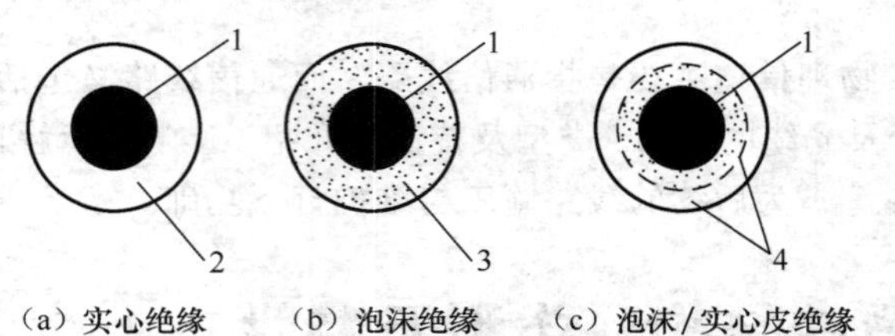

（a）实心绝缘　（b）泡沫绝缘　（c）泡沫/实心皮绝缘

图1-1　全塑电缆芯线绝缘形式

1—金属导线　2—实心聚烯烃绝缘层　3—泡沫聚烯烃绝缘层
4—泡沫/实心皮聚烯烃绝缘层

（3）芯线的扭绞

绝缘好了以后的芯线大都采用对绞形式进行扭绞，即由a、b两线构成一个线组。线组内绝缘芯线的颜色分为普通色谱和全色谱两种。

① 普通色谱：标志线对为蓝/白，普通线对为红/白，这种电缆现在使用不多，这里不作介绍。

② 全色谱：由10种颜色两两组合成25个组合，a线：白，红，黑，黄，紫；b线：蓝，橙，绿，棕，灰。其组合形式见表1-1，在一个基本单位U（25对为一个基本单位）中，线对序号与色谱存在一一对应的关系，如第16对芯线颜色为黄/蓝，第20对芯线为黄/灰等，给施工时的编线及使用提供了很大方便，这就是工程技术人员常讲的“芯线全色谱”。

表1-1　全色谱线对编号与色谱

线对编号	颜色		线对编号	颜色		线对编号	颜色		线对编号	颜色		线对编号	颜色	
	a	b		a	b		a	b		a	b		a	b
1	白	蓝	6	红	蓝	11	黑	蓝	16	黄	蓝	21	紫	蓝
2		橙	7		橙	12		橙	17		橙	22		橙
3		绿	8		绿	13		绿	18		绿	23		绿
4		棕	9		棕	14		棕	19		棕	24		棕
5		灰	10		灰	15		灰	20		灰	25		灰

（4）全塑电缆的缆芯

① 同心式缆芯：其结构方式是由线对构成的一系列同心圆，当层数较多时这种成缆方式多有不便，故只用于部分小对数（50 对以下）的全塑电缆中。

② 单位式缆芯：这是全塑电缆形成缆芯的主要方式。它主要由基本单位和超单位绞合而成。根据缆芯中芯线线对和单位扎带颜色的不同，单位式缆芯也有普通色谱和全色谱之分。我们学习的重点是全色谱单位式缆芯。

a. 普通色谱：普通色谱对扭单位式缆芯是由若干个层绞（同心式）的 50 对或 100 对为单位绞合而成的（其中，50 对和 100 对单位可由若干个线对直接绞合而成，也可由 5 对、8 对、9 对、12 对、13 对、25 对等小单位绞合而成）其色谱是：每一层的第一个单位为标志单位，其余各单位为普通单位；标志单位中每层的第一个线对为标志线对，其色谱为红/白，其余普通线对的色谱为蓝/白；普通单位中每层的第一个线对为标志线对，色谱为蓝/白，普通线对色谱为红/白（正好相反）。每个单位外都有白色扎带，以便于区分。使用不多，在此不作进一步的介绍。

b. 全色谱对绞单位式缆芯：全色谱对绞单位式缆芯色谱在全塑市话电缆中使用最多。10 种颜色两两组合成 25 对全色谱线对：领示色 a 线：白（W）、红（R）、黑（B）、黄（Y）、紫（V）循环色 b 线：蓝（Bl）、橙（O）、绿（G）、棕（Br）、灰（S）。

（5）缆芯包带层

为了保证缆芯结构的稳定和改善电气、机械、物理等性能，在全塑电缆的缆芯之外，重叠包复非吸湿性的电介质材料带（如聚乙烯或聚脂薄膜带等），包复方式可以是重叠绕包或重叠纵包（后者多见），并采用白色的非吸湿性丝带将包带扎牢。

缆芯包带层应具有很好的隔热性和足够的机械强度，以保证缆芯在形成屏蔽层、挤制塑料护套以及使用过程中，不至受到损伤、变形或粘接。

（6）屏蔽护套和外护套

① 屏蔽层：屏蔽层的主要作用是防止外界电磁场的干扰。全塑电缆的金属屏蔽层介于塑料护套与缆芯包带之间，其结构有纵包和绕包两种，类型有如下几种：

a. 裸铝带；

b. 双面涂塑铝带；

c. 铜带（少用）；

d. 钢包不锈钢带；

e. 高强度硬性钢带；

f. 裸铝、裸钢双层金属带；

g. 双面涂塑铝、裸钢双层金属带。

其中 a、b 两种是目前本地网中用得最多的屏蔽类型，其他类型均用于一些特殊场合。

② 护套：全塑电缆的护套包在屏蔽层外面。材料是高分子聚合物塑料，全塑电缆的护套主要有：单层和双层护套、综合护套、粘接护套（层）和特殊护套（层）等。现分述如下。

a. 单层护套：它由低密度聚乙烯树脂加炭黑及其他辅助剂或普通聚氯乙烯塑料融合挤制而成的，主要特点是：加工方便，质轻柔软，容易接续等。

黑色聚乙烯护套分为 PE-HJ 和 PE-HH 两大类，前者用于一般场合，后者用于耐高温等条件苛刻的场合。

聚氯乙烯护套是发展较早，应用较广泛的一种护套，具有耐磨、不延燃、耐老化、柔软等特点。一般局内、室内用电缆都采用这种护套，主要看重它的不延燃性。

黑色聚乙烯护套的防潮性及机械强度比聚氯乙烯护套好，又能耐腐蚀，所以广泛使用在其他双护套、综合护套或粘接护套（层）中。

b. 双层护套：双层护套主要有两种：聚乙烯-聚氯乙烯双层护套和聚乙烯-黑色聚乙烯双层护套，结构如图 1-2 所示，前者由于聚乙烯和聚氯乙烯各有特点，这样可相互取长补短，从而使护套的使用性能更加完善，后者则能提高电缆的机械强度和防潮效果。

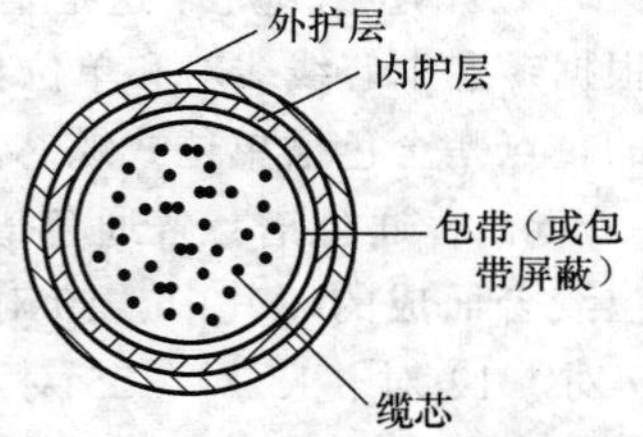

图 1-2　双层塑料护套结构

以上几种护套均由单纯的高分子聚合塑料组成，称为普通塑料护套。它的主要缺点是具有一定的“透潮性”，因为高分子聚合物的分子比水分子大，所以当这类护套的电缆在湿度较大的环境下使用时，就会因为护套内外存在水汽浓度差，使得水分子从浓度较高的一侧透过高分子聚合物向浓度低的一侧“跃迁”，形成扩散（这种扩散不包括由于护套缺陷所造成的进水现象），所以普通塑料护套电缆，尽量不要在潮湿的环境中使用。

c. 综合护套：通常将电缆金属屏蔽层与塑料护套组合在一起，称为电缆综合护套。几种典型的综合护套及其特点、用途分述如下。

铝-聚乙烯（聚氯乙烯）护套：它有两层，先在缆芯包带外套一层 0.15～2.0mm 厚的铝带，外面再套上一层黑色聚乙烯（或聚氯乙烯）护套。这种护套的电缆主要适合于架空安装使用，铝带和护套可以分离。

聚乙烯-铝-聚乙烯（聚氯乙烯）护套：这类护套主要有两种，一为聚乙烯-铝-聚乙烯护套；另一为聚乙烯-铝-聚氯乙烯护套。它是在缆芯包带外先挤包一层聚乙烯护套，然后再包上铝带屏蔽层，最后再挤包一层黑色聚乙烯或聚氯乙烯护套。这类护套的特点是机械强度高，芯线对屏蔽层的耐压强度较高（即碰地故障发生的可能性小），防潮效果较好。

d. 粘接护套：为了解决上述塑料护套透潮问题，在全塑电缆护套结构中，又发展了将黑色聚乙烯护套和铝屏蔽层紧密粘接，构成了铝-塑粘接护套，其防潮、防电磁干扰和机械强度等方面的性能都比上述一些塑料护套好，特别是防潮效果提高了 50～200 倍，所以现在本地网中外线电缆绝大部分都采用这种护套。

粘接护套的挤包过程是：采用化学处理和直接粘合的方法，先在屏蔽铝带的两面各粘复一层塑膜（即聚乙烯薄膜，乙烯-丙烯酸共聚物或乙烯-缩水甘油甲基丙烯酸-醋酸乙烯薄膜等）制成双面涂塑铝带，然后在涂塑铝带的外面立即热挤包一层黑色聚乙烯护套，利用护套挤制过程中的热量及附加热源，将双面涂塑铝带的纵包搭缝处熔合，并使双面涂塑铝带外表面的聚合物薄膜层与黑色聚乙烯外护套融为一体，并形成铝-塑粘接护套，如图 1-3 所示。

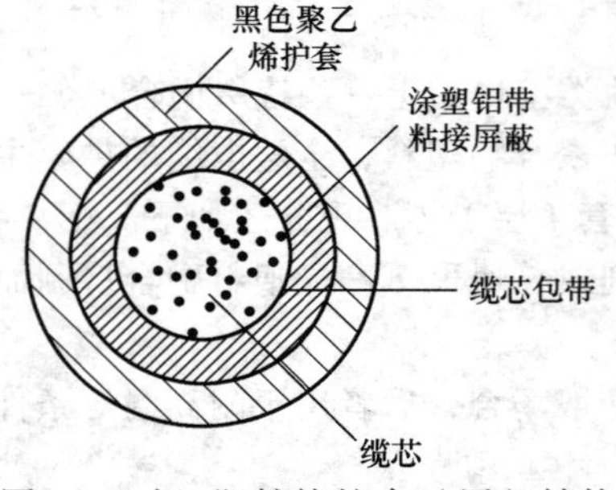

图 1-3　铝-塑粘接护套（层）结构

e. 特殊护层：用于改善电缆护层机械和屏蔽性能的裸钢；铝双层金属-聚乙烯护层；双面涂塑钢、铝双层-聚乙烯粘接护层；铜包钢带-聚乙烯护层；高强度硬性钢带-聚乙烯护层；铜带-聚乙烯护层。

用于防昆虫（如白蚁）叮咬的半硬塑料护套层。

用于防冻裂的耐寒塑料护套等。

③ 外护层：全塑电缆的外护层由内衬层、铠装层和外被层 3 层构成。

a. 内衬层：一种是在护套外，重迭绕包 3 层聚乙烯或聚氯乙烯薄膜带；另一种是先绕包两层聚乙烯或聚氯乙烯薄膜带，再绕包两层浸渍的皱纹纸带，然后又绕包两层聚乙烯或聚氯乙烯薄膜带，作为铠装层的内衬层（一共绕 6 层）。

当电缆塑料护套达到一定厚度，具有足够的机械强度时，也可不加内衬层，而直接在电缆的塑料护套外包复金属铠装层。

b. 铠装层：在内衬层外纵包一层钢带（厚 0.15～0.20mm），并浇注防腐混合物；或者绕包两层防腐钢带，并浇注防腐化合物。对于过河或其他水下敷设的全塑电缆，应根据抗拉强度的要求，在内衬层外绕细圆或粗圆钢丝，并浇注防腐混合物形成铠装层。

c. 外被层：为保护铠装层，应在金属铠装层外加一层 1.4～2.4mm 厚的黑色聚乙烯或聚氯乙烯外层。电缆外护层的结构如图 1-4 所示。

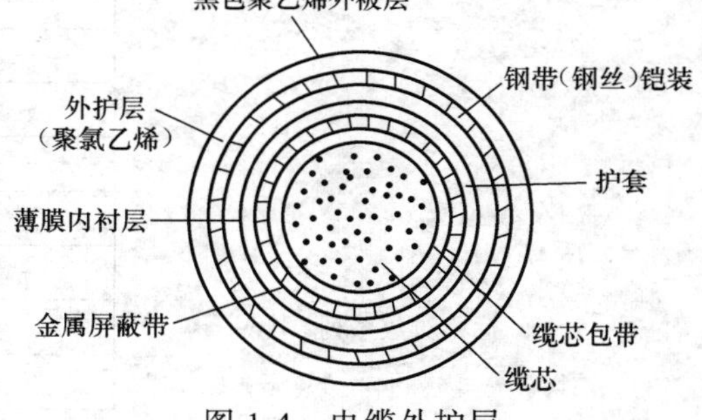

图 1-4　电缆外护层

2. 全色谱全塑双绞通信电缆的类型、端别和选用原则

（1）全塑电缆的类型

全塑电缆分为普通型和特殊型两大类，而特殊型又包括填充式、自承式和室内电缆等。

a. 普通型全塑电缆：是使用最多的一种，广泛用于架空、管道、墙壁及暗管等施工形式。其典型型号为：HYA、HYFA、HYPA 三大类。例如，HYA—400×2×0.5（型号规格）4000 对（对数）线径为 0.5mm 的铜芯线。

b. 填充式全塑电缆：目前本地网中使用的大多数为石油膏填充的全塑市话电缆（与充油光缆的填充物一样），主要用于无需进行充气维护或对防水性能要求较高的场合。其型号为：HYAT、HYFAT、HYPAT、HYAGT、HYAT 铠装、HYFAT 铠装、HYPAT 铠装等。

c. 自承式全塑电缆：这是一种比较受欢迎的用于架空场合的全塑电缆，它不要吊线即可直接架挂在电杆上（自承式因此而得名），多用于墙壁架设。其型号有 HYAC、HYPAC、结构如图 1-5 所示。

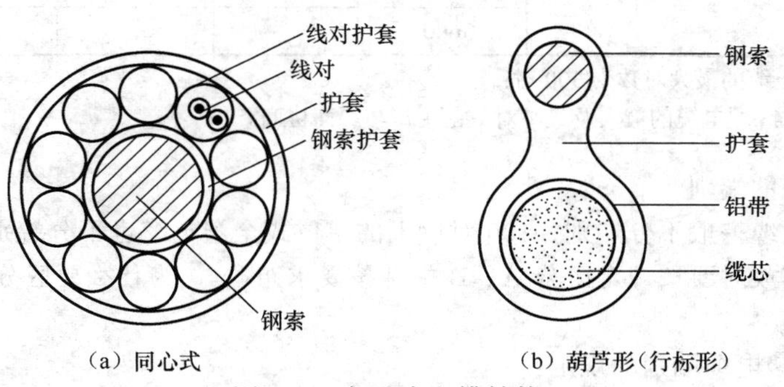

（a）同心式　　（b）葫芦形（行标形）

图 1-5　自承式电缆结构

d. 室内用全塑电缆：室内电缆又称之为成端电缆或局内配线电缆，其芯线的绝缘及护套均由聚氯乙烯材料制成，有阻燃性。内部结构同普通式全塑电缆，均为对绞式屏蔽塑套结构，型号为：HPVV。

（2）全塑市话电缆的规格

目前国内生产的各种线径的全塑电缆的标称对数（规格）见表 1-2，容量在 1000 对以下的规格要求大家熟记。

表 1-2　电缆规格

导线标称直径（mm）	0.32	0.40	0.50	0.60	0.80
标称对数系列	—	10	10	10	10
	—	20	20	20	20
	—	30	30	30	30
	—	50	50	50	50
	—	100	100	100	100
	—	200	200	200	200
	—	300	300	300	300
	—	400	400	400	400
	—	600	600	600	600
	—	800	800	800	—
	—	900	900	900	—
	—	1000	1000	1000	—
	—	1200	1200	—	—
	—	1600	1600	—	—
	—	1800	—	—	—
	2000	2000	—	—	—
	2400	2400	—	—	—
	2700	—	—	—	—
	3000	—	—	—	—
	3300	—	—	—	—
	3600	—	—	—	—

注：① 自承式电缆的最大对数为 300 对；
② 33 型或 43 型电缆的最大及最小对数由用户与厂商协商。

（3）全塑电缆的端别

同心式全塑电缆一般不分端别，100 对以下的单位式全塑电缆也不分端别。100 对以上单位式全塑电缆施工布放时要按规定区分 A、B 端并按要求布放。（为什么要区分端别，请大家自己思考）。

① 单位式全塑电缆端别的规定：

面对电缆端面，抓起同一层中的任何两个单位（基本单位或超单位均可）如果这两个单位中的基本单位扎带颜色按白、红、黑、黄、紫顺时针排列则为 A 端，反之则为 B 端。新出厂的电缆 A 端一般做有红色标记，B 端做有绿色标记。

② 单位式全塑电缆 A、B 端的布放：

汇接→局分局（端局），以汇接局为 A 端；

分局→支局，以分局为 A 端；

端局→交接箱，以端局为 A 端；

端局→用户，以端局为 A 端。

总之，A 端总要向着局方，以局为中心向外铺设。

③ 全色谱全塑电缆线对序号的编排：

从中心层第一个单位开始分配，线对序号从中心到外层按由小到大的顺序排列。

（4）全塑电缆的选用

各型号全塑电缆使用场合见表 1-3。

表 1-3　各种类型全塑电缆的使用场合

电缆类型	无外护层电缆	自承式电缆	有外护层电缆				
			单层钢带纵包	双层钢带纵包	双层钢带绕包	单层细钢丝绕包	单层粗钢丝绕包
电缆型式代号	HYA	HYAC	—	—	—	—	—
	HYFA	—	—	—	—	—	—
	HYPA	—	—	—	—	—	—
	HYAT	—	HYAT53	HYAT553	HYAT23	HYAT33	HYAT43
	HYFAT	—	HYFAT53	HYFAT553	HYFAT23	—	—
	HYPAT	—	HYPAT53	HYPAT553	HYPAT23	—	—
主要使用场合	管道架空	架空	直埋	直埋	直埋	水下	水下
使用条件	电缆的工作环境温度为-30～+60℃，敷设环境温度应不低于-5℃						

注：用户对外护层有特殊要求时，可与制造厂商协商。除外护层，电缆仍应符合本标准。

1.1.3　同轴电缆及数据通信中的对绞电缆

1. 同轴电缆

典型的同轴电缆中心有一根单芯铜导线，铜导线外面是绝缘层，绝缘层的外面有一层导电金属层，金属层可以是密集型的，也可以是网状形的。金属层用来屏蔽电磁干扰和防止辐射。电缆的最外层又包了一层绝缘材料，如图 1-6 所示。

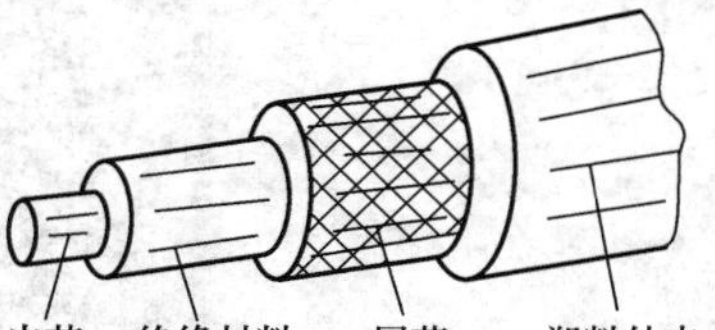

（1）同轴电缆的电气参数

① 特性阻抗。同轴电缆的平均特性阻抗为 50Ω±2Ω，沿单根同轴电缆，其阻抗的的周期性变化为正弦波，中心平均值±3Ω，其长度小于 2m。

内芯　绝缘材料　屏蔽　塑料外皮

图 1-6　同轴电缆的结构

② 衰减。一般是指 500m 长的电缆衰减。当用 10MHz 的正弦波进行测量时，它的值不超过 8.5dB（17dB/km）；而用 5MHz 的正弦波进行测量时，它的值不超过 6.0dB（12dB/km）。

③ 传输速度。最低传输速度为 0.77*c*（*c* 为光速）。

④ 直流回路电阻。同轴电缆的中心导体的电阻与屏蔽层的电阻之和不超过 10mΩ/m（在 20℃下测量）。

（2）同轴电缆的物理参数

同轴电缆具有足够的可柔性，能支持 254mm 的弯曲半径。中心导体是直径为 2.17mm±0.003mm 的实心铜线。绝缘材料必须满足同轴电缆的电气参数。屏蔽层一般为 2mm 左右厚，其内径为 6.15mm，外径为 8.28mm。外部隔离材料一般选用聚氯乙烯（PVC）或类似材料。

（3）同轴电缆的类型

同轴电缆有两种基本类型，基带同轴电缆和宽带同轴电缆。目前基带常用的电缆，其屏蔽层是用铜做成网状的，特性阻抗为 50Ω，如 RG-8（粗缆），RG-58（细缆）等。这种电缆用于基带传输。宽带常用的电缆，其屏蔽层通常是用铝冲压成的，特性阻抗为 75Ω，如 RG-9 等。它即可以传输数字信号也可以传输模拟信号。

粗同轴电缆和细同轴电缆是指同轴电缆直径的大小。常用的同轴电缆型号有以下几种：

RG-8 或 RG-11（50Ω）；

RG-58/U 或 RG-58C/U（50Ω）；

RG-59（75Ω）；

RG-62（93Ω）。

计算机网络一般选用 RG-8 粗缆和 RG-58 细缆；有线电视采用 RG-59（75Ω）；ARCnet 网络及 IBM3270 系统使用 RG-62（93Ω）。

为了保证同轴电缆正确的电气特性，电缆的金属层必须接地。同时电缆两端头必须安装匹配器来削弱信号的反射作用。

2. 数据通信中的对绞电缆

常用的双绞电缆是由 4 对双绞线按一定密度反时针互相扭绞在一起，其外部包裹金属层或塑橡外皮而组成。铜导线的直径为 0.4～1mm。其扭绞方向为反时针，绞距为 3.81～14cm，相邻双绞线的扭绞长度差约为 1.27cm。双绞线的缠绕密度和扭绞方向以及绝缘材料，直接影响它的特性阻抗、衰减和近端串扰。

（1）双绞电缆的分类

双绞电缆按其外部包缠的是金属层还是塑橡外皮，可分为屏蔽双绞电缆和非屏蔽双绞电缆。它们即可以传输模拟信号，也可以传输数字信号，如图 1-7 所示。

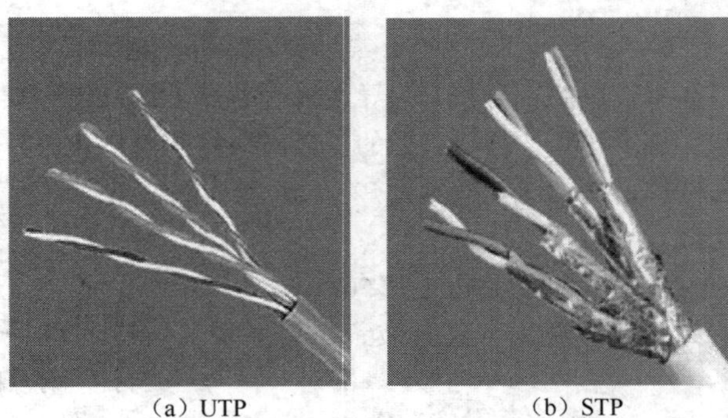

（a）UTP　　（b）STP

图 1-7　数据通信中的双绞电缆

① 非屏蔽双绞（UTP）电缆。非屏蔽双绞电缆是由多对双绞线外包缠一层塑橡护套构成。4 对非屏蔽双绞电缆如图 1-7（a）所示。非屏蔽双绞电缆采用了每对线的绞距与所能抵抗电磁辐射及干扰称正比，并结合滤波与对称性等技术，经由精确的生产工艺而制成。采用这些技术措施可减少非屏蔽双绞电缆线对间的电磁干扰。

UTP 因为无屏蔽层，所以具有容易安装、节省空间的特点。

② 屏蔽双绞电缆。屏蔽双绞电缆与非屏蔽双绞电缆一样，芯线为铜双绞线，护套层是塑橡皮。只不过在护套层内增加了金属层。按增加的金属屏蔽层数量和金属屏蔽层绕包方式，又可分为金属箔双绞电缆（FTP），屏蔽金属箔双绞电缆（SFTP）和屏蔽双绞电缆（STP）3 种。

FTP 是在多对双绞外纵包铝箔。SFTP 是在多对双绞线外纵包铝箔后，再加金属编织网。STP 是在每对双绞线外纵包铝箔后，再将纵包铝箔的多对双绞线加金属编织网，如图 1-7（b）所示。

从图 1-7 中可以看出，非屏蔽双绞电缆和屏蔽双绞电缆都有一根用来撕开电缆保护套的拉绳。屏蔽双绞电缆还有一根漏电线，把它连接到接地装置上，可泄放金属屏蔽的电荷，解除线间的干扰问题。

（2）常用双绞电缆

常用双绞电缆分 100Ω 和 150Ω 两类。100Ω 电缆又分为 3 类、4 类、5 类及 6 类/E 级几种。150Ω 双绞电缆，目前只有 5 类一种。

下面简要介绍 5 类 4 对双绞电缆的主要参数。

① 5 类 4 对 100Ω 非屏蔽双绞电缆。这种电缆是美国线缆规格为 24（直径为 0.511mm）的实心裸铜导体，以氟化乙烯做绝缘材料，传输频率达 100MHz。双绞电缆线对颜色及序号见表 1-5；电气特性见表 1-4。表 1-4 中“9.38Ω MAX.Per100m@20℃”是指在 20℃的恒定温度下，每 100m 双绞电缆的电阻为 9.38Ω（其他表类同）。

表 1-4　　5 类 4 对非屏蔽双绞电缆电气特性

频率（Hz）	特性阻抗（Ω）	最大衰减（dB/100m）	近端串扰衰减（dB）	直流电阻
256k	—	1.1	—	9.38Ω MAX.Per100m@20℃
512k	—	1.5	—	
772k	—	1.8	66	
1M	85～115	2.1	64	
4M		4.3	55	
10M		6.6	49	
16M		8.2	46	
20M		9.2	44	
31.25M		11.8	42	
62.50M		17.1	37	
100M		22.0	34	

② 5 类 4 对 100Ω 屏蔽双绞电缆。它是美国线缆规格为 24（0.511mm）的裸铜导体，以氟乙烯为绝缘材料，内有一根 0.511mm TPG 漏电线，传输频率达 100MHz。线对色谱及编号见表 1-5，表中屏蔽层一栏的数字表示屏蔽层厚度为 0.002 英寸或 0.511mm；在 20℃恒定温度下。

表 1-5　　线对编号及色谱

线对序号	色谱	屏蔽层
1	白/蓝//蓝	0.002 英寸（0.511mm）铝/聚脂带最小交叠@20℃及一根 24AWGTPC 漏电线
2	白/橙//橙	
3	白/绿//绿	
4	白/棕//棕	

③ 5 类 4 对屏蔽双绞电缆软线。它是由 4 对双绞线和一根 0.404mm TPC 漏电线构成，传输频率为 100MHz。电气特性见表 1-6。

表 1-6　　5 类 4 对屏蔽双绞电缆软线电气特性

频率（Hz）	特性阻抗（Ω）	最大衰减（dB/100m）	近端串扰衰减（dB）	直流电阻
256k	—	—	—	14.0Ω MAX.Per100m@20℃
512k	—	—	—	
772k	—	2.5	66	
1M	85～115	2.8	64	
4M		5.6	55	
10M		9.2	49	
16M		11.5	46	
20M		12.5	44	
31.25M		15.7	42	
62.50M		22.0	37	
100M		27.9	34	

④ 5 类 4 对非屏蔽双绞电缆软线。它由 4 对双绞线组成，用于高速数据传输，适合于扩展传输距离，应用于互连或跳接线。传输频率为 100MHz。其电气特性见表 1-7。

表 1-7　　5 类 4 对非屏蔽双绞电缆软线电气特性

频率（Hz）	特性阻抗（Ω）	最大衰减（dB/100m）	近端串扰衰减（dB）	直流电阻
256k	—	—	—	8.8Ω MAX.Per100m@20℃
512k	—	—	—	
772k	—	2.0	66	
1M	85～115	2.3	64	
4M		5.3	55	
10M		8.2	49	
16M		10.5	46	
20M		11.8	44	
31.25M		15.4	42	
62.50M		22.3	37	
100M		28.9	34	

⑤ 超 5 类双绞电缆。超 5 类双绞电缆，通过对它的“链路”和“信道”性能的测试结果表明，与普通的 5 类双绞电缆比较，它的近端串扰，综合近端串扰，衰减和结构回波损耗等主要性能指标都有很大的提高。因此，它具有以下优点：

能够满足大多数应用的要求，并且满足低综合近端串扰的要求；

足够的性能余量，给安装与测试带来方便。

比起普通 5 类双绞电缆，超 5 类在 100MHz 的频率下运行时，为应用系统提供 8dB 近端串扰的余量，应用系统的设备受到的干扰只有普通 5 类双绞电缆的 1/4，从而使应用系统具有更强的独立性和可靠性。

⑥ 6 类/E 级通道。6 类/E 级通道是由能传输 200MHz 的连接硬件和能传输 550MHz 的电缆

组成的传输通道，信息传输速率达 1000Mbit/s。它与 5 类传输通道的性能比较见表 1-8。

表 1-8　　5 类链路与 6 类/E 级链路主要性能指标比较

<table>
<tr><th rowspan="2">频率（MHz）</th><th colspan="2">衰减（dB）</th><th colspan="2">近端串扰衰减（dB）</th><th colspan="2">衰减/串扰比（dB）</th></tr>
<tr><th>5 类</th><th>6 类/E 级</th><th>5 类</th><th>6 类/E 级</th><th>5 类</th><th>6 类/E 级</th></tr>
<tr><td>1.0</td><td>2.5</td><td>2.0</td><td>54</td><td>72.7</td><td>—</td><td>70.7</td></tr>
<tr><td>4.0</td><td>4.8</td><td>4.0</td><td>45</td><td>63.0</td><td>40</td><td>59.0</td></tr>
<tr><td>10.0</td><td>7.5</td><td>6.3</td><td>39</td><td>56.6</td><td>35</td><td>50.3</td></tr>
<tr><td>16.0</td><td>9.4</td><td>8.1</td><td>36</td><td>53.2</td><td>30</td><td>45.1</td></tr>
<tr><td>20.0</td><td>10.5</td><td>9.1</td><td>35</td><td>51.6</td><td>28</td><td>42.5</td></tr>
<tr><td>31.25</td><td>13.1</td><td>11.5</td><td>32</td><td>48.4</td><td>23</td><td>36.9</td></tr>
<tr><td>62.5</td><td>18.4</td><td>16.6</td><td>27</td><td>43.4</td><td>13</td><td>26.8</td></tr>
<tr><td>100.0</td><td>23.2</td><td>21.5</td><td>24</td><td>39.9</td><td>4</td><td>18.4</td></tr>
<tr><td>120.0</td><td>—</td><td>23.8</td><td>—</td><td>38.6</td><td>—</td><td>14.8</td></tr>
<tr><td>140.0</td><td>—</td><td>26.0</td><td>—</td><td>37.4</td><td>—</td><td>11.4</td></tr>
<tr><td>149.1</td><td>—</td><td>26.9</td><td>—</td><td>36.9</td><td>—</td><td>10.0</td></tr>
<tr><td>155.5</td><td>—</td><td>27.6</td><td>—</td><td>36.7</td><td>—</td><td>9.1</td></tr>
<tr><td>160.0</td><td>—</td><td>28.0</td><td>—</td><td>36.4</td><td>—</td><td>8.4</td></tr>
<tr><td>180.0</td><td>—</td><td>29.9</td><td colspan="2">35.6</td><td colspan="2">5.7</td></tr>
<tr><td>200.0</td><td>—</td><td>31.8</td><td colspan="2">34.8</td><td colspan="2">3.0</td></tr>
</table>

1.2　光纤的结构、类型及特性

光纤是光导纤维的简称。光纤通信是以激光为信号载体，以光导纤维为传输媒介的一种通信方式。光纤通信的优点介绍如下。

① 传输频带宽、通信容量大；

② 传输损耗低、传输距离长；

③ 不受电磁干扰、安全保密；

④ 线径细、重量轻、资源丰富（SiO_2石英）；

⑤ 不怕潮湿、耐腐蚀。

1.2.1　光纤的结构和分类

1．光纤的结构

普通光纤的典型结构是多层同轴圆柱体，自内向外为纤芯、包层和涂覆层（纤芯折射率 n_1 > 包层折射率 n_2），如图 1-8 所示。

2．光纤的分类

（1）按光在光纤中的传输模式可分为：单模光纤和多模光纤

多模光纤：一般适用于低、中速和短、中距离传输。中心玻璃纤芯较粗（50 ± 3μm），包层 125 ± 3μm，可传多种模式的光。但其模间色散较大，这就限制了传输数字信号的频率，而且随距离的增加会更加严重。例如：600Mb/km 的光纤在 2km 时则只有 300Mb 的带宽了。因此，多模光纤传输的距离就比较近，一般只有几公里。

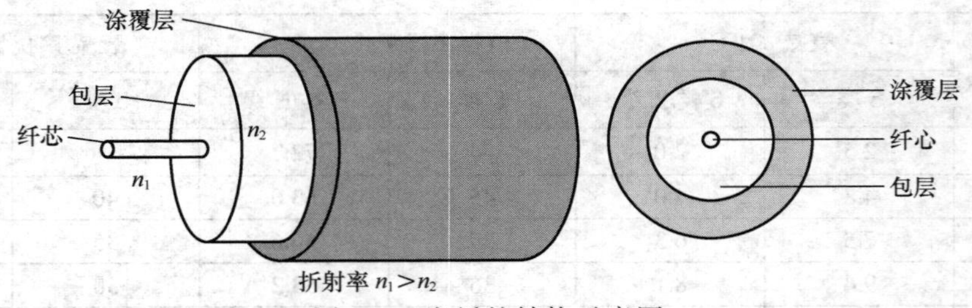

图 1-8　光纤的结构示意图

单模光纤：一般用于高速、大容量、长距离传输。中心玻璃纤芯较细（芯径一般为 9～10 ± 1μm），包层 125 ± 3μm，只能传一种模式的光（基本为延轴心直线传送），所以其模间色散很小，适用于远程通信，由于色度色散起主要作用，因此单模光纤对光源的谱宽和稳定性有较高的要求，即谱宽要窄，稳定性要好。

（2）按最佳传输频率窗口分：常规型单模光纤和色散位移型单模光纤

常规型：光纤生产厂家将光纤传输频率最佳化在单一波长的光上，如 1310nm。色散位移型：光纤生产长家将光纤传输频率最佳化在两个波长的光上，如：1310nm 和 1550nm。

（3）按折射率分布情况分：突变型和渐变型光纤

突变型（阶跃型）：光纤中心芯到玻璃包层的折射率是突变的。其成本低，模间色散高，适用于短途低速通信，如：工控。单模光纤由于模间色散很小，所以单模光纤都采用突变型。

渐变型光纤（梯度型）：光纤中心芯到玻璃包层的折射率是逐渐变小，可使高模光按正弦形式传播，这能减少模间色散，提高光纤带宽，增加传输距离，但成本较高。现在的多模光纤多为渐变型光纤。

1.2.2　光纤的光学特性

光纤的导光理论比较复杂，涉及电磁场理论、波动光学理论、甚至量子场论方面的知识，仅从基本的几何光学的角度来看，光纤通信是应用了光的全反射原理。

光的全反射：

光线在同一种均匀介质中是直线传播的，当到达两种不同介质的分界面时，会发生反射与折射现象。如图 1-9 所示。

根据光的反射原理，入射角 = 反射角，根据折射定律：$n_1 \sin\theta_1 = n_2 \sin\theta_2$，当 $n_1 > n_2$（纤芯光密媒质折射率 > 包层光疏媒质折射率），$\theta_1 < \theta_2$，当 $\theta_2 = 90°$ 即 $\sin\theta_2=1$ 时，存在临界角 $\theta_1=\arcsin n_2/n_1$，当 $\theta_1 \geqslant \arcsin n_2/n_1$ 时，将仅保留反射光线，即出现全反射现象。如图 1-10 所示。

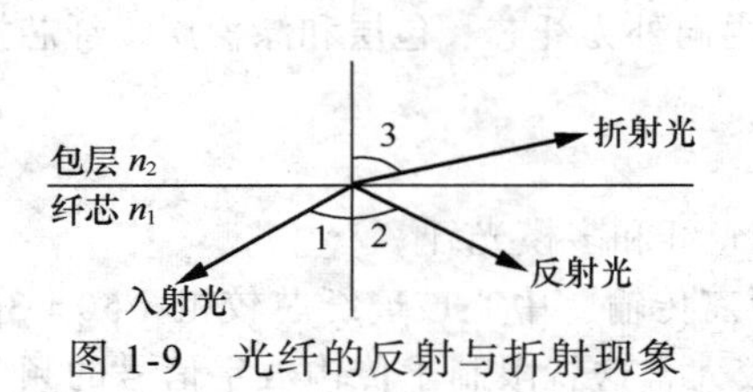

图 1-9　光纤的反射与折射现象

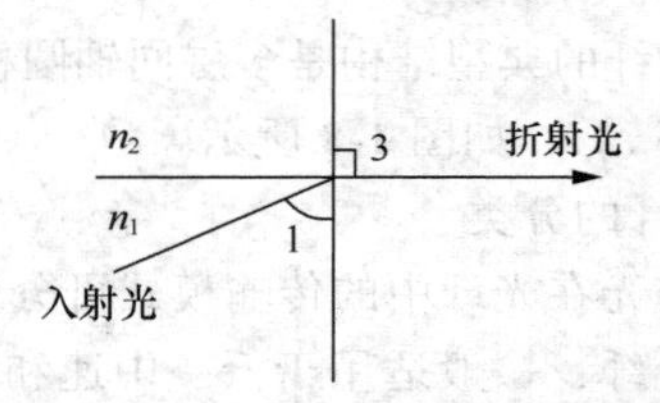

图 1-10　光的全反射现象

1. 光在阶跃型光纤中的传播

为了保证光在光纤中可靠传播，进入光纤的射入光线必须满足一定的角度区域（也称最大数值孔径 NA_{max}），才能将光线束缚在纤芯内传输。光在阶跃型光纤中的传播如图 1-11 所示。

同时光纤本身需满足一定的曲率半径要求，当曲率半径过小，将可能出现光线折射进入包层的“漏光”现象，从而引起光信号的损耗。光纤传输中的“漏光”现象如图 1-12 所示。

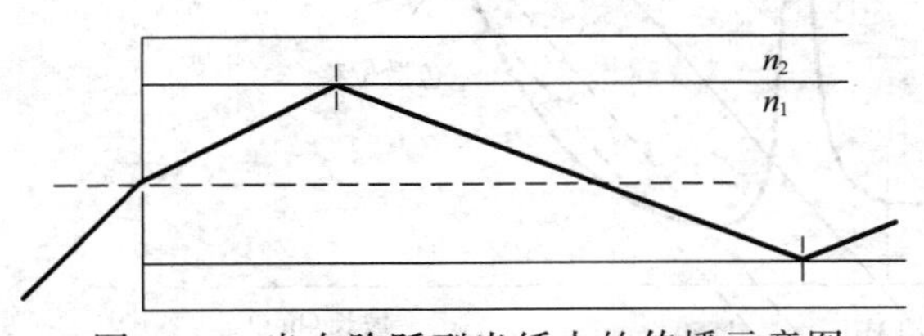

图 1-11　光在阶跃型光纤中的传播示意图

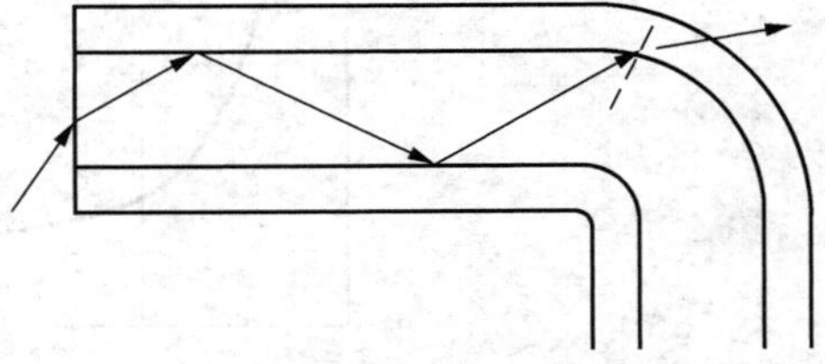
图 1-12　光纤传输中的“漏光”现象

因此，当对光纤（缆）进行弯曲和盘放时，一般要求曲率半径不得小于光纤（缆）径的 15 倍，工程施工中要求保持 20 倍。

2. 光梯度型光纤中的传播

光在二种均匀介质的光滑分界面上传播时，其折射光遵守折射定律。若有一系列折射率均匀的介质被分成若干层，其折射率分别为 $n_1>n_1>\cdots\cdots>n_2$，光线在第一种介质中以一定的入射角入射在第一和第二种介质的分界面上时将发生折射，折射光在第二和第三、第三和第四……介质的分界面上时也将发生折射。折射光线的轴迹为一折线，且折射光线的方向与各层介质的折射率大小有关。当各层介质的厚度趋于零时，折射光线的轨迹变成一曲线。如图 1-13 所示。

3. 光在单模光纤中的传播

光在单模光纤中的传播轨迹，简单地讲，它是以平行于光纤轴线的形式以直线方式传播，如图 1-14 所示。

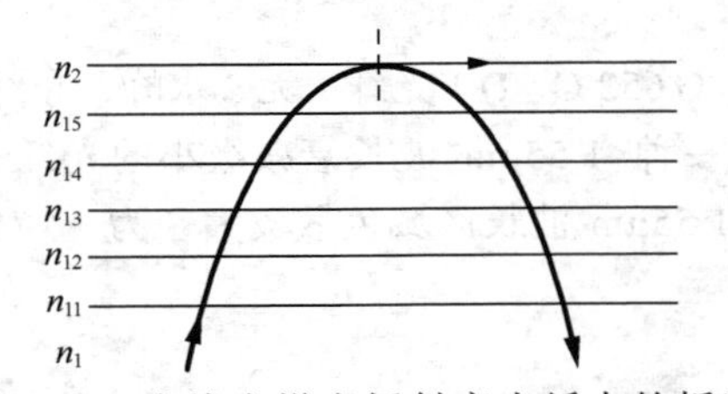

图 1-13　光线在梯度折射率光纤中的折射

图 1-14　光在单模光纤中的传播轨迹

1.2.3　光纤的传输特性

主要传输特性参数指标：损耗和色散。光纤通信中光源发光器件为 LD（半导体激光器），为近红外区激光信号。G.652 A/B 标准光纤传输特性曲线如图 1-15 所示（C/D 为无“水峰”光纤）。

由图 1-15 标准光纤传输特性曲线我们可以看到，标准光纤在部分波长区域具较小的损耗和色散，这就定义了通常我们所说的光纤通信的 3 个工作窗口，即 850nm/1310nm/1550nm 窗口，在 1310nm 位置色散最小（损耗并不小，约为 0.34dB/km），1550nm 位置损耗最小（0.25dB/km），故 1310 窗口又俗称零色散窗口，1550 窗口又俗称零损耗窗口。目前我们光缆网络中通常用的就是该类 G.652 标准光纤。

针对衰减和零色散不在同一工作波长上的特点，80 年代中期，人们研发成功了一种把零色散波长从 1.3μm 移到 1.55μm 的色散位移光纤（DSF）。ITU 规范编为 G.653。

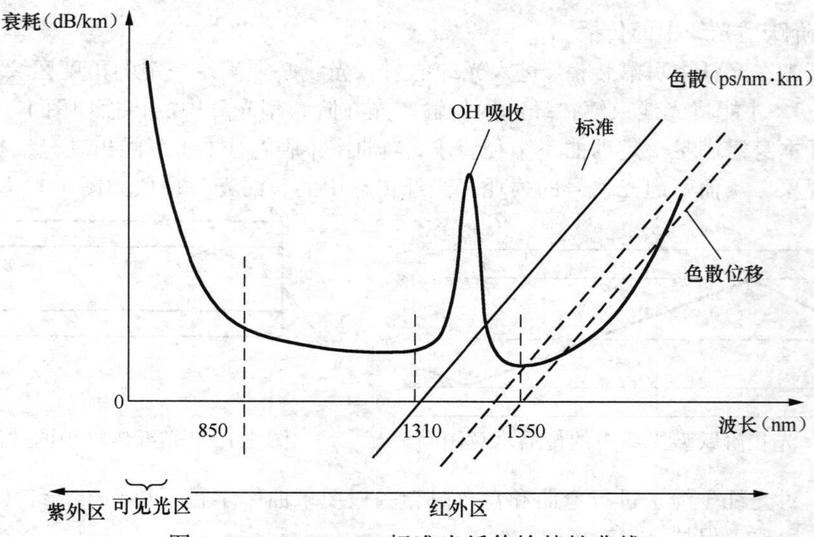

图 1-15　G.652 A/B 标准光纤传输特性曲线

然而，色散位移光纤在 1.55μm 色散为零，不利于多信道的波分复用（WDM）传输，用的信道数较多时，信道间距较小，这时就会发生四波混频（FWM）导致信道间发生串扰。如果光纤线路的色散为零，FWM 的干扰就会十分严重；如果有微量色散，FWM 干扰反而还会减小。针对这一现象，人们研制了一种新型光纤，即非零色散光纤（NZ-DSF）——G.655。该类光纤多用于长途波分复用。

随着 FTTH 的建设发展，人们投入了对抗弯曲能力光纤的研究。2006 年 12 月，ITU-T 通过了一个新的光纤标准，即 G.657 建议，名称为：用于接入网的低弯曲损耗敏感单模光纤和光缆特性。目前已完全实现了商用，在 EPON 网的建设中将得到广泛应用。“入户皮线光缆”通常将使用 G.657 光纤。

常见的光纤还有 G.651 光纤，即早期的多模光纤；G.652 C（D）光纤（无“水峰”光纤）等。此外，为满足海底缆长距离通信的需求，人们研发了一种 1.55μm 波长衰减级小的光纤（仅为 0.185dB/km）。在 1.3μm 波长区域的色散为零，但在 1.55μm 波长区域色散较大，为（17～20）ps/（nm·km）。ITU 把这种光纤规范为 G.654。

1. 损耗

光信号经光纤进行传输后，光信号的强度变弱，或者说光脉冲的脉幅发生降低畸变，从而影响光纤传输的距离。

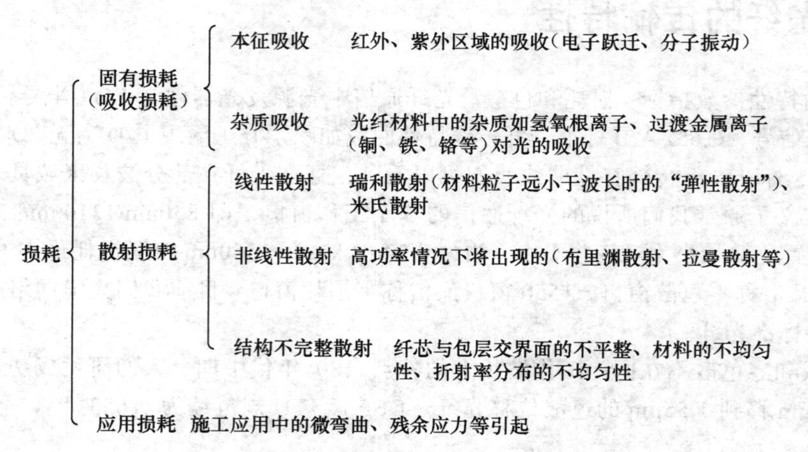

2. 色散

当一个光脉冲从光纤输入，经过一段长度的光纤传输之后，其输出端的光脉冲会变宽，甚至有了明显的失真。可以理解为光信号的不同模式或频率分量在经光纤传输过程中产生了时延，接收端光脉冲信号出现了展宽，从而影响光纤传输的距离和带宽（容量）。

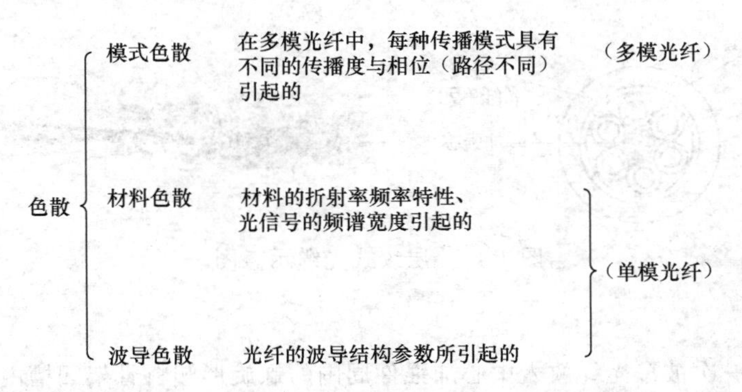

需要指出的是，在大容量、高速率、长距离的长途光缆传输中，特别是集成光学、光纤放大器以及超高带宽的 G655 光纤的广泛应用，光纤的非线性效应和偏振模色散（PMD）影响将越来越成为制约长距离传输的重要因素。

1.3　光缆的结构、类型及特性

光缆一般由缆芯、护层、加强构件等部分组成，如图 1-16 所示。

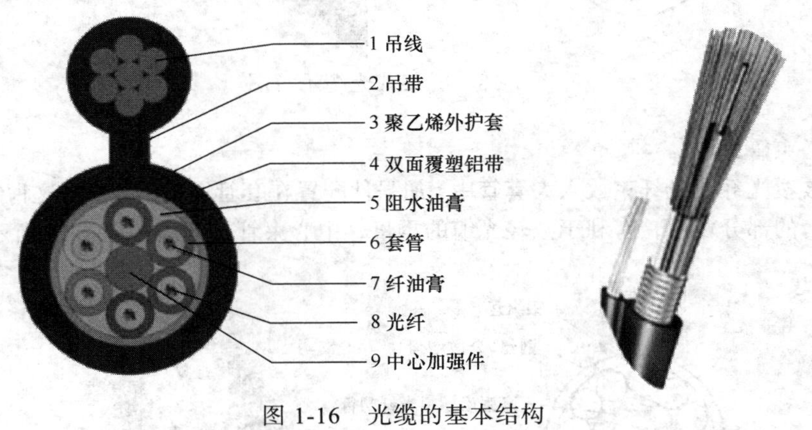

图 1-16　光缆的基本结构

1.3.1　光缆的种类

光缆一般由缆芯和护套两部分组成，有时在护套外面加有铠装。

1. 缆芯

缆芯通常包括被覆光纤（或称芯线）和加强件两部分。被覆光纤是光缆的核心，决定着光缆的传输特性。加强件起着承受光缆拉力的作用，通常处在缆芯中心，有时配置在护套中。加强件通常用杨氏模量大的钢丝或非金属材料例如芳纶纤维（Kevlar）做成。

光缆类型多种多样，根据缆芯结构的特点，光缆可分为以下四种基本型式。

（1）层绞式

把松套光纤绕在中心加强件周围绞合而构成。这种结构的缆芯制造设备简单，工艺相当成熟，得到广泛应用。采用松套光纤的缆芯可以增强抗拉强度，改善温度特性。层绞式光缆如图 1-17 所示。

图 1-17　层绞式光缆示意图

（2）骨架式

把紧套光缆或一次被覆光纤放入中心加强件周围的螺旋形塑料骨架凹槽内而构成。这种结构的缆芯抗侧压力性能好，有利于对光纤的保护。骨架式光缆如图 1-18 所示。

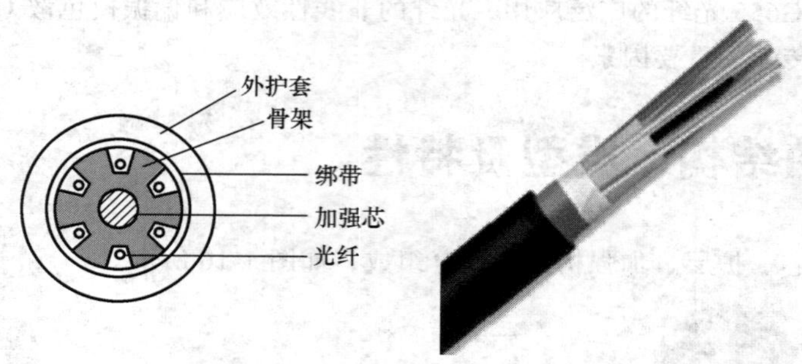

图 1-18　骨架式光缆示意图

（3）中心束管式

把一次被覆光纤或光纤束放入大套管中，加强件配置在套管周围而构成。这种结构的加强件同时起着护套的部分作用，有利于减轻光缆的重量，中心束管式光缆如图 1-19 所示。

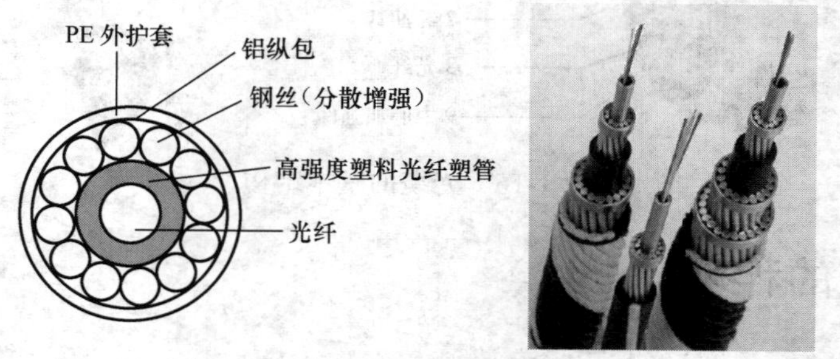

图 1-19　中心束管式光缆示意图

（4）带状式

把带状光纤单元放入大套管内，形成中心束管式结构，也可以把带状光纤单元放入骨架凹槽内或松套管内，形成骨架式或层绞式结构。带状式缆芯有利于制造容纳几百根光纤的高密度光缆，这种光缆已广泛应用于接入网。带状式光缆如图 1-20 所示。

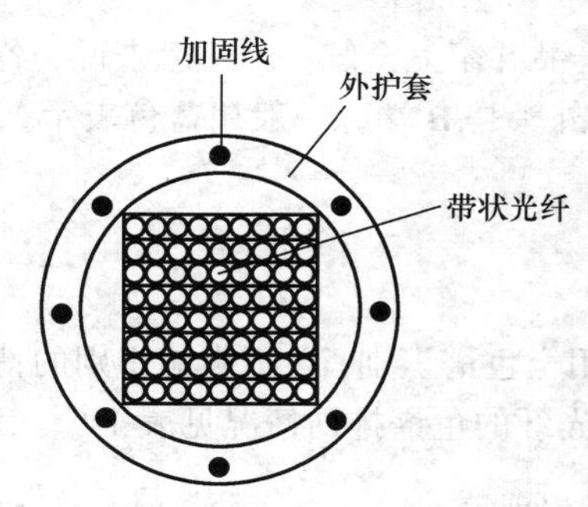

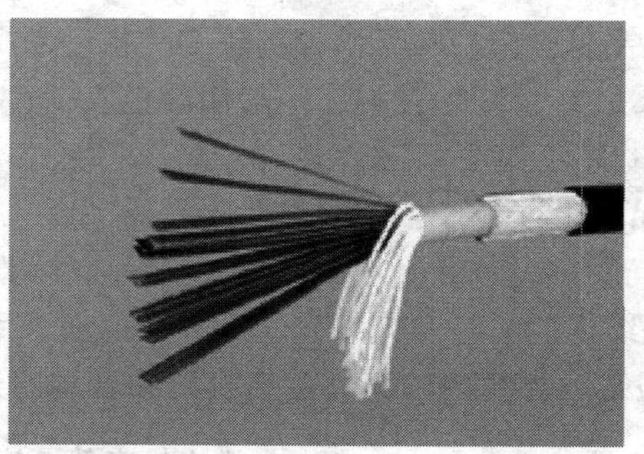

图 1-20　带状式光缆示意图

2. 护套

护套起着对缆芯的机械保护和环境保护作用，要求具有良好的抗侧压力性能及密封防潮和耐腐蚀的能力。护套通常由聚乙烯或聚氯乙烯（PE 或 PVC）和铝带或钢带构成。不同使用环境和敷设方式对护套的材料和结构有不同的要求。

1.3.2　光缆的特性

光缆的传输特性取决于被覆光纤。对光缆机械特性和环境特性的要求由使用条件确定。光缆生产出来后，对这些特性的主要项目，例如拉力、压力、扭转、弯曲、冲击、振动和温度等，要根据国家标准的规定做例行试验。成品光缆一般要求给出下述特性，这些特性的参数都可以用经验公式进行分析计算，这里我们只作简要的定性说明。

1. 拉力特性

光缆能承受的最大拉力取决于加强件的材料和横截面积，一般要求大于 1km 光缆的重量，多数光缆在 100～400kg 之间。

2. 压力特性

光缆能承受的最大侧压力取决于护套的材料和结构，多数光缆能承受的最大侧压力在 100～400kg/10cm^2。

3. 弯曲特性

弯曲特性主要取决于纤芯与包层的相对折射率差 Δ 以及光缆的材料和结构。实用光纤最小弯曲半径一般为 20～50mm，光缆最小弯曲半径一般为 200～500mm，等于或大于光纤最小弯曲半径。在以上条件下，光辐射引起的光纤附加损耗可以忽略，若小于最小弯曲半径，附加损耗则急剧增加。

4. 温度特性

光纤本身具有良好的温度特性。光缆温度特性主要取决于光缆材料的选择及结构的设计，采用松套管二次被覆光纤的光缆温度特性较好。温度变化时，光纤损耗增加，主要是由于光缆材料（塑料）的热膨胀系数比光纤材料（石英）大 2～3 个数量级，在冷缩或热胀过程中，光纤受到应力作用而产生的。在我国，对光缆使用温度的要求，一般在低温地区为−40～+40℃，在高温地区为−5～+60℃。

1.3.3　光缆的端别

端别，就是端头，一根光缆，有两个头，一个是里头（端），一个是外头（端），也叫 A 端、

B 端。光缆的品种、型号和结构种类较多，各厂家产品并不完全统一。一般来说，各生产厂家与运营商的要求是：里头是 A 端，一般用红色表示；外头是 B 端，一般用蓝色表示。

1.3.4 光纤的纤序色谱

目前，光缆内的光纤和光纤套管的颜色一般采用全色谱识别，在不影响识别的情况下允许使用本色。一般地，光缆内的套管色谱排列和套管内光纤的色谱排列情况见表 1-9、表 1-10。

表 1-9　　光缆内松套管色谱识别表

套管号	1	2	3	4	5	6	7	8	9	10	11	12
颜色	蓝	橙	绿	棕	灰	白	红	黑	黄	紫	粉红	青绿

注：1. 缆芯内含有填充绳和套管时，套管色谱将从 1 号起依次截取，填充绳为色；
2. 缆芯内没有填充绳时，套管色谱将从 1 号起依次截取。

表 1-10　　套管内光纤色谱识别表

光纤序号	1	2	3	4	5	6	7	8	9	10	11	12
颜色	蓝	橙	绿	棕	灰	白	红	黑	黄	紫	粉红	青绿

注：当套管内光纤不足 12 芯时，光纤的色谱从 1 号起依次截取。

1. 288 芯带状缆

288 芯带状缆中有四个松套管，颜色顺序是：蓝管、橙管、绿管、棕管。每个松套管中有 6 带光纤，光纤带上的打印数字分别是：蓝管（1—6）；橙管（1—6）；绿管（13—18）；棕管（19—24）。每带光纤的颜色顺序是：蓝、橙、绿、棕、灰、白、红、黑、黄、紫、粉红、天蓝。

2. 72 芯带状缆

72 芯带状缆中有一个松套管，颜色有四种可能：蓝管、橙管、绿管、棕管。松套管中有 6 带光纤，光纤带上的打印数字顺序是：1—6，每带光纤的颜色顺序是：蓝、橙、绿、棕、灰、白、红、黑、黄、紫、粉红、天蓝。

3. 72 芯单芯光缆

（1）6 管 72 芯

72 芯单芯缆中有 6 个松套管，颜色为：红管、蓝管、橙管、白管、绿管、棕管、紫管。每个松套管中有 12 根光纤，光纤色谱为：蓝、橙、绿、棕、灰、白、红、黑、黄、紫、粉红、天蓝。

（2）9 管 72 芯

72 芯单芯缆中有 9 个松套管，颜色为：红管、蓝管、橙管、白管、绿管、棕管、紫管、灰管、黄管。每个松套管中有 8 根光纤，光纤色谱为：红、蓝、橙、黄、白、绿、棕、紫。

4. 64 芯单芯光缆

（1）7 管 64 芯

64 芯单芯缆中有 7 个松套管，颜色为：红管、蓝管、橙管、白管、绿管、棕管、紫管。前 6 个松套管每个松套管中有 10 根光纤，色谱为：红、蓝、橙、黑、白、绿、棕、紫、灰、黄。紫管中有 4 根光纤，色谱为：红、蓝、橙、黑。

（2）8 管 64 芯

64 芯单芯缆中有 8 个松套管，颜色为：红管、蓝管、橙管、白管、绿管、棕管、紫管、灰管。每个松套管中有 8 根光纤，色谱为：红、蓝、橙、黄、白、绿、棕、紫。

5. 24 芯单芯光缆

（1）2 管 24 芯

24 芯单芯缆中有 2 个松套管，颜色为：蓝管、橙管。每个松套管中有 12 根光纤，光纤色谱为：蓝、橙、绿、棕、灰、白、红、黑、黄、紫、粉红、天蓝。

（2）3 管 24 芯

24 芯单芯缆中有 3 个松套管，颜色为：红管、蓝管、橙管。每个松套管中有 8 根光纤，光纤色谱为：红、蓝、橙、黄、白、绿、棕、紫。

6. 12 芯单芯光缆

12 芯单芯光缆有一个松套管，颜色为蓝管。松套管中有 12 根光纤，光纤色谱为：蓝、橙、绿、棕、灰、白、红、黑、黄、紫、粉红、天蓝。

7. 8 芯单芯光缆

（1）1 管 8 芯

1 管 8 芯光缆有一个松套管，颜色为蓝管。松套管中有 8 根光纤，光纤色谱为：蓝、橙、绿、棕、灰、白、红、黑。

（2）2 管 8 芯

2 管 8 芯光缆中有 2 个松套管，颜色为：红管、白管。每个松套管中有 4 根光纤，色谱为：红管（红、蓝、橙、黄），白管（白、绿、棕、紫）。

8. 4 芯单芯光缆

4 芯光缆中有 1 个松套管，颜色为红管。松套管中有 4 根光纤，色谱为：蓝、橙、红、黄。

1.3.5　光缆的型号和应用

1. 型号的组成

（1）型号组成的内容

型号由型式和规格两大部分组成。

（2）型号组成的格式

光缆型号组成的格式，如图 1-21 所示。

2. 型号的组成内容、代号及意义

型式由 5 个部分构成，各部分均用代号表示，如图 1-22 所示。其中结构特征指缆芯结构和光缆派生结构。

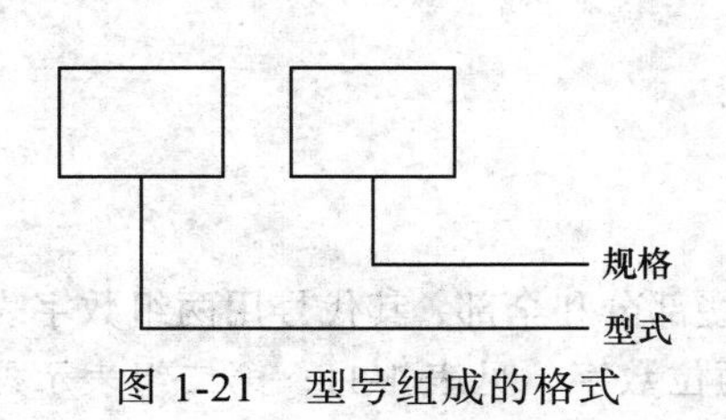

图 1-21　型号组成的格式

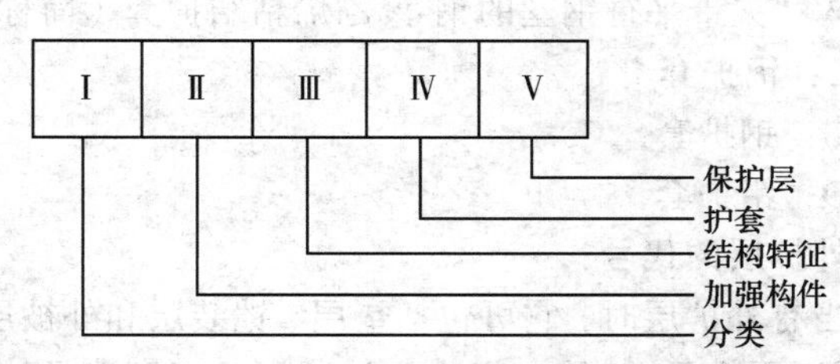

图 1-22　光缆型式的构成

分类的代号：

GY：通信用室（野）外光缆；

GM：通信用移动式光缆；

GJ：通信用室（局）内光缆；

GS：通信用设备内光缆；

GH：通信用海底光缆；

GT：通信用特殊光缆。

加强件的代号：

加强构件指护套以内或嵌入护套中用于增强光缆抗拉力的构件。

（无符号）：金属加强构件：

F：非金属加强构件

缆芯和光缆的派生结构特征的代号。

光缆结构特征应表示出缆芯的主要类型和光缆的派生结构。当光缆型式有几个结构特征需要注明时，可用组合代号表示，其组合代号按下列相应的各代号自上而下的顺序排列。

D：光纤带结构

（无符号）：光纤松套被覆结构

J：光纤紧套被覆结构

（无符号）：层绞结构

G：骨架槽结构

X：缆中心管（被覆）结构

T：油膏填充式结构

（无符号）：干式阻水结构

R：充气式结构

C：自承式结构

B：扁平形状

E：椭圆形状

Z：阻燃

护套的代号：

Y：聚乙烯护套

V：聚氯乙烯护套

U：聚氨酯护套

A：铝-聚乙烯粘结护套（简称 A 护套）

S：钢-聚乙烯粘结护套（简称 S 护套）

W：夹带平行钢丝的钢-聚乙烯粘结护套（简称 W 护套）

L：铝护套

G：钢护套

Q：铅护套

外护层的代号：

当有外护层时，它可包括垫层、铠装层和外被层的某些部分和全部，其代号用两组数字表示（垫层不需表示），第一组表示铠装层，它可以是一位或两位数字，见表 1-11；第二组表示外被层或外套，它应是一位数字，见表 1-12。

表 1-11　　　　铠装层

代　　号	铠　装　层
0	无铠装层
2	绕包双钢带
3	单细圆钢丝
33	双细圆钢丝
4	单粗圆钢丝
44	双粗圆钢丝
5	皱纹钢带

表 1-12　　　　外被层或外套

代　　号	外被层或外套
1	纤维外被
2	聚氯乙烯套
3	聚乙烯套
4	聚乙烯套加覆尼龙套
5	聚乙烯保护管

3. 规格

光缆的规格是由光纤和导电芯线的有关规格组成。规格组成的格式，如图 1-23 所示。光纤的规格与导电芯线的规格之间用“+”号隔开。

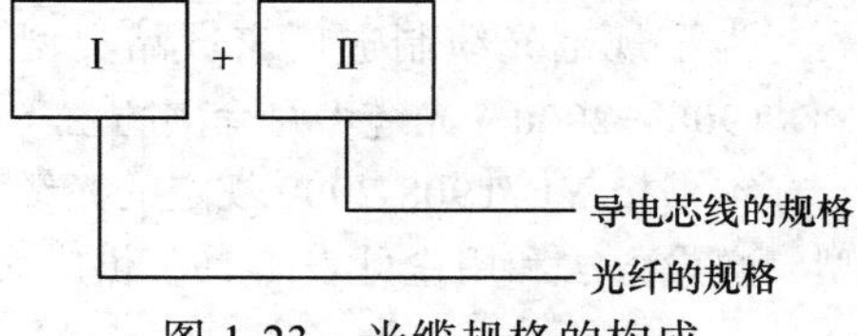

图 1-23　光缆规格的构成

（1）光纤规格的构成

光纤的规格由光纤数和光纤类别组成。如果同一根光缆中含有两种或两种以上规格（光纤数和类别）的光纤时，中间应用“+”号联接。

① 光纤数的代号。光纤数的代号用光缆中同类别光纤的实际有效数目的数字表示。

② 光纤类别的代号。光纤类别应采用光纤产品的分类代号表示，按 IEC60793-2 等标准规定用大写 A 表示多模光纤，大写 B 表示单模光纤，再以数字和小写字母表示不同种类型光纤。A—多模光纤，见表 1-13，B—单模光纤，见表 1-14。

表 1-13　　　　多模光纤

分 类 代 号	特　　性	纤芯直径（μm）	包层直径（μm）	材　　料
Ala	渐变折射率	50	125	
Alb	渐变折射率	62.5	125	
Alc	渐变折射率	85	125	二氧化硅
Ald	渐变折射率	100	140	
A2a	突变折射率	100	140	

表 1-14　　单模光纤

分类代号	名　称	材　料
B1.1	非色散位移型	二氧化硅
B1.2	截止波长位移型	
B2	色散位移型	
B4	非零色散位移型	

注："B1.1"可简化为"B1"。

（2）导电芯线的规格

导电芯线规格的构成应符合有关通信行业标准中铜芯线规格构成的规定。

例如：2×1×0.9，表示 2 根线径为 0.9mm 的铜导线单线；

例如：3×2×0.5，表示 3 根线径为 0.5mm 的铜导线线对；

例如：4×2.6/9.5，表示 4 根内导体直径为 2.6mm、外导体内径为 9.5mm 的同轴对。

4. 实例

例 1：金属加强构件、松套层绞、填充式、铝-聚乙烯粘结护套、皱纹钢带铠装、聚乙烯护层的通信用室外光缆，包含 12 根 50/125μm 二氧化硅系列渐变型多模光纤和 5 根用于远供电及监测的铜线径为 0.9mm 的 4 线组，光缆的型号应表示为：GYTA53 12Ala+4×0.9。

例 2：金属加强构件、光纤带、松套层绞、填充式、铝-聚乙烯粘护套通信用室外光缆，包含 24 根"非零色散位移型"类单模光纤，光缆的型号应表示为 GYDTA24B4。

例 3：非金属加强构件、光纤带、扁平型、无卤阻燃聚乙烯烃护层通信用室内光缆，包含 12 根常规或"非色散位移型"类单模光纤，光缆的型号应表示为：GJDBZY12B1。

5. 光缆主要型式

为了规范光缆制造厂家产品类型和便于广大用户选用，信息产业部制定了通信行业标准 YD/T908—2000《光缆型号命名方法》。

本书按 YD/T908-2000 规定的光缆型号命名方法，将国内光缆线路工程中一些常用的光缆类型、敷设方法和用途见表 1-15，供广大读者试验和选用光缆时参考。

表 1-15　　一些常用光缆的主要型式及用途

习惯叫法	主要型式	全　称	敷设方式及用途
中心管式光缆	GYXTY	室外通信用、金属加强构件、中心管、全填充、夹带加强件聚乙烯护套光缆	架空、农话
	GYXTS	室外通信用、金属加强构件、中心管、全填充、钢-聚乙烯粘结护套光缆	架空、农话
	GYXTW	室外通信用、金属加强构件、中心管、全填充、夹带平行钢丝的钢-聚乙烯粘结护套光缆	架空、管道、农话
层绞式光缆	GYTA	室外通信用、金属加强构件、松套层绞、全填充、铝-聚乙烯粘结护套光缆	架空、管道
	GYTS	室外通信用、金属加强构件、松套层绞、全填充、钢-聚乙烯粘结护套光缆	架空、管道、也可直埋
	GYTA53	室外通信用、金属加强构件、松套层绞、全填充、铝-聚乙烯粘结护套、皱纹钢带铠装聚乙烯外护层光缆	直埋

续表

习惯叫法	主要型式	全 称	敷设方式及用途
层绞式光缆	GYTY53	室外通信用、金属加强构件、松套层绞、全填充、聚乙烯护套、皱纹钢带铠装聚乙烯外护层光缆	直埋
	GYTA33	室外通信用、金属加强构件、松套层绞、全填充、铝-聚乙烯粘结护套、单细钢丝铠装聚乙烯外护层光缆	爬坡直埋
	GYTY53+33	室外通信用、金属加强构件、松套层绞、全填充、聚乙烯护套、皱纹钢铠装聚乙烯套＋单细钢丝铠装聚乙烯外护层光缆	直埋、水底
	GYTY53+333	室外通信用、金属加强构件、松套层绞、全填充、聚乙烯护套、皱纹钢带铠装聚乙烯套＋双细钢丝铠装聚乙烯外护层光缆	直埋、水底
光纤带光缆	GYDXTW	室外通信用、金属加强构件、光纤带中心管、全填充、夹带平行钢丝的钢-聚乙烯粘结护层光缆	架空、管道、接入网
	GYDTY	室外通信用、金属加强构件、光纤带、松套层绞、全填充聚乙烯护层光缆	架空、管道、接入网
	GYDTY53	室外通信用、金属加强构件、光纤带松套层绞、全填充、聚乙烯护套、皱纹钢带铠装聚乙烯外护层光缆	直埋、接入网
	GYDGTZY	室外通信用、非金属加强构件、光纤带、骨架、全填充、钢-阻燃聚烯烃粘结护层光缆	架空、管道、接入网
非金属光缆	GYFTY	室外通信用、非金属加强构件、松套层绞、全填充、聚乙烯护层光缆	架空、高压电感应区域
	GYFTY05	室外通信用、非金属加强件、松套层绞、全填充、聚乙烯护套、无铠装、聚乙烯保护层光缆	架空、槽道、高压感应区域
	GYFTY03	室外通信用、非金属加强构件、松套层绞、全填充、无铠装、聚乙烯套光缆	架空、槽道、高压感应区域
	GYFTCY	室外通信用、非金属加强件、松套层绞、全填充、自承式聚乙烯护层光缆	自承悬挂于高压电塔上
电力光缆	GYTC8Y	室外通信用、金属加强构件、松套层绞、全填充、聚乙烯套 8 字形自承式光缆	自承悬挂于杆塔上
阻燃光缆	GYTZS	室外通信用、金属加强构件、松套层绞、全填充、钢-阻燃聚烯烃粘结护层光缆	架空、管道、无卤阻燃场合
防蚁光缆	GYTA04	室外通信用、金属加强构件、松套层绞、全填充、聚乙烯护套、无铠装、聚乙烯护套加尼龙外护层光缆	管道、防蚁场合
	GYTY54	室外通信用、金属加强构件、松套层绞、全填充、聚乙烯护套、皱纹钢带铠装、聚乙烯套加尼龙外护层光缆	直埋、防蚁场合
室内光缆	GJFJV	室外通信用、非金属加强件、紧套光纤、聚氯乙烯护层光缆	室内尾纤或跳线
	GJFJZY	室外通信用、非金属加强件、紧套光纤、阻燃、聚烯烃护层光缆	室内布线或尾缆
	GJFDBZY	室外通信用、非金属加强件、光纤带、扁平型、阻燃聚烯烃护层光缆	室内尾缆或跳线

1.3.6 对光缆传输器实物的了解

1. 光缆的类型

光纤的类型分为带状光纤与单芯光纤，如图 1-24、图 1-25 所示。带状常见的有 288 芯、144 芯、72 芯；常见的单芯光纤芯数为 72、48、24、12、8、4。

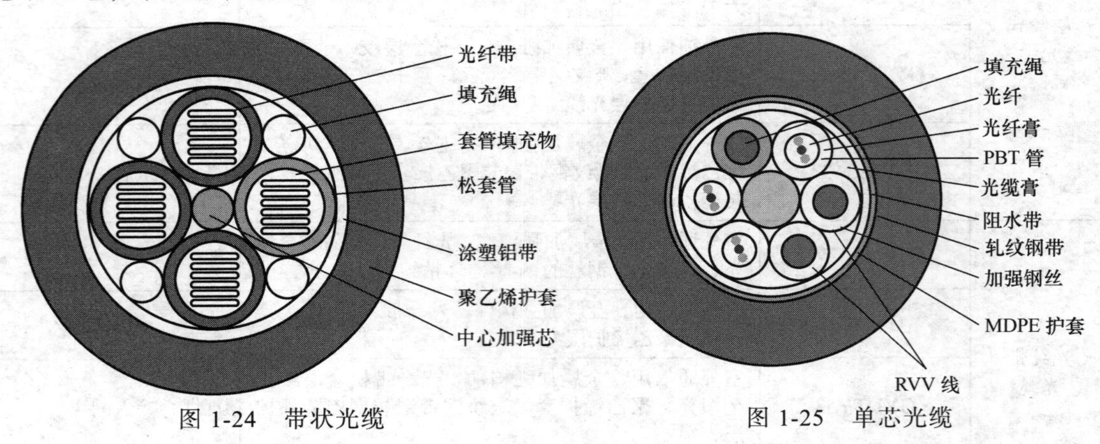

图 1-24 带状光缆　　图 1-25 单芯光缆

2. 连接器件类型

光纤连接器（又称跳线）是光纤与光纤之间进行可拆卸（活动）连接的器件，它是把光纤的两个端面精密对接起来，以使发射光纤输出的光能量能最大限度地耦合到接收光纤中去，并且把对系统造成的影响降到最小，这是光纤连接器的基本要求。在一定程度上，光纤连接器也影响了光传输系统的可靠性和各项性能。

光纤连接器按传输媒介的不同可分为常见的硅基光纤的单模、多模连接器，还有其他如以塑胶等为传输媒介的光纤连接器；按连接头结构形式可分为：FC、SC、ST、LC、D4、DIN、MU、MT 等各种形式。其中，ST 连接器通常用于布线设备端，如光纤配线架、光纤模块等；而 SC 和 MT 连接器通常用于网络设备端。按光纤端面形状分有 FC、PC（包括 SPC 或 UPC）和 APC；按光纤芯数划分还有单芯和多芯（如 MT-RJ）之分。光纤连接器应用广泛，品种繁多。在实际应用过程中，我们一般按照光纤连接器结构的不同来加以区分。常见的跳线，适配器及衰减器如图 1-26、图 1-27、图 1-28 所示。

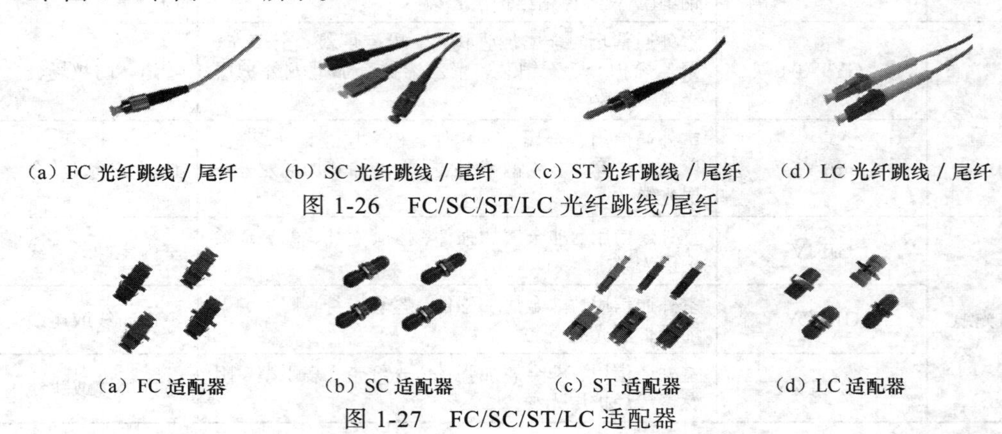

（a）FC 光纤跳线 / 尾纤　（b）SC 光纤跳线 / 尾纤　（c）ST 光纤跳线 / 尾纤　（d）LC 光纤跳线 / 尾纤

图 1-26 FC/SC/ST/LC 光纤跳线/尾纤

（a）FC 适配器　（b）SC 适配器　（c）ST 适配器　（d）LC 适配器

图 1-27 FC/SC/ST/LC 适配器

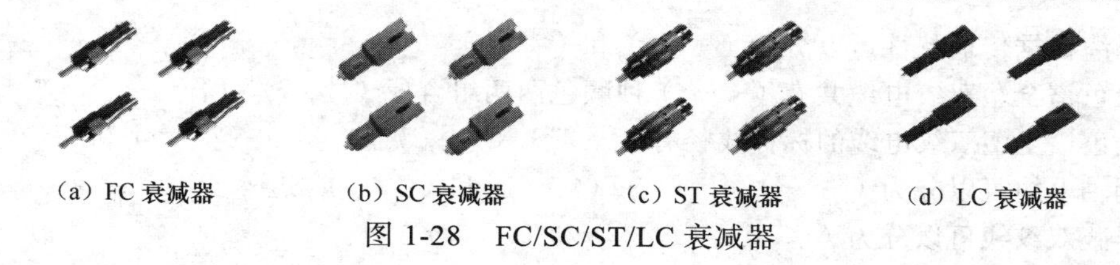

（a）FC 衰减器　（b）SC 衰减器　（c）ST 衰减器　（d）LC 衰减器

图 1-28　FC/SC/ST/LC 衰减器

3. 光纤配线架

ODF 光纤配线架（Fiber Optic Distribution Frame），又称光纤配线柜，是用于光纤通信网络中对光缆、光纤进行终接、保护、连接及管理的配线设备。ODF 光纤配线架在本设备上可以实现对光缆的固定、开剥、接地保护，以及各种光纤的熔接、跳转、冗纤盘绕、合理布放、配线调度等功能，是传输媒体与传输设备之间的配套设备。光纤配线架外型美观，结构紧凑，容量大，密度高，适用于带状光缆和普通光缆。机架可定做敞开式或全封闭结构，前后开门，便于操作，防尘效果好。光纤配线架每单元熔配一体化模块，熔接模块在单元中有可靠的定位及限位装置，可单片移出操作使熔接一次性完成，操作简单。下面以 288 芯带状配线与架 72 芯单芯配线架举例，如图 1-29 和图 1-30 所示。

图 1-29　288 芯带状配线架

图 1-30　72 芯单芯配线架

本章小结

（1）通信电缆的分类及用途，全色谱全塑双绞通信电缆的结构与类型，同轴电缆及数据通信中的对绞电缆。

（2）光纤通信的优点，结构与分类，光纤的光学特性与传输特性。

（3）光缆的种类、特性、端别、纤序色谱、型号及应用，常见光缆传输器实物举例。

思考与练习

一、填空

1. 双绞电缆按其外部包缠的是金属层还是塑橡外皮，可分为（　　）和（　　）。

2. 同轴电缆的电气参数包括（　　）、（　　）、（　　）、（　　）。

3. 常用双绞电缆分（　　）欧和（　　）两类。（　　）欧电缆又分为 3 类、4 类、5 类及 6 类/E 级几种。（　　）欧双绞电缆，目前只有 5 类一种。

4. 电缆根据传输特性可以分为（　　）和（　　）。
5. 全色谱全塑双绞电缆共有（　　）种颜色两两组合成（　　）组合。
6. 全色谱全塑双绞电缆的标称线径有（　　）、（　　）、（　　）、（　　）和（　　）5种。
7. 同轴电缆可以分为（　　）、（　　）、（　　）和（　　）4层。
8. 屏蔽双绞线可以分为（　　）、（　　）和（　　）3种。
9. 光纤的结构分为（　　）、（　　）和（　　）。
10. 光纤根据光的传输模式可以分为（　　）和（　　）。
11. 光纤的传输特性参数指标是（　　）和（　　）。
12. 光缆一般由（　　）、（　　）和（　　）构成。
13. 光缆的规格由（　　）和（　　）的有关规格组成。
14. 光纤按照折射率分布情况可以分为（　　）和（　　）光纤。
15. 根据电缆芯线结构可以分为（　　）和（　　）两大类。

二、选择题

1. 全色谱全塑双绞通信电缆类型中，使用最多的一种是（　　）
   A. 填充式全塑电缆　　B. 普通式全塑电缆
   C. 自承式全塑电缆　　D. 室内用全塑电缆
2. 通信电缆根据（　　）的传输频率，分为低频电缆和高频电缆。
   A. 6kHz　　B. 12kHz　　C. 24kHz　　D. 48kHz
3. 通信电缆的绝缘形式可以分为（　　）。
   A. 实心绝缘　　B. 泡沫绝缘
   C. 塑料绝缘　　D. 泡沫/实心绝缘
4. 下面（　　）为非屏蔽双绞电缆？
   A. UTP　　B. FTP　　C. SFTP　　D. STP
5. 光纤的传输损耗有（　　）。
   A. 吸收损耗　　B. 散射损耗　　C. 应用损耗　　D. 漏光损耗
6. 光纤的传输色散有（　　）。
   A. 模式色散　　B. 材料色散　　C. 应用色散　　D. 波导色散
7. 常见的带状光纤有（　　）。
   A. 36芯　　B. 72芯　　C. 144芯　　D. 288芯

三、简答题

1. 光纤通信有什么优点？
2. 全色谱全塑双绞通信电缆的芯线材料是什么材料？标称线径有哪些？
3. 通信电缆的用途是什么？
4. 给出全塑电缆的分类及其使用场合。
5. 简单解释光纤传输中的“漏光”现象。
6. 简单描述单模光纤与多模光纤的特点。
7. 根据光缆缆芯结构特点，光缆可以分为哪些形式？
8. 什么是光缆的端别？
9. 光缆型号的组成包含哪些内容？
10. 光缆中导电芯线规格为2×1×0.9，请给出相应的含义。
11. 什么是光纤连接器，光纤连接器有什么作用？

第 2 章

管道杆路光缆的施工要求

为了规范和指导施工人员更好地开展现场施工，保证通信管道、光缆线路工程建设质量，规范施工工艺，本章根据施工现场各个环节结合现场图片，对通信管道、光缆线路专业施工关键点的操作要求及规范做详细说明。

2.1 管道的施工要求

2.1.1 PVC 管、蜂窝管通信管道施工要求

① PVC 管、蜂窝管其管身应光滑无伤痕，管孔无变形。

② 放管前应将管外凹状定位筋朝上放置，并严格按照管外箭头标志方向顺延，不可颠倒方向。

③ 在放管时，严禁泥沙混入管内，开始放第一支管时，就要用小塞子塞住露在入井端的子管，以防施工时泥沙进入子管内。

④ 管与管的驳接方法与步骤：

a. 管材红色方向标明箭头朝上涂胶水至划线处，再将直通一端内侧涂上胶水。将直通内的定位槽对准管外的定位筋插入，用木槌或短木棒打紧至管端划线处。

b. 再在直通的另一端内侧涂上胶水，将另一管的管外涂上胶水至画线处，将管插入直通内，打紧至画线处。本工序务必注意接头两端管材上画有的红色方向箭头插在接头同一条定位槽内。

⑤ 当实际距离小于单管长度时，需要按实际长度截掉组装管堵，其方法如下：

a. 先量好实际尺寸，在需锯断处画上断环线。

b. 用钢锯沿环线处锯断，一定要锯平、锯齐。

c. 将支架按子管分布/顷序方向放进已锯断一端的管内 2～3cm。

d. 将子管外壁与大管内壁涂上胶水，然后将管头内孔及外围处涂上胶水。对准定位筋方向插入打紧即可。

e. 完成截断组装工作之后，方可将这条管与上条管对接。

2.1.2 回填土

回填土施工要求如下。

① 回填土前，应清除沟（坑）内遗留的杂物，回填土内不应含有直径大于 5cm 的砾石碎砖等坚硬物。

② 管道顶部回填土在 30cm 以上时，每次填 30cm 应用木夯排夯三遍，直至回填、夯实与原地表平齐。

③ 在市内主干道路的回土夯实，应与路面平齐，市内一般道路的回土夯实应高出路面 5～10cm。

2.1.3 人（手）孔规格适用管孔容量

（1）人（手）孔规格及使用位置描述如下

手孔=6 孔以下。

小号人孔=6～24 孔（不含 24 孔）。

中号人孔=24～48 孔（不含 48 孔）。

大号人孔=48 孔以上。

（2）人（手）孔型式适用位置

直通型人孔：适用于直线通信管道中间的设置。

三通型人孔：适用于直线通信管道上有另一方向分歧通信管道，而在其分歧点上的设置；或局前人孔。

四通型人孔：适用于纵、横两条通信管道交叉点上的设置；或局前人孔。

斜通型人孔：适用于非直线（或称弧形、弯管道）折点上的设置。斜通人孔可以分为 15°、30°、45°、60° 和 75° 共五种。其中斜通人孔的角度可适用土 7.5° 范围以内。

90×120 手孔（双盖板）、70×90（单盖板）手孔适用于直线通信管道中间的设置。

120×170（三盖板）手孔适用于直线通信管道上有另一方向分歧通信管理，而在其分歧点上的设置。

55×55 于孔适用于接入建筑物前的设置。

2.1.4 手孔及管道建筑要求

① 手孔抹面的墙体，抹面应平整、压光、不空鼓，墙角不得歪斜。摸面厚度沙浆配比 1:2.5。

② 手孔基础外形，尺寸应符合图纸规定，外形偏差不大于±l0mm，混凝土标号为#150。

③ 墙体与基础结合严密，不漏水。手孔建筑砖砌体必须垂直，砌体顶部四角要水平一致。

④ 公路旁手孔圈安装后基本与路面平齐；野外地段，手孔圈安装后应高出地面 5～10cm，以防止埋住手井和雨水流入；对于尚未筑成路面的地段，手孔部应在口圈下垫砖 3～4 层以适应今后路面高程的变动。

⑤ 砌好口圈后以木栏标志，夜间点燃红灯，以保安全，养护三天后，回土夯实，撤销标志。

⑥ 手孔四壁内外均用 1:3 配合比例制的 100#防水水泥砂浆抹面，外壁粗抹面，厚度为 2cm；

内壁细抹面厚度为 1.5cm。

⑦ 管道基础必须夯实，铺 10cm 中粗砂底基，在地下水位较高和沙土地带，要求先回填 30cm 6%水泥石粉，铺管后再填充中粗砂 10cm，回土夯实，完工后不应有上下起伏及 S 弯。

⑧ 为减少施工土方量，管道斜坡方向最好与地面的斜坡方向一至，管道放坡高度一般控制在 2‰～3‰，在过沟、过桥时可适当放宽，但最大不要超过 15‰。

⑨ 回土时，沟槽或基坑内不得有水，并在管道两侧及上面 30cm 内架松土，以 15cm 为一层夯实，管道上面 30cm 以上，每层回土最多 30cm，进行夯实。

⑩ 管道坡度的方向应保证在同一手孔中管道进出口处的高度差不大于 0.5m。

⑪ 如果与其他管线在交越时不能达到最小允许隔距时，应遵循“局部服从整体、小管让大管、软管让硬管、有压让无压”的原则，相互协商，并采取特殊措施。尤其与排水沟交越时以尽量减少对流水的阻碍为原则，并必须包封钢管保护。

⑫ 拆除模型时一定要满足时间要求：混凝土要在 7～14 天以上；管道包封要在 3～7 天以上。

⑬ 修复过路管道的路面时要求使用#250 混凝土。

⑭ 在恢复主要道路时，不再回填原土，要求先回填 30cm 6%水泥石粉，再回填中粗砂，并沉沙 48 小时。以保证修复的路面日久不凹陷。

⑮ 本工程新建管道与旧管网相接及加孔时，注意不得损坏原管道内电缆及设施。

⑯ 引上管引入手孔时，应在管道引入窗口以外的墙壁上，不得与管道重叠。引上管进入手孔时，应在上覆、沟盖下 200～400mm 范围内。

⑰ 以上未尽部分请按建设单位要求及《通信管道施工施工验收规范（YD139）执行》。

2.1.5 施工注意事项

① 通信管道工程所用的器材规格、程式、质量，施工使用前要进行检验，严禁使用质量不合格的器材。

② 施工路由需要更改时，要填写施工变更单，交建设单位批准。

③ 开挖管道沟及手孔时密切配合局方随工人员，以减少不必要的麻烦。

④ 安装通信管道标志桩，要求埋深为 700mm，每一桩距离 50m 为适宜。应注意施工时以不影响交通和美观为原则。

⑤ 对道路没有成型的新建管道段，没有道路标高，本工程管道设计从自然路面为 0 点计。对道路旁地形稳定的新建管道段，开挖管道沟路面与道路面落差在±20cm 时，管道按低的为 0 点。

⑥ 因无收集地下管线分布图，设计通信管道施工图中未做管道障碍处理。在通信管道建筑挖沟时，应注意地下其他管线设施，遇到其他管线障碍时，应与各单位业主联系，协同处理。

⑦ 通信管道需征得城建部门批复后，才可以施工。

2.2 杆路的施工要求

2.2.1 杆路选定

① 杆路基本上沿各条公路的一侧敷设，部分沿途有当地的广电、邮电及其他的杆路敷设。

② 杆路跨越较大的公路时，公路的两边应立加高杆，视现场情况可立 9m、10m 及 12m 杆。

③ 杆路跨越较大的河流或特殊地段时，应做特殊处理。当杆档大于 80m 应做辅助吊线。当杆子定在河床里，应做护墩进行有效的保护。当杆子定在山谷下或河床里，地面起伏比较大，吊线仰视与杆稍的夹角呈 45° 或小于 45°，高低落差大于 15m 时，应做双向拉线，锚柄选用 2.1m。

④ 竖立电杆应达下列标准。

a. 直线线路的电杆位置应在线路路由的中心线上。电杆中心线与路由中心线的左右偏差应不大于 50mm；电杆本身应上下垂直。

b. 角杆应在线路转角点内移。水泥电杆的内移值为 100～150mm，因地形限制或装撑杆的角杆可不内移。

c. 终端杆竖立后应向拉线侧倾斜 100～200mm。

2.2.2 材料的选用

① 水泥杆选用，一般工程采用 7m（稍径 15cm）杆为基本杆高，跨越公路用 9m、10m 或 12m 杆视情况而定。在山区不跨越公路时，可选用 6m（稍径 13cm）杆。

② 铁件全部采用热镀锌材料，吊线抱箍选用 D144、D164、D184 单吊抱箍，穿钉配备齐全，拉线抱箍选用 D144、D164、D184 抱箍。

③ 地锚拉柄、顶头杆、终端杆、防风拉、都采用 2.1m 的锚柄，配大号地锚块。

④ 光缆挂钩选用涂塑型 35mm 挂钩，光缆挂钩的扣挂距离 50±3cm，扣挂方向要一致。

⑤ 衬环选用五股热镀锌衬环。

⑥ 吊线选用 7/2.2 镀锌钢绞线。拉线应大于吊线的一个程式为 7/2.6 镀锌钢绞线。

2.2.3 吊线的终端与拉线制作方式

① 工程拉线制作方式采用夹板法。上把要求挤紧五股衬环，后跟三眼双槽夹板，左右间隙空 50mm 后，用 3.0 铁线自缠 100mm，空 100mm 后，缠 50mm 收头。

② 钢绞线接续，钢线中间接续采用另缠法。

③ 吊线的终端要求与拉线上把相同。

④ 地锚杆出土面离地应小于 40cm。

2.2.4 电杆与拉线地锚坑的埋深

电杆的埋深要求如下。

① 6m 杆普通土埋深 1.2m，石质 1.0m。

② 7m 杆普通土埋深 1.3m，硬土 1.2m，水田、湿地 1.4m，石质 1.0m。

③ 8m 杆普通土埋深 1.5m，硬土 1.4m，水田、湿地 1.6m，石质 1.2m。

④ 9m 杆普通土埋深 1.6m，硬土 1.5m，石质 1.4m。

⑤ 10m 杆普通土埋深 1.7m，硬土 1.6m，石质 1.6m。

⑥ 12m 杆普通土埋深 2.1m，硬土 2.0m，石质 2.0m。

拉线地锚坑的埋深如下。

普通土埋深 1.4m，硬土 1.3m，水田、湿地 1.5m，石质 1.1m。

2.2.5 杆路施工要求

① 电杆埋深严格按照规范执行。杆路建设电杆埋深不够及松土地段，需装设卡盘；在土质松软处角深大于 5m 旦鱼杆、终端杆、分线杆、跨越杆、长杆档杆的杆底均应加垫底盘；上述电杆在石质土及坚石地带可不装卡盘、底盘或固根横木。河滩及塘边杆根缺土的电杆，应做护墩保护。在路边易被车辆碰撞的地方立杆，应加设护杆桩，加高为 40～50cm。

② 杆路吊线架设应满足净距要求，在跨越主要公路缆路间净距应不小于 5.5m；跨越土路缆路间净距应不小于 4.5m，跨越铁路缆路间净距应不小于 7m。

③ 钢线与其他线路交越时均须加设交越保护套，两侧各超出 0.5m。钢线架设挂缆后应无明显垂度。

④ 光缆吊线采用 7/2.2 镀锌钢绞线，挂钩采用 25mm 塑托挂钩，每隔 50cm 安装一只；吊线抱箍采用 D144、D164、D184（根据不同杆径配置）单吊线抱箍，吊线与抱箍采用三眼单槽夹板固定，固定穿钉采用中 16X60 规格的有头穿钉。

⑤ 架空光缆沿线设置标志牌，尺寸为 250×100×5 的铝制片，每隔 300m 间距点，加挂标志牌。标志牌牢固固定于钢绞线上，面对观看方向。工程中未祥尽事宜应按国家邮电标准执行。

2.3 光缆的施工要求

2.3.1 复测

① 核对光缆路由走向、敷设方式及接头位置。

② 复测路由地面距离，为光缆配盘、分配及敷设提供必需的资料。

2.3.2 光缆留长

在现有管道内敷设光缆，为确保光缆安全，预留光缆尽量盘留在通信管道的人（手）孔内，基站留长按 15m 预留，冗余留长按 15‰预留，接头留长按 10m/侧预留。为方便维护，放缆时应以接头井为 1#，安顺序类推，逢 5、10、15……5 的倍数手孔，应按 20m 做预留。

2.3.3 光缆检验

① 施工单位在开工前应对运到工地的光缆、器材的规格、程式进行数量清点和外观检查，如发现异常应重点检查。对光缆、连接器等还应进行光学特性、电特性的测试。

② 核对单盘光缆规格、程式及制造长度应符合订货合同规定的要求。

③ 光缆开头检验时，应核对光缆外端的端别，并在缆盘上做醒目标注。光缆端别的识别方法应符合下列规定：面对光缆截面，由领示色光纤按/顺时针排列时为 A 端，反之为 B 端。

④ 光缆现场检验光纤衰减常数、光纤长度。

⑤ 单盘光缆检验完毕后应恢复光缆端头密封包装及光缆盘包装。

⑥ 光纤连接器应具有良好的重复性和互换性。尾纤的长度应符合设计要求、外皮无损伤。

尾纤各项参数应符合合同规定。连接器的损耗应符合合同规定。

2.3.4 光缆敷设

① 新建管道内光缆均采用硬塑料管保护，塑料管一次布放的长度以方便光缆穿放为原则。

② 光缆弯曲半径应不小于光缆外径的 10 倍，施工过程中不小于 20 倍。

③ 布放光缆的牵引力应不超过光缆允许的张力 80%，瞬时最大牵引力不得超过光缆允许张力的 100%，牵引力应加在光缆的加强件（芯）上。光缆布放过程中应无扭转，严禁打小圈、浪涌等现象发生。

④ 布放光缆必须严密组织并有专人指挥，牵引过程中应有良好联络手段。光缆布放完毕，应检查光纤是否良好。光缆端头应做密封防潮处理，不得浸水。

⑤ 光缆穿入管道或管道拐弯或有交叉时，应采用导引装置或喇叭保护管，不得损伤光缆外护层，光缆一次牵引长度一般不应大于 1000m，超长时应采用∞字分段牵引。

⑥ 光缆放置在规定的托架上，并应留适当余量，避免光缆绷的太紧。接头所在人（手）孔内的光缆预留后应符合设计要求。预留光缆应按规定的位置妥善放置。

⑦ 架空光缆的预留在接头杆处预留，其两侧电杆作适当预留，预留长度 15～20m；过河架空光缆，河宽大于 30m 的河流两岸各余留 15～20m，架空段每 10 个杆档光缆余留 15～20m。过河光缆余留在河岸的第一根杆子的邻杆上：接头余留应在接头杆上，各个接头点余留 10m。

2.3.5 光缆的保护

① 人（手）孔内的光缆采用蛇型软管（或塑料软管）保护，并绑在电缆托架上。

② 所选用的管孔必须清洁、干净。

2.3.6 站内光缆

① 站内光缆应做标志，以便识别。光缆在站内应选择安全位置，当处于易受外界损伤位置时，应采用保护措施。

② 光缆路由经走线架，拐弯点时应绑扎。上下走道或爬墙的绑扎部位，应垫以胶管，避免光缆受损伤。

③ 站内光缆成端后，必须在 ODF 箱前面板粘贴配纤示意图。

2.3.7 光缆的接续及安装

1. 光缆的接续

① 光缆接续内容包括：光缆接续，护层和力口强芯的连接，接头损耗的测量，接头盒的封装以及接头保护的安装。

② 光缆接续前应核对光缆程式和接头位置并根据接头预留长度的要求留足光缆。

③ 按光缆端别核对光纤并编号作永久性标志。

④ 光纤接续环境必须整洁，应在工作车内或有遮盖物的环境中操作，严禁露天作业。

⑤ 光纤接续应连续作业，以确保接续质量。采取措施，不得让光缆受潮。

2. 光缆接续注意事项

① 光缆接续的全部过程应采取质量监视。

② 光缆接续全部完成后，多余光缆应盘在光缆接头盒的管架上，盘绕方向应一致。光缆盘绕弯曲半径应不大于厂家规定的曲率半径，接头部分应平直不受力光纤盘留后，用海绵等缓冲材料压住光纤形成保护层。

③ 管道光缆接头盒的安装，接头盒宜挂在人孔壁上或置于电缆托板间，手孔内光缆接头盒应尽量放置在较高位置，避免雨季时人孔内积水浸泡。

④ 架空光缆接头盒的安装，接头盒均设置在杆上（接头杆），两杆中间不设悬空接头；接头杆尽量避免设在河中孤立杆、山头杆等不易施工和维护的场合；接头盒应牢固固定在接头杆上。

本章小结

（1）管道的施工要求，包括 PVC 管、蜂窝管通信管道施工要求，回填土，人（手）孔规格适用管孔容量，手孔及管道建筑要求，施工注意事项。

（2）杆路的施工要求，包括杆路选定，材料的选用，吊线的终端与拉线制作方式，电杆与拉线地锚坑的埋深，杆路施工要求。

（3）光缆的施工要求，包括复测，光缆留长，光缆检验，光缆敷设，光缆的保护，站内光缆，光缆的接续及安装。

思考与练习

简答题

1. 说明人（手）孔有哪些型式及其对应的适用位置？
2. 电杆与拉线地锚坑的埋深有什么要求？
3. 光缆检验项目有什么规定？
4. 管与管的拨接方法及步骤是什么？
5. 当进行管道施工时，实际距离小于单管长度情况下应如何操作？
6. 为什么要做光缆留长？光缆留长的基本形式有哪些？
7. 回填土施工有哪些要求？
8. 竖立电杆的基本标准是什么？
9. 杆路施工有哪些要求？

第 3 章

杆路建筑

随着我国通信网络与技术的快速发展，每年都有大量的通信光（电）缆线路工程建设，架空光（电）缆线路这一建筑方式具有投资省、施工简捷的特点而被广泛采用。本章主要介绍架空杆路、杆路测量、杆路建筑规格及原杆路上架挂光（电）缆的杆路要求等内容。

3.1 架空杆路及材料认识

下面对常见的架空杆路及材料进行简单直观的认识。

3.1.1 终端杆

电力或通信线路系统中，终端杆是一种承受单侧张力的耐张杆塔，用来支撑电力线路或者通信线路的支撑物。只要是承受单侧张力的（包括合力），不管是否位于线路首末端，都属于终端杆的范围。比如线路到了这根杆子来一个 90° 拐弯，这杆子虽然不在线路首末端，但同样受到合力下的单侧张力，应该作为终端杆处理，如图 3-1 所示。

图 3-1　终端杆示意图

3.1.2　引上钢管

传输线路引上作为保护传输线路不受伤害、保证业务畅通的重要工具，就显得极其重要。早期的引上所用材料为塑料管，塑料管成本低、重量轻、易加工和安装，在一定程度上能够起到防水，防晒等保护作用，但因其硬度小、刚性差等自身固有缺点，导致了它的使用寿命极短，往往在一、二年内就会出现断裂或脆裂。现在逐步采用钢管代替塑料管来作为传输线路的引上保护。钢管的优点是硬度高、坚固性好，使用寿命长。

传输线路引上钢管的处理如图 3-2 所示，操作步骤如下。

① 安装引上钢管。工作内容包括定位、装管、加固等。

② 敷设钢管。工作内容包括管材检查、配管、锉管内口、敷管、固定、试通、接地、伸缩及沉降处理、做标记等。

③ 线槽安装。工作内容：线槽检查、安装线槽及附件、接地、做标记、穿墙处堵封等。

④ 安装桥架。工作内容：固定吊杆或支架、安装桥架、墙上钉固桥架、接地、穿墙处封堵、做标记等。

图 3-2　引上钢管示意图

3.1.3　吊线中间接点

吊线是光缆所使用的中间支撑物，吊线分两种，一种是钉固式，另一种是吊线式。钉固式基本是没有中间支撑物，都是钉固在墙上。吊线式中间支撑物一般采用 L 型支架，跟架空间距差不多，常规都是 50m 一个，比较特殊的地方还是采用近距离的。吊线中间节点如图 3-3 所示。

图 3-3 吊线中间节点示意图

3.1.4 中间吊线杆

中间吊线杆路，常用的是预应力水泥杆，选用杆路吊线程式应根据所挂电缆的重量、杆档距离、所在地区的气象负荷区，及今后的发展情况等因素来选用。如图 3-4 所示。

图 3-4 中间吊线杆示意图

3.1.5 光缆接头盒

光缆接头盒是通俗的叫法，学名叫光缆接续盒，又称光缆接续包、光缆接头包和炮筒。属于机械压力密封接头系统，是相邻光缆间提供光学、密封和机械强度连续性的接续保护装置。主要用于各种结构光缆的架空、管道、直埋等敷设方式之直通和分支连接。如图 3-5 所示。盒体采用增强塑料，强度高，耐腐蚀。终端盒用于结构光缆的终端机房内的接续，结构成熟，密封可靠，施工方便，广泛用于通信、网络系统，CATV 有线电视、光缆网络系统等。

图 3-5　光缆接头盒示意图

3.1.6　中间杆预留弯

每根杆路都要有预留弯，一般按照要求每 10 根杆预留 8～15m，每根杆预留 30cm。如图 3-6 所示。

图 3-6　中间杆预留弯示意图

3.1.7　撑杆

撑杆的安装过程包括施工准备、杆坑开挖与撑杆组立，主要标准为撑杆和杆间的夹角，一般为 30°。允许偏差为 ± 5°；撑杆底部应装底盘，并应与撑杆垂直；撑杆埋深不小于 1m，埋设底盘的撑杆坑应有马道。回填土时，应每回填 300mm 夯实一次。回填土应有防沉土台，其培土高度应超出地面 300mm。注意在撑杆组立时，电杆上严禁有人作业。如图 3-7 所示。

图 3-7　撑杆示意图

3.1.8　电力保护

电力保护包括瓦斯保护，纵差保护，相间过电流保护，阻抗保护，零序电流保护和零序电流方向保护等。所需要安装的设备有避雷器（避雷设备）、接地设备、综保、熔丝、电缆套管等。如图 3-8 所示。

图 3-8　电力保护示意图

3.1.9　中间杆

中间杆的装设，不同电杆有不同的光缆吊线在中间杆的装设方法。木杆一般在电杆上打穿钉洞，用穿钉和夹板固定吊线；混凝土电杆采用穿钉法（电杆上有预留孔）、钢箍法和光缆吊线钢担法，如图 3-9 所示。

图 3-9　中间杆示意图

3.1.10　吊板拉线（卡固法）

拉线采用镀锌钢绞线制作，拉线上把与水泥电杆应用抱箍法结合，拉线上把与木杆可用捆绑法结合。常见的拉线固定有卡固法、夹板法等。吊板拉线（卡固法）如图 3-10 所示。

图 3-10　吊板拉线（卡固法）示意图

3.1.11 拉线（夹板式）

吊线夹板距电杆顶的距离一般情况下应≥500mm，特殊情况下应≥250mm。角杆、分线杆、跨越杆均应做避雷线，如图 3-11 所示。

图 3-11 拉线（夹板式）示意图

3.1.12 跨路保护

跨路警示牌应装在主干道路正上方的光缆吊线上；公路、城区道路应根据主干道路宽度考虑架设长度，一般乡村道路装设长度为 4～6m 为宜；特殊地段可根据需要装设，以达到警示过往车辆的目的，如图 3-12 所示。

图 3-12 跨路保护示意图

3.1.13　墙壁吊线

墙壁线路是用特制的电（光）缆卡子、塑料带将线缆固定在墙壁上。吊挂式墙壁线路是用挂钩、吊线，类似于一般架空杆路一样将线缆悬挂到吊线上，如图 3-13 所示。吊挂式墙壁电缆在建筑物间的跨距不宜过大，一般以不超过 6m 为宜。如果跨越距离大于正常跨距的一半，或电缆重量超过 2t/km 时，应做吊线终端，并按架空线路的规定施工。

图 3-13　墙壁吊线示意图

3.1.14　光缆标牌

光缆标牌的安装是为今后光缆的维护和扩建提供方便,因此正确的安装光缆标志牌是施工中的一个重要环节。标牌的安装位置如下。

① 架空部分。引上杆、分线杆、接头杆、大预留杆、直线杆每 200 米应安装一处。

② 管道部分。地下室、出局孔、接头人孔、大预留人孔、分歧孔、引上孔、直线人孔间隔一个人孔应安装。

③ 干路、人井光（电）缆标牌室内部分。上下通道处，引至机架处。

标牌的制作可为多种方法，常用 PVC 板或铝板打印，需标明光缆芯数，某地—某地光缆以及施工日期，如图 3-14 所示。

图 3-14 光缆标牌示意图

3.2 杆路工程施工规范

根据工程的特点，结合不同的施工工序，拟定不同的质量控制点。应按照这些控制点实施逐点控制，依据设计和相关规范要求的指标和标准对质量进行逐点检查和验收，达到工程质量符合工程总体验收标准。

3.2.1 路由复测

施工单位应对所施工的工程进行复测丈量，以设计单位提供的施工图设计为依据，确定杆路路由的具体位置、准确长度以及每根电杆的杆位，确定线路穿越障碍物的具体位置和相应保护措施，复测中继段距离时，应根据地形起伏，核算包括接头重叠长度、各种必要的预留长度在内的敷设总长度，并确定接头的具体位置。监理工程师采用见证或巡视的方法，检查复测所取得的数据是否与施工图纸相一致，以及复测单位所采取的纠偏技术措施，出现设计文件和施工图纸与实际要求不一致或其他必须变更设计才可以满足施工要求时，施工单位需现场通知监理单位并通过设计变更后才能进行下一道工序的施工。

3.2.2 立杆

1. 电杆洞深

不同土质，水泥电杆的洞深亦不相同，施工时一定按规范要求，不得随意增减深度，防止造成安全和质量事故。监理按表 3-1 规定的技术数据和偏差应小于−50mm 的要求检查洞深。

表 3-1 水泥电杆洞深

杆长（m）	土质				备注
	普通土	硬土	水田、湿地	石质	
6.0	1.2	1.0	1.3	0.8	1. 本表用于中、轻负荷区通信线路。重负荷区的杆洞深度应按本表规定值另加 10～20cm。 2. 12m 以上的特种电杆的洞深应按设计文件规定实施
6.5	1.2	1.0	1.3	0.8	
7.0	1.3	1.2	1.4	1.0	
7.5	1.3	1.2	1.4	1.0	
8.0	1.5	1.4	1.6	1.2	
8.5	1.5	1.4	1.6	1.2	
9.0	1.6	1.5	1.7	1.4	
10.0	1.7	1.6	1.8	1.6	
11.0	1.8	1.8	1.9	1.8	
12.0	2.1	2.0	2.2	2.0	

2. 杆距

电杆间的距离按设计规定，允许 ± 5m 偏差，但不得随意加大设计杆距。

3. 电杆的垂直度

利用简易量具检查电杆的垂直度。直线段的电杆轴心线应上下垂直，其位置应在路由的中心线上，左右偏差应不大于 50mm。

水泥电杆杆路的角杆向线路转角点内移 100～150mm。因地形限制而不能内移或装撑木的角杆可不内移。

终端杆竖立后应向拉线侧倾斜 100～200mm。

4. 杆根装置

施工时，监理必须及时检查杆根装置的装设。水泥电杆的杆根装置有卡盘和底盘两种，卡盘用“U”形抱箍固定在距地面 400mm 处。杆跟装置的安装应符合如下规定：

① 直线路由上电杆杆根用的卡盘一般装在线路的一侧，相邻电杆均用卡盘时应交错装设；杆距长度不等时，装在长杆档的一侧。

② 角杆、终端杆根仅用一块卡盘时，装在拉线的反侧，与拉线方向呈“T”形垂直。用二块卡盘时，下装置装在电杆拉线侧，上装置装在拉线方向反侧。上下装置与拉线方向呈“T”形垂直。

③ 在水稻田和松软的地段用水泥卡盘和水泥底盘固根，在水洼地、鱼塘、水流易冲刷的低洼地带的电杆，要做石护墩。

④ 在泥土容易坍塌沉陷的地方和堤岸下、坡地、水塘边、溪沟附近等有被水冲掉杆根泥土等地方立杆时，采用围桩法或砌石护墩进行加固，在杆根泥土有可能被水冲刷不能存留的地方，采用水泥护墩进行加固。

3.2.3 拉线

① 拉线采用镀锌钢绞线制做，拉线扎固方式以设计的材料为准进行实施。

② 靠近高压电力设施的拉线加装绝缘子，绝缘子距地面的垂直距离应在 2m 以上。人行道上的拉线宜用竹筒或塑料管保护。

③ 角拉的距高比为 1，否则起不到拉力的作用。轻、中负荷区每 8 根杆做一处抗风拉线，每 32 根杆做一处防凌拉线，具体以设计为准。

④ 拉线与水泥电杆应用抱箍法结合。拉线上把在杆上只有一条光缆吊线且仅装设一条拉线时，拉线抱箍装在杆顶下 50cm 处。杆上有两层光缆吊线且需要装设两层拉线时，两条拉线抱箍间距为 40cm，如图 3-15 所示。

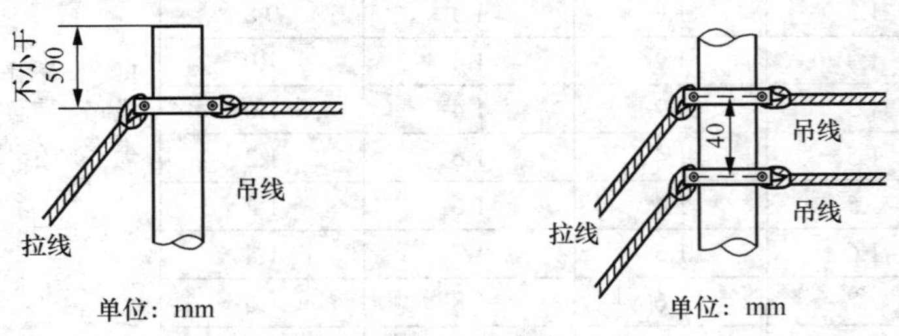

图 3-15 拉线示意图

⑤ 拉线把的缠扎应符合信息产业部颁发 YD/T5138-2005《本地通信线路工程验收规范》相关规定。

按设计规定工程拉线上把的扎固采用另缠法，其规格如表 3-2 和图 3-16 所示，允许偏差 ±4mm，累计偏差不应大于 10mm。

表 3-2 拉线上把另缠规格

拉 线 程 式	缠扎线径（mm）	首节长度（mm）	间隙（mm）	末节长度（mm）	留头长度（mm）	留头处理（mm）	备 注
1×7/2.2	3.0	100	30	100	100	用 1.6mm 钢线另缠 5 圈扎固	本表数据也适用于木电杆拉线
1×7/2.6	3.0	150	30	100	100		
1×7/3.0	3.0	150	30	150	100		
2×7/2.2	4.0	150	30	100	100		
2×7/2.6	4.0	150	30	150	100		
2×7/3.0	4.0	200	30	150	100		

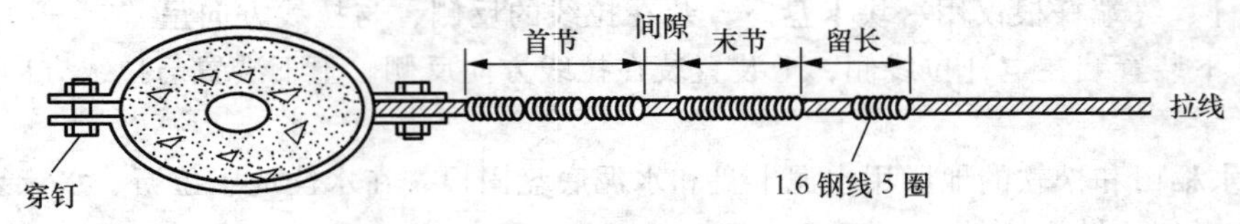

图 3-16 拉线上把缠扎示意图

工程拉线中把的扎固采用另缠法，其规格如表 3-3 和图 3-17 所示。

表 3-3 拉线中把另缠法规格

拉线程式	夹、缠物类别	首节	间隔	末节	全节	钢线留长	备注
7/2.2	3.0 钢线	100	（330）	100	600	（100）	单位：mm
7/2.6	3.0 钢线	150	（280）	100	600	（100）	
7/3.0	3.0 钢线	150	（230）	150	600	（100）	
2×7/2.2	4.0 钢线	150	（260）	100	600	（100）	

续表

拉线程式	夹、缠物类别	首节	间隔	末节	全节	钢线留长	备注
2×7/2.6	4.0 钢线	150	（210）	150	600	（100）	单位：mm
2×7/3.0	4.0 钢线	200	（310）	150	600	（100）	
V 型 2×7/3.0	4.0 钢线	250	（310）	150	600	（100）	

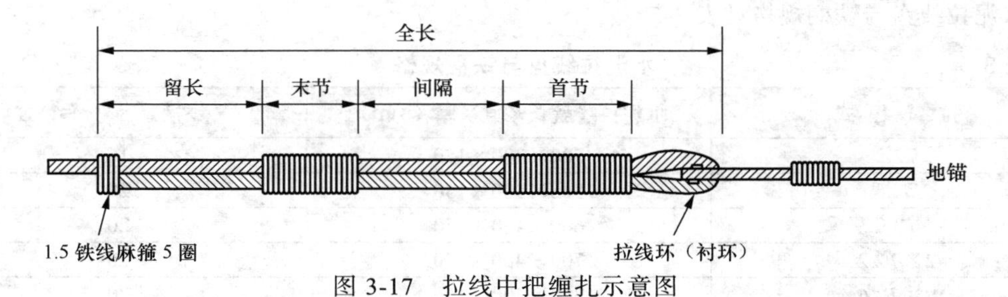

图 3-17　拉线中把缠扎示意图

⑥拉线地锚及其安装要求。

拉线地锚埋深按表 3-4 数据实施，施工时一定按要求，不得随意增减深度，防止造成安全和质量事故。

地锚出土长度 30cm，实际出土点与正确出上点之间的偏差不大于 50cm，如图 3-18 所示。

表 3-4　拉线地锚坑深度

拉线程式	土质				备注
	普通土	硬土	水田、湿地	石质	
7/2.2	1.3	1.2	1.4	1.0	
7/2.6	1.4	1.3	1.5	1.1	
7/3.0	1.5	1.4	1.6	1.2	
7/2.2	1.6	1.5	1.7	1.3	
7/2.6	1.8	1.7	1.9	1.4	
7/3.0	1.9	1.8	2.0	1.5	
上 2V 型×7/3.0 下 1	2.1	2.0	2.3	1.7	

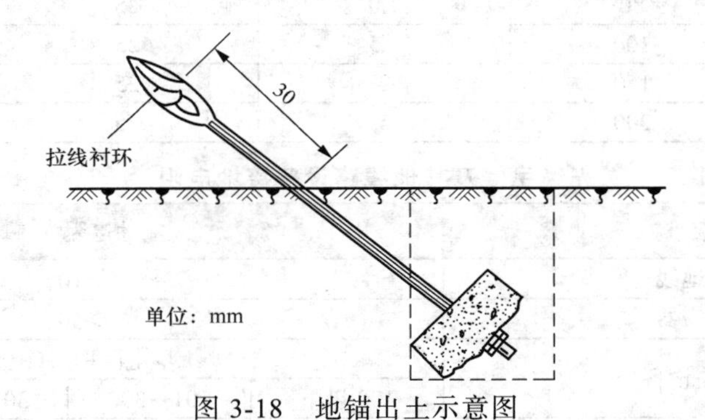

图 3-18　地锚出土示意图

拉线地锚应埋设端正，不得偏斜，地锚的拉线盘应与拉线垂直。

埋设拉线地锚的出土斜槽应与拉线上把成直线，不得有扛、顶现象。

拉线中把与地锚连接处，根据拉线程式不同加装不同规格的拉线衬环，衬环应装在拉线弯回处。

高桩拉线的副拉线、拉桩中心线、正拉线、电杆中心线应在同一垂直平面上，其中任一点的最大偏差不得大于 5cm。

吊板拉线的规格按设计要求。

墙拉线的拉攀距墙角应不小于 25cm，距屋沿不小于 40cm。

水泥拉线盘与铁柄规格见表 3-5。

表 3-5　　水泥拉线盘与铁柄规格

拉线程式	水泥拉线盘长×宽×厚（mm）	铁柄直径（mm）
7/2.2	500×300×150	16
7/2.6	500×300×150	20
7/3.0	600×400×150	20
2×7/2.2	700×400×150	20
2×7/2.6	700×400×150	20
2×7/3.0	800×400×150	22
V 型 2×7/3.0	1000×500×300	22

3.2.4 避雷线和地线的技术要求

① 避雷线和地线应按设计要求装设。

② 避雷线和地线可利用预留孔、绑扎、拉线做避雷线等方法装设，安装规格应符合设计或相关规范要求。

③ 避雷线的地下延伸部分应埋在离地面 70cm 以下，延伸线（4.0 钢线）的延伸长度及接地电阻应符合表 3-6 的要求。

④ 光缆吊线直接入地或接地线安装规格按设计，吊线及其线路设备接地电阻应符合表 3-7 的要求。

表 3-6　　避雷线接地电阻及延长线（地下部分）参考长度

土质	一般电杆避雷线要求		与 10kV 电力线交越杆避雷线要求	
	电阻（Ω）	延伸（m）	电阻（Ω）	延伸（m）
沼泽地	80	1.0	25	2
黑土地	80	1.0	25	3
粘土地	100	1.5	25	4
砂粘土	150	2	25	5
砂土	200	5	25	9

表 3-7　　光缆吊线及其他线路设备接地电阻

设备名称	接地电阻（Ω）			
交接箱地线	>10			
用户保安器	>50			
其他线路设备	土壤电阻率（Ω·m）			
	100 以下	101～300	301～500	500 以上
架空电缆吊线	≤20	≤30	≤35	≤45
全塑电缆屏蔽层	≤20	≤30	≤35	≤45

续表

设 备 名 称		接地电阻（Ω）			
电杆避雷线		≤80	≤100	≤150	≤200
分线箱	10 对以下	≤30	≤40	≤50	≤67
	11～20 对	≤16	≤20	≤30	≤37
	21 对以上	≤13	≤17	≤24	≤30

3.2.5 号杆

号杆应按设计要求进行，可将号码直接书写在电杆上或制作成字牌固定在电杆上。号杆的最末一个字或字牌的下边缘应距地面 2.5m。

3.2.6 架空吊线

① 吊线规格按设计规定，一般采用 7/2.2 或 7/2.6 钢绞线。

② 架设位置，一般距杆顶应不小于 50cm，特殊情况不小于 25cm。吊线宜与地面等距，坡度变化一般不宜超过杆距的 2.5%，由于地形等限制也不得超过杆距的 5%。在特殊情况下，当吊线坡度变更为杆距的 5%～10%时，吊线应加装仰俯角辅助装置，如图 3-19、图 3-20 所示。

③ 吊线终结、接续的安装、垂度、接地等均按设计或相应规范要求。

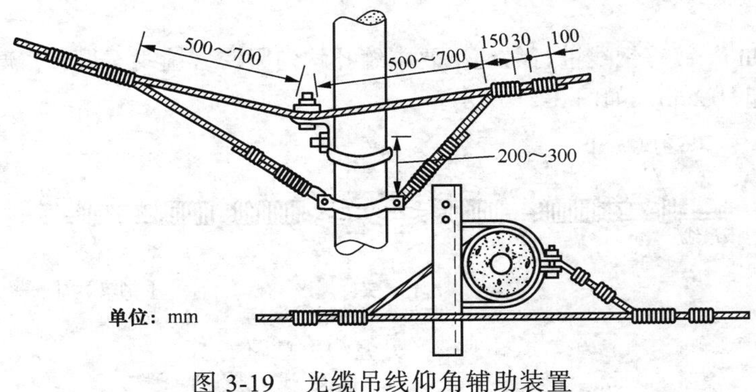

图 3-19　光缆吊线仰角辅助装置

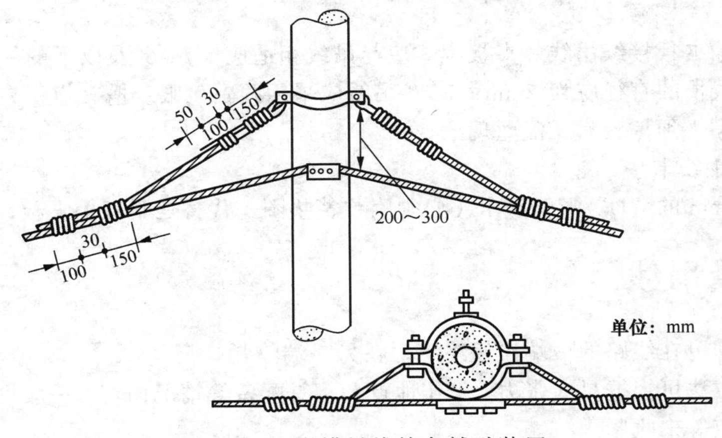

图 3-20　光缆吊线俯角辅助装置

3.3 杆路施工方法

3.3.1 布放吊线

布放吊线时，应先把已选择好的钢绞线盘放在具有转盘装置的放线架上，然后转动放线架上的转盘即可开始放线，布放吊线一般采用下列三种方法。

① 把吊线搁在电杆上吊线夹板的线槽里并把外面的螺帽略微旋紧，以不使吊线脱出线槽为度，随后即可用人工牵引。

② 将吊线放在电杆和夹板间的螺帽上，但在直线上每隔 6 根电杆和转弯线路上所有具有离杆拉力的角杆上（即外角杆上），仍须把吊线放在夹板的线槽里[方法同①]。

③ 先把吊线布放在地上，然后用人工把吊线逐段搬到电杆与夹板间的螺帽上（一般用杆叉）。但采用此法必须以不使吊线受损、不妨碍交通、不会使吊线无法引上电杆等为原则。

④ 在布放吊线过程中应尽可能使用整条的钢绞线，以减少中间接头，并要求在一个杆档内不得有一个以上的接头。

3.3.2 吊线接续

吊线接续可分为下列几种方法。

1. 另缠法

此法使用 3.0mm 镀锌钢线进行另缠，要求缠扎均匀紧密，缠线不得有伤痕或锈蚀，缠线总长度的偏差不得超过 2cm，如图 3-21 所示。

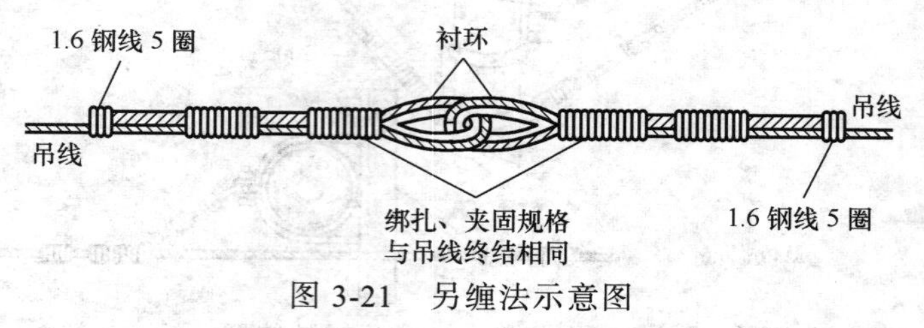

图 3-21　另缠法示意图

2. 夹板法

采用三眼双槽夹板接续吊线。夹板程式应与吊线相适应，7/2.6 及以下的吊线用一副三眼双槽夹板，其夹板线槽的直径应为 7mm；7/3.0 吊线应采用两副三眼双槽夹板，夹板线槽的直径为 9mm，夹板的螺帽必须拧紧，无滑丝现象。

3. “U”形钢线卡法

此法采用 10mm 的“U”形钢线卡（必须附弹簧垫圈）代替三眼双槽夹板，将钢绞线夹住。

3.3.3 收紧吊线

吊线布放后即可在线路的一端作好终结，在另一端收紧。

收紧吊线的方法可根据吊线张力、工作地点和工具配备等情况而定。一般可采用紧线钳、手拉葫芦或手搬葫芦等来收紧。

3.3.4 吊线的连结

吊线的连结（俗称吊线结），吊线沿架空电缆的路由布放，要形成始端、终端、交叉和分歧。由于更换电缆程式或角深过大等原因，要求对电缆做出不同的结，以增强线路的稳固性和规格标准化。

吊线连结的程式通常有：终端结（终结）、假终结、十字结、丁字结和辅助结等。制作的方法有另缠法、夹板扶和"U"形钢卡法。采用较多的是夹板法和"U"形钢卡法。

例如：在市区无法由原有电杆作电缆分支线路或十字吊线时，如果分支线路负荷较小，可采用夹板法做丁字吊线，如图 3-22 所示。

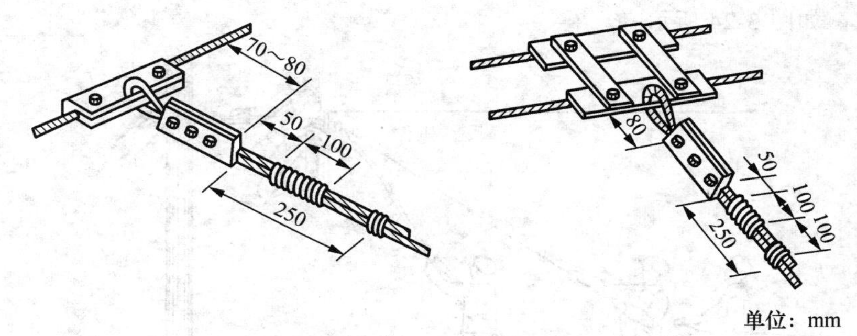

图 3-22　吊线丁字结装置

3.3.5 非自承式架空电缆的布放与保护

1．电缆的布放前工作

（1）架空电缆架设前检查

架空电缆架设前，首先要对单盘电缆的规格、对数、气闭性能、电性能等进行检查，符合要求后才能进行敷设。电缆架设前后不得有机械损伤，架设时电缆必须从电缆盘上方放出，避免与支架、障碍物或地面摩擦与拖拉。电缆弯曲的曲率半径必须大于电缆外径的 15 倍。

（2）规定置放 A、B 端

100 对及以上的全塑电缆的敷设应按下列规定置放 A、B 端：

汇接局-分局，以汇接局侧为 A 端；分局-支局，以分局侧为 A 端；局-交接箱，以局侧为 A 端；局-用户，以局侧为 A 端；交接箱-用户，以交接箱侧为 A 端。

汇接局、分（支）局、交接箱之间布放电缆时，端别要力求做到局内统一。可以以一个交换区域的中心侧为 A 端，也可以以局号大小来划分，或以区域交换的汇接局、分（支）局、交接箱侧为 A 端。

2．架空电缆方法

架设吊挂式全塑电缆线路有预挂挂钩法、动滑轮边放边挂法、定滑轮牵引法和汽车牵引动滑轮托挂法。

（1）预挂挂钩法

此法适用于架设距离 200m 左右并有障碍物的地方，如图 3-23 所示。

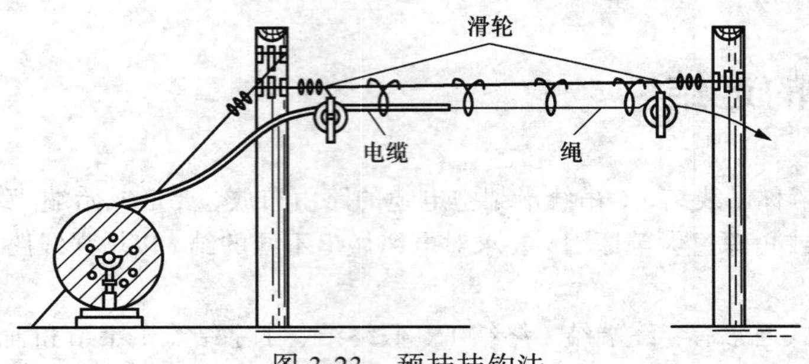

图 3-23　预挂挂钩法

（2）动滑轮边放边挂法

此法适用于杆下无障碍物，虽不能通行汽车，但可以把电缆放在地面上，且架设的电缆距离又较短的情况。如图 3-24 所示。

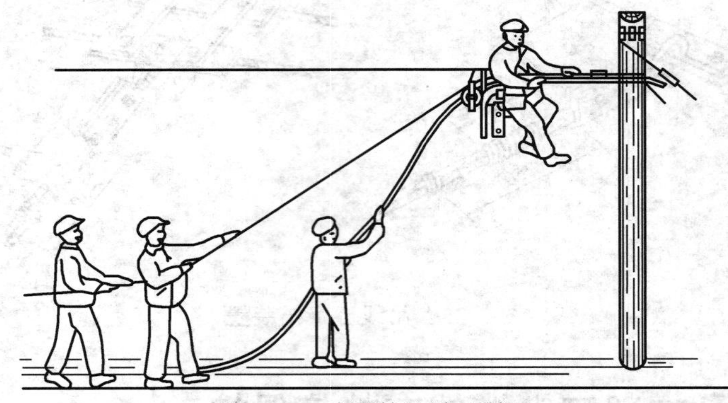
图 3-24　动滑轮边放边挂法

（3）定滑轮牵引法

此法适用于杆下有障碍物不能通行汽车的情况下。

（4）汽车牵引动滑轮托挂法

此法适用于杆下无障碍物而又能通行汽车，架设距离较大，电缆对数较大的情况。

3. 电缆挂钩、吊扎

（1）挂电缆挂钩时，要求距离均匀整齐，挂钩的间隔距离为 50cm，杆两旁的挂钩应距吊线夹板中心各 25cm，挂钩必须卡紧在吊线上，托板不得脱落。

（2）吊挂式架空电缆在吊线接头处，不用挂钩承托，改用单股皮线吊扎或挂带承托。

吊挂式全塑架空电缆架设时，每隔 5～8 挡在杆处留余弯一处。如图 3-25 所示。

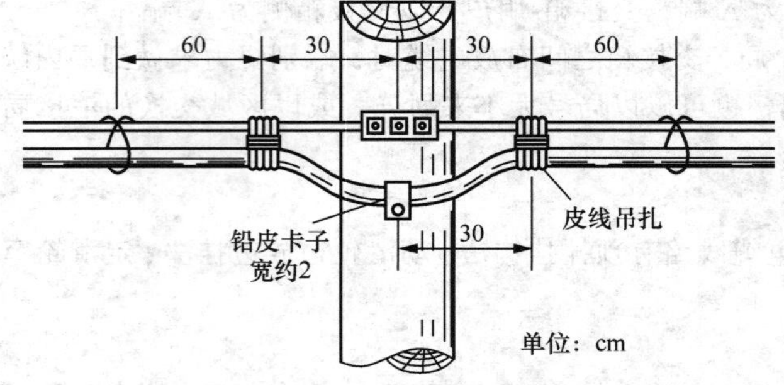

图 3-25　电缆架设留处示意图

3.4 通信杆路测量的一般原则

3.4.1 杆路测量的要求

杆路的测量应根据施工图规定的路由方向进行。如遇特殊情况需要变更路由，应由施工单位报请建设单位批准，由设计单位签发设计变更。

3.4.2 杆位选择原则

杆路位置的选择应遵循以下原则：

① 要选择最近的路由，尽量走直线，减少角杆。

② 要选择较平坦的路由，减少坡度杆。

③ 杆路与绿化要保持适当的距离。

在测量线路时，应逐段确定直线，在直线上丈量杆路距离确定杆位。在一般情况下，杆距规定如下。

① 市区：35～40m。

② 郊区：45～50m。

在确定杆位时，应看清周围环境，架空光缆与其他建筑物、电力线等，要保持一定的距离。

3.4.3 几种测量方法

1. 角杆拉线方位的测量

先在顺角杆两个邻杆的方向的直线上量出相等的两个点（B、C），然后用一段皮尺，把 10m 两头施在 C、B 两点上，捏住 10m 皮尺的中点 5m 处，朝外拉出去、拉直、那么得到的 D 点便是角杆拉的方向，如图 3-26 所示。

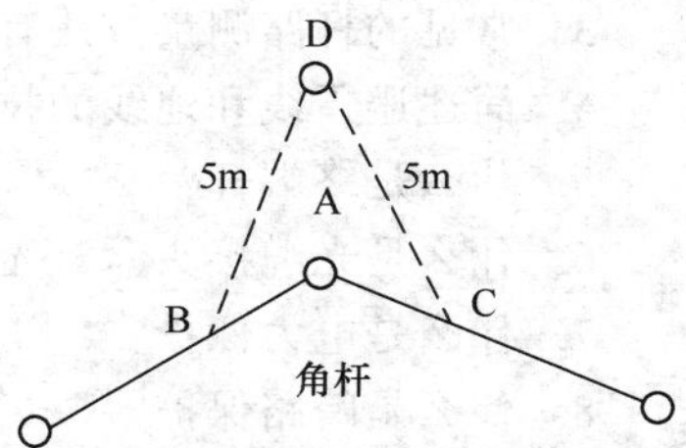

图 3-26　角杆拉线方位的测量

2. 三方拉线方位的测量

三方拉线，其中一根和线路同方向，另两根和线路各成 60°角。测量的方法是先决定路线同方向上的一根量得拉距，打好标桩 M'，然后再在相反方向直线上量得 M 点，拉出皮尺，使它的长度等于两倍从木杆到 M 点的长度，把皮尺的两端应揿在木杆和 M 点上，中间拉直得到 N 点，N 点就是第二根拉线的距离位置，同样把皮尺拉向反方向，得到 N'点，则 N'点就是第三根拉线的位置。

3.4.4 测量工作注意事项

① 使用花杆应爱护，不可用花杆挑东西，或当标旗戏耍抛掷。

② 在测量时应注意地下设备，不受损伤。所有的杆位在确定时，应考虑不妨碍交通信号视线、邮筒、消防水栓等设备的使用。杆位的中心离人行道的石界 30～50cm。不得将杆位定在房屋的正门前。

③ 在交通繁忙或行人较多的地段进行测量工作时，要注意来往车辆，尽可能不妨碍交通和市容。

④ 在郊外测量，要爱护田里的庄家，尽可能走田间小路或大路。

⑤ 过河飞线如遇曲线路由，应于河岸的两边各立一根直线杆。

⑥ 郊外杆距一般来说，弯线路的杆距，较直线路的杆距可以略短，除了跨越、回避铁路或其他线路外，一般情况下，原则上不可作直角转弯，角杆角深最大以 12m 为限。

本章小结

（1）杆路建筑基本知识，初步认识杆路材料及示意图，包括终端杆、引上钢管、吊线中间接点、中间吊线杆、光缆接头盒、中间杆预留弯、撑杆、电力保护、中间杆、吊板拉线、拉线、跨路保护、墙壁吊线、光缆标牌等。

（2）杆路基本施工规范，包括路由复测、立杆、拉线、避雷线和地线、号杆、架空吊线等施工要求。

（3）杆路施工基本方法，包括常见的布放吊线、吊线接续、收紧吊线、吊线的连结、非自承式架空电缆的布放与保护等施工方法。

（4）通信杆路测量的一般原则与测量工作注意事项。

思考与练习

简答题

1. 简述吊线施工的方法。
2. 通信杆路测量杆位选择的原则什么？
3. 常见的杆路测量方法有哪些？
4. 简述避雷线和地线的技术要求。
5. 什么是终端杆？
6. 什么是光缆接头盒？光缆接头盒的作用是什么？
7. 什么是电力保护？
8. 什么是跨路保护？
9. 杆路施工的步骤是什么？
10. 吊线接续有哪几种方法？
11. 架空电缆的方法有哪些？

第 4 章

管道建筑

通信管道是城镇通信网的基础设施，设置地下通信管道可以大大满足线路建设的随时扩容的需要，提高线路建设及维护的工作效率，确保通信线路的安全，同时也符合城镇市容建设的需要。地下通信管道具有投资大，施工时对城市交通和人民生活影响大的特点，一经建成就成为永久性的设施，因此，设计时必须考虑到网络发展和城市的长期规划，使通信管道能随城市的发展而延伸。彼此能连成稳定、合理的管网。工程设计一般按路由选择、收集资料、地基与基础处理、平面设计、剖面设计和特殊情况处理的程序进行。主要内容来自参考文献[21]。

4.1 管道的平面设计

通信管道设计图主要由平面设计和剖面设计图两大部分组成。通信管道平面设计主要步骤：明确管道建设目标及管孔容量；通信管道的路由选择；收集资料；通信管道具体位置确定、管道人（手）孔位置的选择及选型、引上及引下管的处理。

4.1.1 路由选择原则

（1）符合地下管线长远规划，并考虑充分利用已有的管道设备。

（2）选在通信线路较集中、适应发展需求的街道。

（3）尽量不在沿交换区界线周围建设主干通信管道，尽量不在铁道、河流等地铺设管道。

（4）选择供线最短，尚未铺设高级路面的道路建设管道。

（5）选择地上及地下障碍物少、施工方便的道路建设管道。

（6）尽可能避免在有化学腐蚀，或电气干扰严重的地带铺设管道，必要时必须采取防腐措施。

（7）避免在过于迂回曲折或狭窄的道路中，有流沙翻浆现象或地下水位甚高、水质不好的地区建设通信管道。

（8）避免在规划未能定，可能转为其他用途的区域，远离各类取土采石和堆放填埋场中建管道。

（9）避免在经济林、高价值作物集中地带建管道。

（10）有新建的城市道路时，应考虑通信管道的建设。

在通信管道路由选择过程中，要充分了解城市全面规划和通信网发展动向，与城建管理部门充分沟通、联系，并考虑城市道路建设以及通信管道管网安全。

4.1.2 资料收集

通信管道路由选定以后，除了要收集第 2 章所介绍的相关资料外，还要对沿线地上、地下的建筑物、地质及水文资料及规划的情况进行深入的调查，并收集如下资料，为设计和施工做好准备。

（1）城市道路规划图纸及资料：近期及远期发展规划及地下管线综合资料，拟设通信管道路由的道路平面、横断面、纵断面及高程等规划设计资料。

（2）地下建筑物资料：了解地下管线情况并与相关单位核实若与相关管线发生矛盾，要与相关单位协商采取安全或避让措施。

（3）沿线房屋情况：考虑到施工时对沿线房屋的振动、地基下沉等影响。

（4）土质调查。

（5）地下水调查：调查地下水在不同季节的水位情况，通信管道应建在地下水位以上的土层中，并避开有电化学腐蚀的地段。

（6）冰冻层深度调查：通信管道应尽可能建在冰冻线以下的土层。

4.1.3 通信管道埋设位置

在已拟定的通信管道路由上确定通信管道的具体路由时，应和城建部门密切配合，并考虑以下因素：

（1）通信管道铺设位置尽可能选择在原有管路或需要引出的同一侧，要设法减少引入管道和引上管道穿越道路和其他地下管线的机会，并减少管道和电缆的长度。如通信管道必须建筑在车行道下时，尽量选择离中心线较远的一侧，或在慢道中建设，并尽量避开雨水管线。管道位置应尽量与架空杆路同侧，以便电缆引上和分支。

（2）节约工程投资和有效缩短工期。通信管道尽可能建筑在人行道下或绿化地带，以减少交通影响；如无明显的人行道界限时，应靠近路边敷设。这样做可使管道承受荷重较小、埋深较浅，降低工程造价（包括路面赔偿费等），有利于提高工效和缩短工期，也便于施工和维护。

（3）通信管道的中心线原则上应与房屋建筑红线或道路的中心线平行。遇有道路弯曲时，可在弯曲线上适当的位置设置拐弯人孔，将其两端的通信管道取直。

考虑电信电缆管道与其他地下管线和建筑物间的最小净距，各种管线、建筑物之间都应保持一个最小的距离（通信管道与其他地下管线最小平行隔距见表 4-1，通信管道与其他建筑物及树木的最小隔距见表 4-2），以保证施工或维修时不致相互产生影响。不应过于接近或重叠敷设。同时还应考虑到施工和维护时所需的间距，由于人孔和管道挖沟的需要，特别是在十字路口，还应结合其他地下建筑物情况，考虑其所占的宽度和间距，以保证施工。通信管道不宜紧靠房屋的基础。

表 4-1　　通信管道与其他地下管线或建筑物的水平隔距

管线名称	管线情况	最小平行隔距（m）
自来水管	管径为 150～300 mm	0.5
	管径为 300～500 mm	1.0
	管径为 500 mm 以上	1.5
直埋电力电缆	电压≤3.5kV	0.5
	电压>3.5kV	2.0
电力管道	电力电缆在管道中敷设	0.15
排水管	排水管道先施工	1.0
	通信管道先施工	1.5
热力管道	热力管道直埋在管道中	1.0
	热力管道直埋在管道中，通信管道为塑料管时	1.5
天然气管道	压力≤300kPa	1.0
	压力为 300～800kPa	2.0
其他通信光（电）缆		0.75

（4）充分考虑规划要求和现实条件的影响。当两者发生矛盾，如规划要求管道修建的位置处尚有房屋建筑和其他障碍物（如树林、洼地等），目前难以修建或投资过大，可考虑选在车行道下或采用临时过渡性建筑。

表 4-2　　通信管道与其他建筑物及树木的最小隔距

相关建筑物名称		最小水平距离（m）
道路边石		1.0
绿化树	乔　木	1.5
	灌　木	1.0
房屋建筑		1.5～1.8
地上杆柱		0.5～1.0
高压电力线支柱		3.0
电车路轨外侧		2.0

4.1.4　城市管道人（手）孔位置

（1）（手）孔位置应选择在管道分歧点、道路交叉口或需要引入房屋建筑的地点。

（2）在弯曲度较大的街道中，选择适当地点插入一个人（手）孔。

（3）在街道坡度变化较大的地方，为减少施工土方量，常在变坡点设置人（手）孔。如图 4-1 所示。

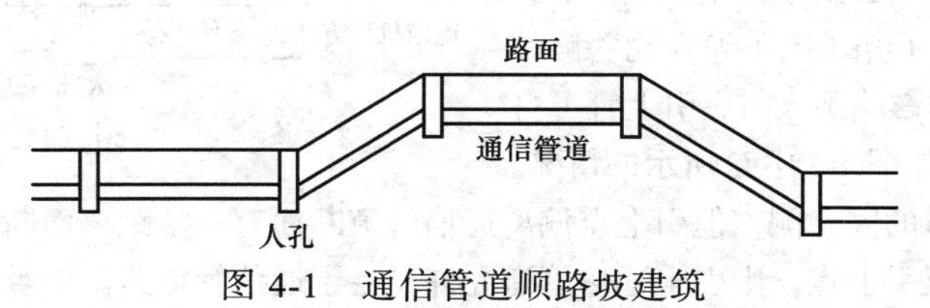

图 4-1　通信管道顺路坡建筑

（4）通信管道穿越铁路、公路等路段，或使用顶管时，为便于维护和检查，在铁路路轨、公路、顶管两侧（端）适当的地点设置人（手）孔。

（5）在较直的管道路由上人（手）间距一般为120～130m，最大不宜超过150m。如采用摩擦因数较小的塑料管等管材，直线管道段长可适当放宽到200m，甚至接近250m。

（6）人（手）孔位置应与其他地下管线的检查井相互错开，其他地下管线不得在人（手）孔内穿过。

（7）交叉路口的人（手）孔位置宜选在人行道上或偏于道路的一侧。

（8）人（手）孔位置不应设置在建筑物的门口，也不应设置在规划的屯放器材或其他货物堆场，更不得设置在低洼积水地段。

4.1.5 引上通信管道的处理

（1）引上点位置的选择

主干光（电）缆在人（手）孔中经分支接续后，通过引上通信管道引出地面，与架空光电缆或与墙壁光（电）缆相接，供用户使用。从人（手）孔中分支出光电缆的地点即称之为引上点。引上点位置的选择要求如下：

① 引上点和通信管道同属于比较稳定的建筑装置，设计时应考虑日后发展的可能性，尽量避免拆迁。

② 引上点应选择在架空光（电）缆、墙壁光（电）缆或交接箱引入光（电）缆的连接点附近，避免主干光（电）缆与配线光（电）缆间的回头线。引上点选择在人（手）孔附近，减少引上通信管道的长度。

③ 在同一引上管中设置的引上光（电）缆不宜超过两条。引上点的位置不应设在交通繁忙的路口，以免遭车辆和行人的碰撞。

④ 在公路两侧均设置地下通信管道时，其供线点应以公路为界，不允许引上通信管道往返穿越公路。在房屋或建筑物的墙外引上通信管道时，引上点应尽量选择在比较隐蔽的侧墙或后墙沿。

（2）引上通信管道的设计要求

由于引上通信管道具有管孔数目少，敷设距离短，埋设浅，所经路由情况比较简单，其中穿放的光（电）缆外径较小的特点，所以在设计时只在平面图中表示出引上点的位置及引上通信管道长度即可，除穿越障碍有困难的情况以外，一般情况下不做剖面设计。

引上通信管道设计时应注意以下情况：

引上通信管道穿越公路时，应尽量垂直穿越，如图4-2中A所示的情况。

① 上点距人（手）孔较远，引上通信管道需要进行两个方向的拐弯时，可在适当地点插入人（手）孔。如图4-2中B所示的情况。

② 上点位置与主干光（电）缆在同一侧，距离不远，并对断面的影响不大时，引上管可自人孔直接斜向引上点，如图4-2中C所示的情况。

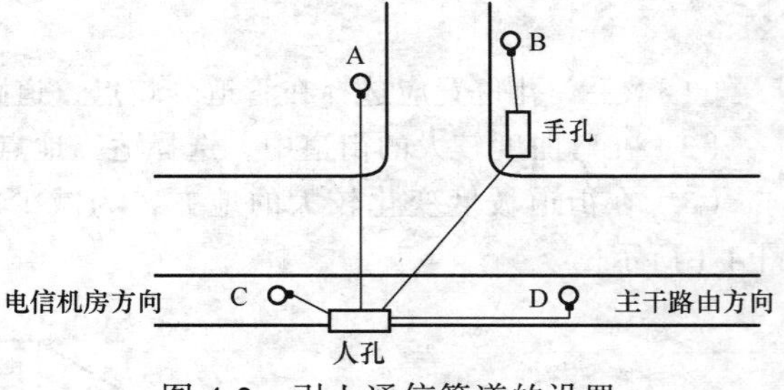

图4-2　引上通信管道的设置

引上点在主干通信管道的同一侧，但引上点偏离通信管道断面有一定距离而断面限制不允许引上通信管道自人孔斜向敷设至引上点，则引上通信管道允许在主干通信管道路由中敷设至一定位置，然后拐弯至引上点，如图 4-2 中 D 所示的情况。

③ 引上通信管道中的光（电）缆进入人孔后，光（电）缆离上覆净空间不应小于 20～40cm，引上通信管道从光（电）缆出土点向人（手）孔应具有 0.3%～0.4%①的平坦坡度，以便排泄渗入管孔中的积水。

④ 从地下出土的弯头用 90°的弯铁管或其他材质的弯管，弯管的曲率半径不得小于管径的 10 倍。

⑤ 引上点管孔数一般不超过两根引上管。预留管引出端用油麻堵实，以免雨水和杂物进入管内影响日后使用。

4.2 通信管道的剖面设计

通信管道的剖面设计是通信管道设计的另一重点内容，它要确定通信管道与人（手）孔的各个部分在地下的标高、深度、沟（坑）断面设计以及和其他管线跨越时的相对位置及所采取的保护措施。

4.2.1 通信管道和人（手）孔的埋深

通信管道的埋深取决于所在地段的土质、水文、地势、冰冻层厚度及与其他地下管线平行交越和避让的要求，还和地面的负荷有关，它直接影响管道建筑本身的安全。在保证管线质量的前提下，确定通信管道的埋深，应注意以下几点：

（1）考虑通信管道施工时对邻近管线和建筑物的影响。如离房屋较近，应考虑避免影响房屋基础，管道埋深可适当浅些。

（2）考虑水位和水质的情况。如地下水位较高，且水质不好的地带，为保证管道电缆的安全和节约防水工程费用，管道可适当埋浅。

（3）路由表面的土壤由杂土回填而成，土质松软，稳定性较差，可埋深些，以减少地基及基础的处理费用。考虑冰冻层的厚度以及发生翻浆的可能性，一般将通信管道建筑在冰冻线以下。如果地下水位很低，不致发生翻浆的现象，通信管道采取适当的措施可以埋设在冰冻层中。

（4）管道如分期敷设时，应满足远期扩建管孔所需的最小埋深要求。

（5）同一街道中通信管道敷设位置的不同，其承载的负荷也不同。负荷小的地方，如绿化地带、人行道，管道埋深可浅些；在负荷大的车行道应埋深些。

（6）管道所用的管材强度和建筑方式要求不同，埋深也不一样。不同程式的管材允许的最小埋深见表 4-3。

表 4-3　　通信管道最小埋深

管道类别	管顶距地表最小深度（m）			
	人行道	车行道	电车轨道	铁路[①]
水泥管	0.5	0.7	1.0	1.5
钢管[②]	0.2	0.4	0.7	1.2
塑料管	0.5	0.7	1.0	1.5

注：① 具体应与铁道部门协商。

② 钢管最小埋深在有冰冻的范围以内时，施工时应注意管内不能有进水或存水的可能。

（7）考虑道路改建等因素，通信管道的埋深应保证不因路面高程的变动而影响通信管道的最小埋深。设计时，应考虑在人孔口圈下垫三层砖，以适应路面高程的变动。

（8）人孔的埋深应与通信管道的埋深相适应，以便于施工和维护。一般规定通信管道顶部或基底部分分别距人孔上覆或人孔底基面的净空间不小于 30cm。引上通信管道的管孔应在人孔上覆以下 20～40cm 处。

（9）与其他地下管线穿越时，需要满足表 4-4 所列的最小垂直净距。为了达到管顶至路面的最小埋深，一般可采用改变管群组合所占断面的高度；或采取适当的保护措施，如混凝土盖板保护或混凝土包封保护。但应注意管顶离路面的高度不得小于 30cm，并保证管孔进入人孔的相对高度。

表 4-4　　通信管道与其他地下管线交叉跨越时的最小垂直净距

管道及建筑物名称		最小垂直净距（m）	附　　注
给水管		0.15	
排水管	在通信管道下部	0.15	
	在通信管道上部	0.4	穿越处包封，包封长度按排水管底宽两边
热力管沟		0.25	小于 0.25m 时，交越处加导热槽，长度按热力管两边各加长 1m
天然气管		0.15	在交越处 2m 内不得有接合装置，通信管道包封 2m
其他通信光（电）缆、电力及电车电缆	直埋式	0.5	
	在管道中	0.15	
明沟沟底		0.5	穿越处包封，并伸出明沟两边 3m
涵洞基础底		0.15	
铁路轨底		1.5	
电气铁道轨		1.1	

4.2.2　通信管道沟设计

通信管道沟的开挖影响道路交通、建筑物和施工人员安全，并关系工程土方量，所以通信管道沟设计是通信管道设计的重要组成部分。

1. 如何设计沟槽的断面

开挖沟槽的断面形状（见图 4-3）应结合通信管道埋深、土壤性质、地面荷载及施工条件考虑。通信管道沟槽的断面分陡峭沟槽和斜坡沟槽两种。

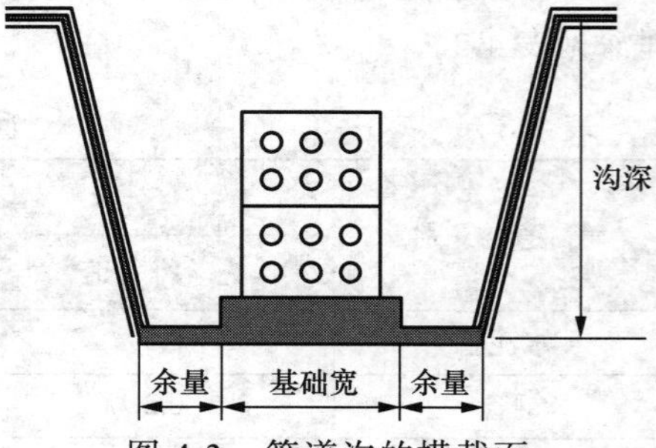

沟深

余量　基础宽　余量

图 4-3　管道沟的横截面

（1）陡峭沟槽

陡峭沟槽即沟槽的上部和下部宽度相等。挖掘这样断面的沟槽；必须在土质及含水量较好的地段进行，并立即铺管施工。一般较为松软的土壤，陡峭沟槽沟深不能大于 1m，中等密实土壤沟深不能大于 1.5m，坚硬土壤沟深不能大于 2m。

（2）斜坡沟槽

通信管道施工工期较长时，一般采用斜坡沟槽。挖沟时采用的坡度视土质情况而定。可参见表 4-5。

表 4-5　不同土壤中通信沟槽沟壁的坡度

土 壤 种 类	垂直：水平	
	沟深小于 2m	2m<沟深<3m
粘土	1:0.1	1:0.15
沙质粘土	1:0.15	1:0.2
沙质垆坶	1:0.25	1:0. 5
瓦砾、卵石	1:0.5	1:0.7
炉渣、回填土	1:0.75	1:1

注：通信管道沟槽在施工过程中需做保护措施的情况。

在土质差，地下水位高于沟底；沟深大于 1.5m，沟边距房屋等建筑物水平距离小于 1.5m；挖沟深度大于 3m；沟深小于 3m，但土质松散；横穿车行道施工和通信管道路由平行接近的其他管线距通信管道沟壁小于 0.3m 的情况下，挖掘通信管道沟槽时沟槽侧壁塌陷，设计时应考虑加设保护措施。

通信管道槽壁的保护措施，一般采用支撑护土板的方法，即每隔一定距离，在两侧壁横放或竖放或横竖组合放置木板，用两根或数根圆木抵撑。

2. 通信管道的坡度

为避免渗入管孔中的污水或淤泥积于管孔中，造成长时期腐蚀通信光（电）缆或堵塞管孔，相邻两人（手）孔间的通信管道应有一定的坡度，使渗入管孔中的水能随时流人人（手）孔，便于清理。管道的坡度一般应为 0.3%～0.4%，最小不宜低于 0.25%。为减小施工土方量，通信管道斜坡的方向应和地面的斜坡方向一致。

水平地面中通信管道坡度的建筑方法有“一”字坡和“人”字坡两种，分别如图 4-4、图 4-5 所示。

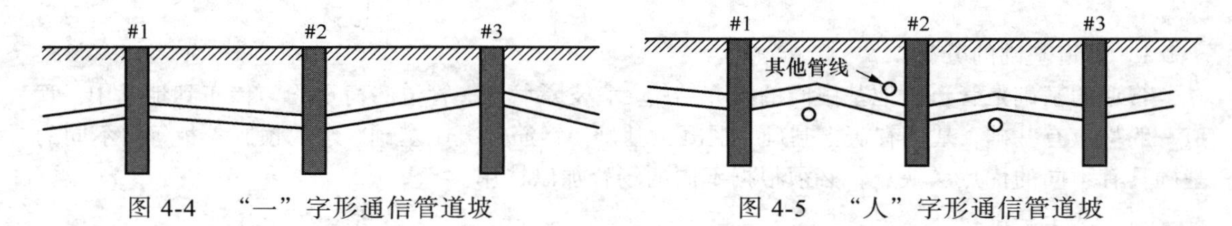

图 4-4　“一”字形通信管道坡　　图 4-5　“人”字形通信管道坡

“一”字形通信管道坡建筑方法简单，容易保证通信管道建筑质量，这是一种最常用的通信管道建筑方式。但在通信管道路由中穿越其他管线时，有时在高程上会出现矛盾，通信管道不得已避让时，应采用施工比较困难的“人”字形通信管道坡建筑方式，采用该种方法时，一般选用塑料管材质。

为使光（电）缆及接头在人孔中有适宜的曲率半径和合理布置，在不过度影响管道坡度和埋深等要求下，应尽量使人孔内两边管道的相对管孔接近一致的水平，在一般情况下相对位置（标高）的管孔高差不应大于 0.5m，尽量缩小管道错口的程度。

4.2.3 通信管道地基处理

通信管道的地基是承受地层上部全部荷重的地层。按建设方式，可分为天然地基和人工地基两种。在地下水位很低的地区，如果通信管道沟原土地基的承载能力超过通信管道及其上部压力的两倍以上，而且又属于稳定性的土壤，则沟底经过平整以后，即可直接在其上铺设通信管道，这种地基即属于天然地基。如果土质松散，稳定性差，原土地层必须经过人工加固，使上层较大的压力经过扩散以后均匀地分布于下部承载能力较差的土壤上，这种地基称之为人工地基。人工地基有以下几种加固方式。

（1）表面夯实：适用于粘土、砂土大孔性土壤和回填土等的地基。

（2）碎石加固：土质条件较差或基础在地下水位以下。在非稳定性土壤的基坑中放入 10～20cm 厚的碎石层，然后分层夯实找平，即可在其上铺设通信管道。碎石层厚度管道基坑通常为 10cm，人孔基坑厚度为 20cm。有混凝土基础时，碎石层地基宽度比混凝土基础宽出 10～15cm。

（3）换土法：当土壤承载能力较差，宜挖去原有软土，换以沙、砾石及卵石，并分层夯实（每层约 15cm 厚），以提高土壤的承受能力。

（4）打桩加固：在土质松软的回填土流砂、淤泥或Ⅲ级大孔性土壤等地区，采用桩基加固地基，以提高承载力。目前常采用混凝土桩加固，采用的混凝土标号不小于 150＃，桩径为 15～20cm，长度为 1.5～3.0m；为增加混凝土的韧性，可在圆截面的轴线方向配 4 根Φ12mm 的钢筋。在支撑桩上建筑通信管道方式如图 4-6 所示，桩位布置如图 4-7 所示。

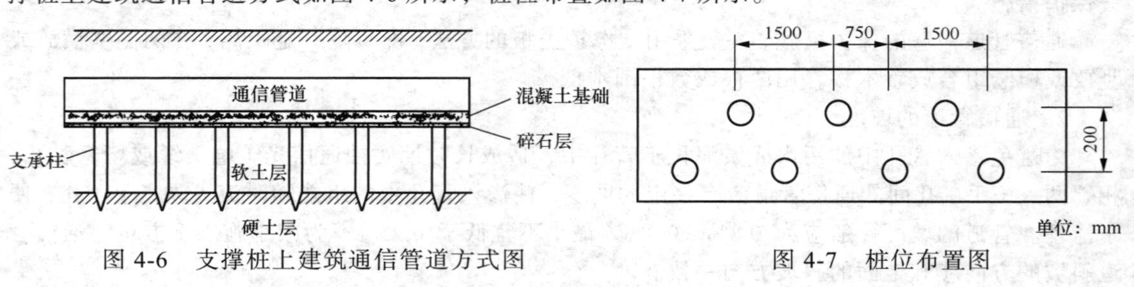

图 4-6　支撑桩上建筑通信管道方式图

图 4-7　桩位布置图

4.2.4 管道的基础设计

1. 管道基础的分类

管道的基础是管道与地基中间的媒介结构，它支承管道，管道的荷重均匀传布到地基中。管道一般均应有基础，基础有灰土基础、混凝土基础、钢筋混凝土基础、水泥预制盖板等，不同的基础具有不同的优点、缺点，必须根据不同的场合加以选用。

（1）灰土基础

灰土用消石灰和良好的细土，按体积比 3:7 或 2:8 拌和均匀，虚铺 22～25cm 厚，加适量的水分夯实至 15cm 而成（为一层）。具有经济实用、早期强度低但随时间增加而提高。抗拉及抗剪很差和灰土基础的抗溶性及抗冻性较差的特点。不适于在有不均匀沉陷的地基上使用，必须将其建筑在地下水位以上，冰冻线以下。

灰土也可用石灰、沙及良好的细土以 1:3:6 的比例拌和均匀，分层夯实而成。这种基础石灰用量省，抗压强度增强，但抗拉及抗剪更差。不同配比灰土基础的材料用量如表 4-6 所示。

表 4-6　　土配比

材料名称	单位	配比值			
		2:6	2:8	3:7	4:6
生石灰	kg	182	146	218	291
过筛的净土	rn^3	1.1	1.2	1.0	0.9

（2）混凝土基础

混凝土由水泥、沙、石及水按一定的配比拌匀、浇灌、捣制而成，其配制比例和方法参见通信建设工程预算定额第二册《通信线路工程》和《通信管道人孔和管块组群图集》。通信管道工程用到的混凝土标号一般为 325#、425#、525#等，工程中根据载荷及基础情况选用不同标号的水泥。通信管道中的混凝土基础一般厚度为 8cm，宽度比所承载的通信管道底边宽 5～8cm，通常为 8cm。混凝土基础具有抗压强度高、抗拉强度较低的特点。适用于一般性土壤和跨距较小的场合。一般混凝土的强度是指凝固 28 天后的强度。

（3）钢筋混凝土基础

钢筋混凝土由钢筋、水泥、沙、石及水按一定的配比拌匀、浇灌、捣制而成，其配制比例和方法参见《通信建设工程预算定额》第二册《通信线路工程》和《通信管道人孔和管块组群图集》。

钢筋混凝土基础，具有抗压和抗拉强度都很高的特点，起的是梁的作用，所以必须在其受拉力的区域适当地布置钢筋，以增强其抗拉能力。

下列地区宜采用钢筋混凝土基础。

① 跨越沟渠基础在地下水位以下，冰冻层以内；

② 土质很松软的回填土；

③ 淤泥流砂；

④ Ⅲ级大孔性土壤；

⑤ 跨越沟渠。

2. 管道基础的选用

通信管道基础的建筑应与地基条件及所选用的管材相适应。抗弯强度较差的管材要求较坚实的基础，抗弯能力较强的管材对基础的要求相对不高。常用管材种类有塑料管、钢管、水泥管三种。下面介绍在这三种材质下各类基础的具体做法和场合的选用。

（1）水泥通信管道基础

水泥通信管道常用的基础有灰土基础、混凝土基础和钢筋混凝土基础三种。其选用场合见以上的描述。

（2）塑料管、钢管通信管道基础

除非在非稳定性土壤中埋设需采用地基加固的方法外，在土质较好的情况下，一般不考虑设置基础。其他则按照土质不同，采用不同的地基处理或进行简单的沙基础处理。沙基础一般使用含水量为 8%～12%的中沙或粗沙夯实如图 4-8 所示。沙中不宜含各种坚硬物，以免伤及管材。沙基础也可用过筛的细土取代沙。

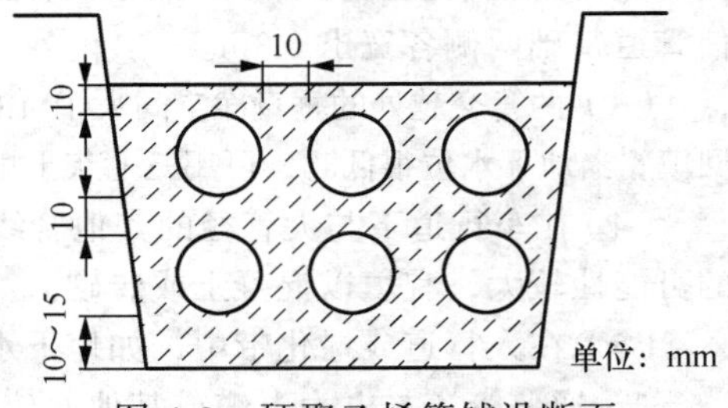

图 4-8　硬聚乙烯管铺设断面

钢管由于其质地坚硬，一般只需对其进行防腐处理和简单的沙石垫层，无需进行地基的加固。

4.2.5 通信管道与其他地下管线交越的处理

从施工和维护的要求考虑，如果有两条管线，应尽可能避免把一条管线直接建筑在另一条管线之上。管道在交越时若不能达到最小的允许隔距，则应本着“局部服从整体，小管让大管，软管让硬管，有压让无压”的原则，相互协商，或采取相关的保护措施。

管道加固保护的方法目前主要有以下几种。

（1）管顶上覆保护方法：在管道上面用厚度为 8cm 的 100#混凝土保护，一般采用现场浇筑或采用预制混凝土盖板两种制作方法。管顶上覆保护方法的地点：管道埋设在车行道下，且管道的埋深小于规定值的 0.7m 的地段；日后有可能被挖掘的地带和管道穿越铁路时，离交越处两侧 2m 以外的地段。

（2）管道包封均采取现场浇灌 100#混凝土制成，应在铺设管道后即施工，以便使混凝土包封层与混凝土基础密切结合成整体。包封层厚度为 8cm。

管道包封保护方法适用于管道穿越有重型车辆通过的道路和广场的地段；与其他地下管道或线路交叉，其间隔小于最小净距特别是穿越排水管沟内部时的地段；管道埋在车行道下，且管道埋深小于规定值 0.7m，日后路的高程有变化时的地段；靠近大树或沟内有树根时的地段；土质松软地带或管道埋在冰冻层以上时的地段；管道穿越铁路时，在交越处的中间一段（不包括两侧 2m 以外）的地段。

通信管道与其他地下管线交叉处理的基本原则如下。

（1）必要时改变埋深，若埋深过浅，管顶可加设钢筋混凝土盖板或用混凝土将通信管道包封，以增强抗压能力。

（2）改变管群的组合形式，适当地改变断面高度。

（3）改变通信管道的坡度，必要时可拐弯绕过，以保证交越处的空间。

（4）采用必要的保护措施，将通信管道嵌入或从中穿插其他管线的边沿部分。

（5）考虑前后移动人孔的位置或改变人孔的形式。

1. 一般处理方法

通信管道与其他地下管线交越时应采取以下措施：

（1）两管交越处的垂直净空间小于 0.5m 时，上层通信管道基础在经过下层管道沟槽部分浇灌不低于 50#混凝土或用不低于 25#沙浆砖砌填实。填满的混凝土（或砖砌）的长度宜较上层通信管道基础两侧各宽出 0.3m。

（2）两管交越处的垂直净空间在 0.5～1.0m 时，上层通信管道基础在下层管道沟槽部分用混凝土或砖砌与级配沙石填充，当地下水位很低时，也可用三七灰土填实，其填实长度宜较上层通信管道基础两侧各宽出 0.3m。

（3）两管交越处的垂直净空间大于 1.0m 时，上层通信管道基础在下层管道沟槽部分用级配沙石回填。当地下水位很低时，可用三七灰土填实，其填实长度宜较上层通信管道基础两侧各宽出 0.3m。

（4）在车行道下与大管径的其他管线交越时，由于管线间所受压力及冲击力较大，土壤下沉的可能性较大，宜填以混凝土或砖砌。

（5）在人行道或绿化带中，如地下水位很低，可考虑回填级配沙石或三七灰土。

2. 通信管道与电力电缆或其他通信光（电）缆交越

（1）电力电缆或其他通信光（电）缆在通信管道上部的情况。

① 如果电力电缆或其他通信光电缆敷设为直埋式，由于直埋缆一般都能承受土壤变迁时所

产生的扭曲，因此无需处理。

② 如果电力电缆或其他通信光（电）缆已敷设在管道中，通信管道施工在后，宜在交越处将通信管道挖沟的断面用 25#水泥沙浆砖砌或浇灌不小于 50#混凝土，以托住电力或其他通信管道的基础，砖砌或浇灌的宽度较上层基础再各加宽 0.3m。如图 4-9 所示。

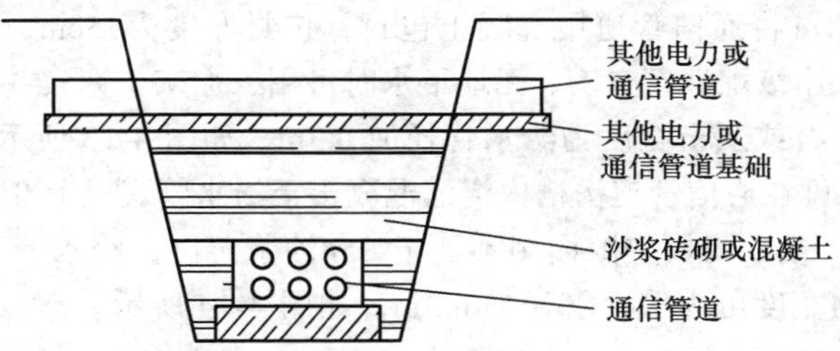

图 4-9　水泥管道与其他通信光“电”缆或电力缆交越的处理方法之一

③ 如果电力电缆或其他通信光（电）缆管道与通信管道同时施工，可采用如图 4-9 的方法施工。

④ 如果电力电缆或其他通信光（电）缆管道在通信管道之后施工，可将电力或其他通信光（电）缆管道基础底下的土壤挖出，挖出的土壤深度视交越间距而定，一般不大于 0.5m，然后换成夯实的级配沙石，并在电力或其他通信光（电）缆管道基础中加上钢筋，如图 4-10 所示。

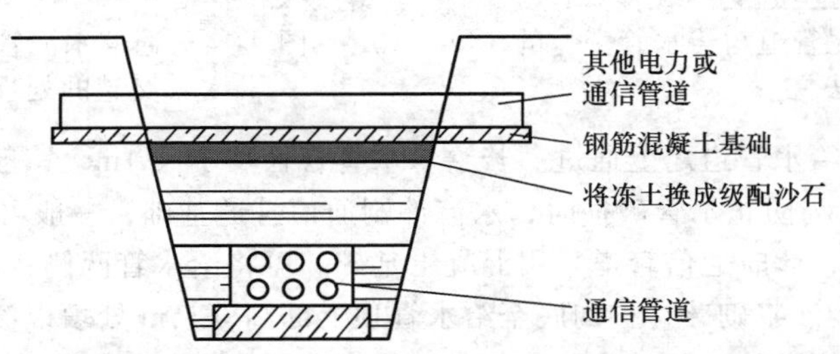

图 4-10　水泥管道与其他通信光“电”缆或电力缆交越的处理方法之二

（2）电力电缆或其他通信光（电）缆在通信管道下部的情况

① 如果电力电缆或其他通信光（电）缆敷设为直埋式，通信管道施工在后，此时一般无需处理。但如果电力电缆或其他通信光（电）缆施工在后，一般在通信管道基础两侧各 1m 处不宜挖明沟，可采用顶管或挖洞穿越通信管道，如图 4-11 所示。

② 如果电力电缆或其他通信光（电）缆已敷设在管道中，通信管道施工在后，可参照电力电缆或其他通信光（电）缆在通信管道上部的情况中的②、③条类似进行。参见图 4-9、图 4-10、图 4-12。

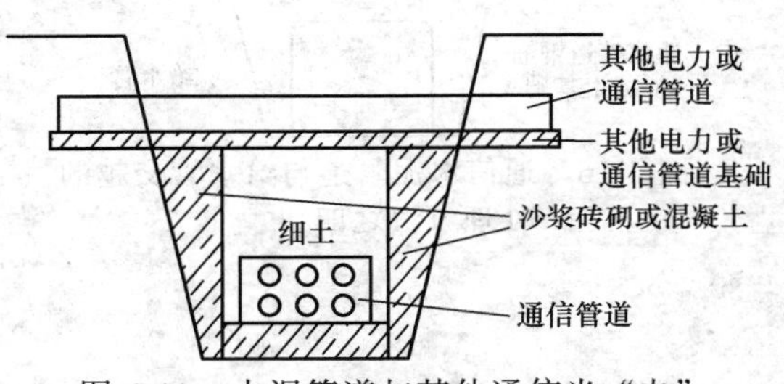

图 4-11　水泥管道与其他通信光“电”缆或电力缆交越的处理方法之三

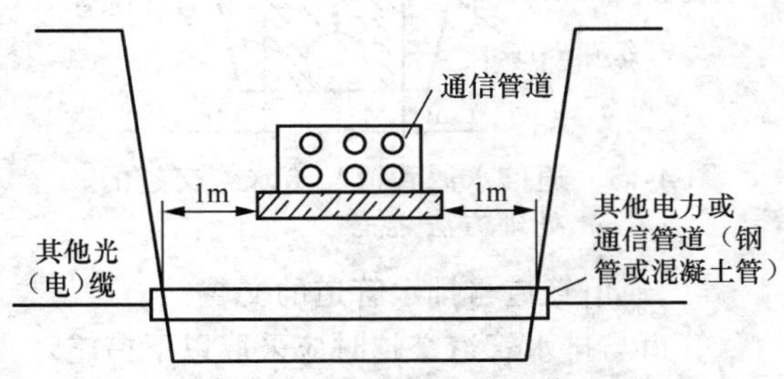

图 4-12　水泥管道与其他通信光“电”缆或电力缆交越的处理方法之四

3. 通信管道与给水管道的交越

通信管道与给水管道交越时应采取以下措施：

（1）通信管道在给水管道之下通过，如果给水水管管径小于 0.1m，一般无需处理。若给水水管管径不小于 0.1m 时，应根据施工先后情况，采取适当的措施。

若二者同时施工，可将通信管道用混凝土包封，包封厚度为 5cm，包封长度为给水管径加 2m，沟槽内空余部分采用级配沙石夯实，无地下水时可用三七灰土夯实并在给水管底部加筑 120° 混凝土或沙浆管座，沙石或灰土宽度为给水管径加 0.3m，如图 4-13 所示。

给水管先施工时，可在通信管道沟槽内浇灌混凝土至给水管底以上 0.25*d*（*d*——给水管外径）处，并做成 120° 管座，或在沟槽空隙内用不低于 25#沙浆砖砌，给水管下部 120° 范围内浇灌混凝土或沙浆管座，砖砌宽度可为给水管径加 0.3m，如图 4-14 所示。

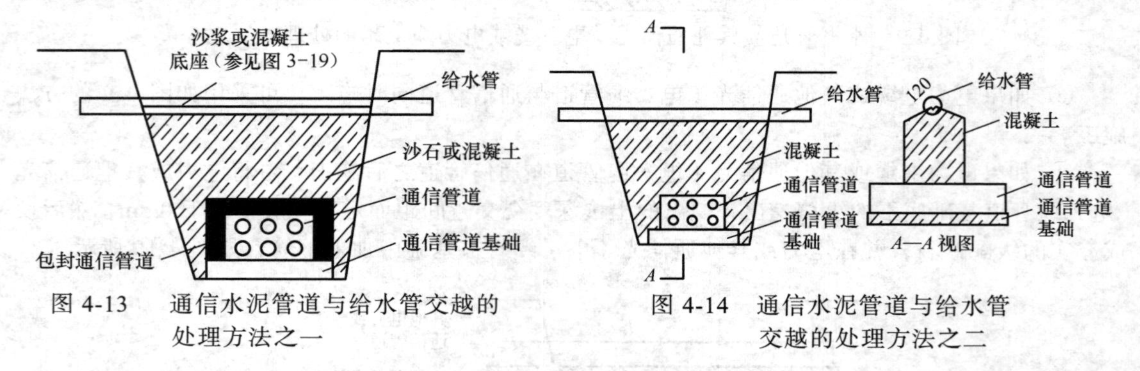

图 4-13　通信水泥管道与给水管交越的处理方法之一

图 4-14　通信水泥管道与给水管交越的处理方法之二

（2）通信管道在给水管道之上通过。若给水水管管径小于 0.1m，一般无需处理。若给水水管管径不小于 0.1m，为防止水管破损时，水流冲刷通信管道基础，一般可参照下列方法处理。

若二者同时施工，此时通信管道采用混凝土基础。可将给水管两侧各 0.1m 处到沟边浇灌不低于 50#混凝土或 25#沙浆砌砖，自沟底至给水管顶上部高 0.15m 处填以沙石或细沙，其沙石或细沙填充长度为通信管道基础宽两边各加 0.3m，如图 4-15 所示。

给水管先施工，通信管道后施工，可将通信管道基础下 0.5m 内的填土挖出换以新的级配沙石，其级配沙石宽度为通信管道基础宽两边各加 0.3m，并将通信管道基础在给水管的沟宽各伸出 1m 处配以钢筋混凝土，如图 4-16 所示。

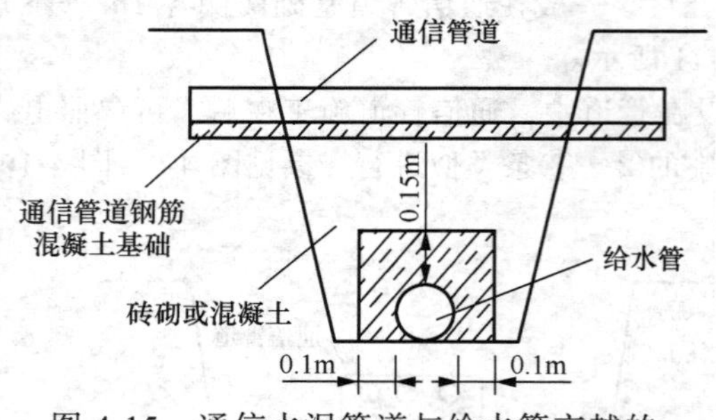

图 4-15　通信水泥管道与给水管交越的处理方法之三

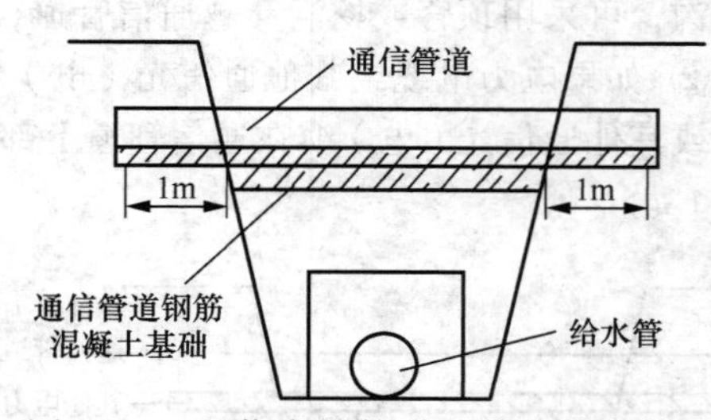

图 4-16　通信水泥管道与给水管交越的处理方法之四

4. 通信管道与排水管道的交越

管道与排水管道交越时应采取以下措施。

（1）通信管道在排水管道之上。若通信管道基础高程与排水管冲突而又不可能改变双方位置时，可由主管双方协商压缩排水管断面高度，但仍需保证排水管的水流排泄能力。一般可参照下列方法处理。

① 若排水管为方沟，可降低交越处盖板高度，并将新盖板配置适当钢筋，作为通信管道的基础，同时包封交越处通信管道，其包封厚度不小于 5cm（通常为 8cm），长度伸出方沟墙体边 1m 以上，如图 4-17 所示。

② 若排水管为钢筋混凝土圆管，通信管道与排水管同时施工或通信管道先施工，当排水管管径大于 0.6m 时，在交越点可将排水管改为方沟，通信管道设置在盖板上，如图 4-18 所示。

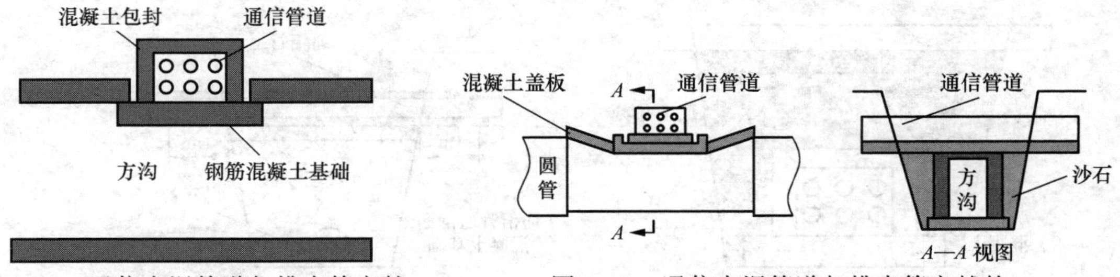

图 4-17 通信水泥管道与排水管交越的处理方法之一

图 4-18 通信水泥管道与排水管交越的处理方法之二

（2）通信管道在排水管道之下。一般情况下将通信管道设置在排水管之上，若无法做到时，可参照下列方法处理。

① 通信管道与排水管同时施工时，排水管基础下 0.5m 处填以级配沙石并夯实，级配沙石宽度为排水管基础宽两边各加 0.3m，通信管道的上面覆土至少 0.5m。当交叉处的净高差不够 1m 时，应在通信管道两侧各 0.1m 处到沟边浇灌不低于 50#混凝土或 25#沙浆砌砖，空隙部分填以细土并夯实，填充长度不小于排水管基础宽的两边各加 0.3m，如图 4-19 排水管道后施工，通信管道先施工时按相同方法处理。

② 排水管道先施工，通信管道后施工时，在排水管基础下，填满不低于 50#混凝土或不低于 25#沙浆砌砖，其混凝土或沙浆砌砖宽度不小于排水管基础宽两边各加 0.3m，同时包封通信管道，包封长度不小于排水管基础宽两边各加 2m，如图 4-20 所示。

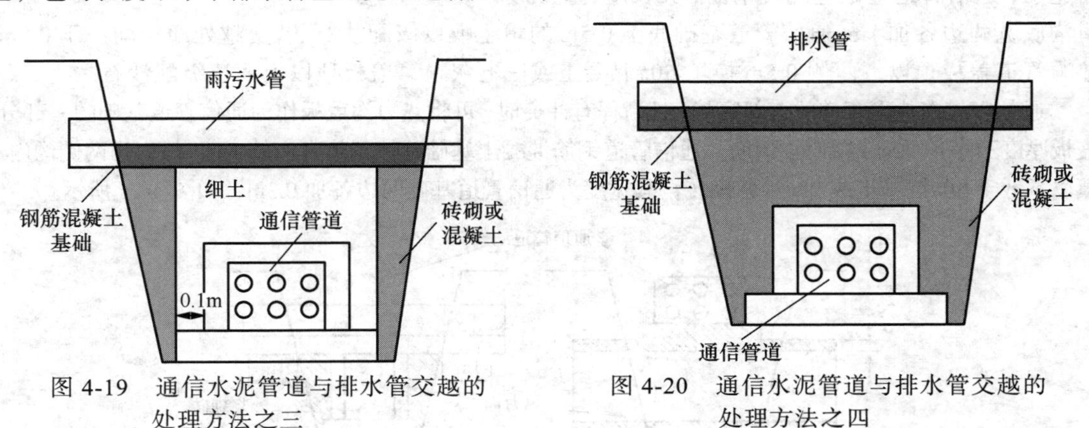

图 4-19 通信水泥管道与排水管交越的处理方法之三

图 4-20 通信水泥管道与排水管交越的处理方法之四

5. 通信管道与天然气管道的交越

通信管道与天然气管道交越时应采取以下措施：

（1）通信管道在天然气管道的下部穿越。燃气管先施工，通信管道后施工或二者同时施工。通信管道用 100#混凝土包封，包封厚度不小于 8cm，包封长度为天然气管道底宽两边各加 1m，天然气管道下填 15cm 细沙，如图 4-21 所示。

（2）通信管道在天然气管道的上部穿越。燃气管先施工，通信管道后施工时，通信管道基础配置钢筋并用不小于 100#混凝土将通信管道包封，包封厚度不小于 8cm，长度为天然气管道底宽两边各加 1m，通信管道基础底下 0.5m 的填土换以级配沙石。若交越处净空间小于 0.5m，则在天然气管道管顶上部填沙 0.15m，如图 4-22 所示。

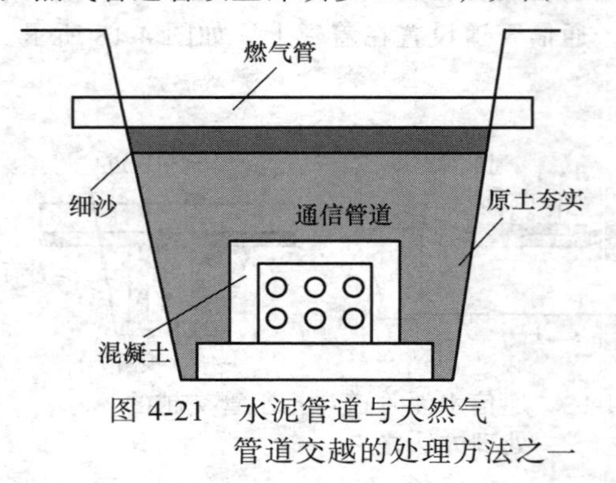

图 4-21　水泥管道与天然气管道交越的处理方法之一

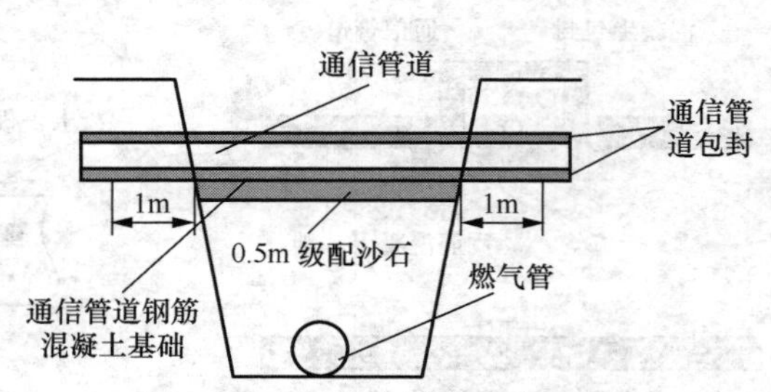

图 4-22　通信水泥管道与天然气管道交越的处理方法之二

6. 通信管道与热力管道的交越

通信管道与热力管道交越时应采取以下措施。

（1）通信管道在热力管道的下部穿越。通信管道后施工或二者同时施工，通信管道用不小于 100#混凝土包封，包封厚度不小于 10cm，长度为热力管道基础宽两边各加 0.3m，空余部分填不小于 50#混凝土或 25#沙浆砌砖或级配沙石，热力管道基础底下填铺 0.05m 细沙，如图 4-23 所示。

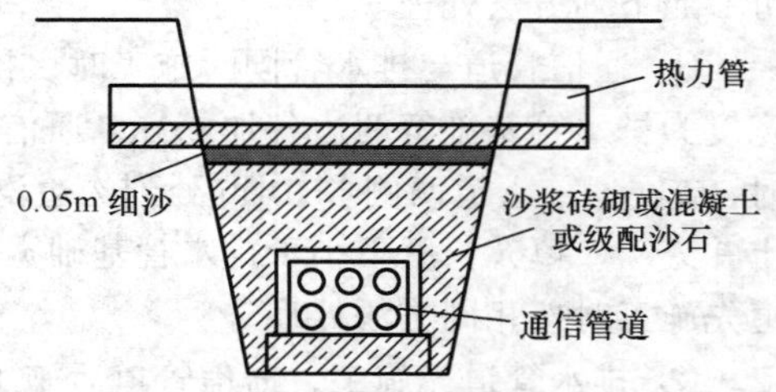

图 4-23　通信水泥管道与热力管道交越的处理方法之一

（2）通信管道在热力管道的上部穿越。通信管道后施工，通信管道基础应配置钢筋，其长度为热力管道沟底宽两边各加 1m，通信管道基础底下 0.5m 的填土换以级配沙石。若交越处净空间小于 0.5m，热力管道盖板顶以下两侧 0.5m 换填 50#混凝土或三七灰土，盖板顶以上回填级配沙石。

通信管道在热力管道的上部穿越，且高程有冲突时，可将热力沟盖板作为通信管道基础的一部分，盖板厚度不小于 20cm 并设置钢筋。通信管道钢筋混凝土基础延伸到热力沟外 1m。热力沟两侧沟内，填以不低于 50#混凝土或 25#沙浆砌砖，其宽度为通信管道基础两边各加 0.3m，如图 4-24 所示。

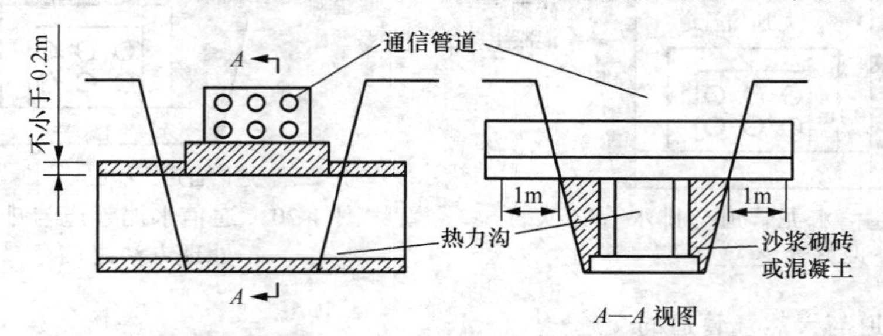

图 4-24　通信水泥管道与热力管道交越的处理方法之二

通信管道在热力管道的下部穿越，且高程有冲突。在穿越处通信管道将包封，包封顶部配置钢筋，直接贴住热力沟底部，通信管道两侧填以不低于 50#混凝土或 25#沙浆砌砖，其宽度为热力沟基础加 0.3m，如图 4-25 所示。

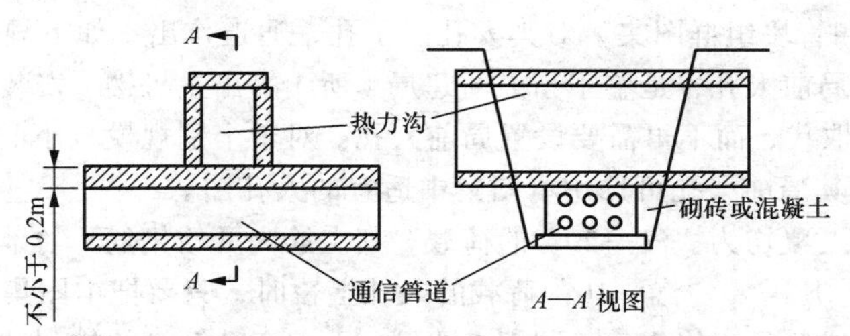

图 4-25　通信水泥管道与热力管道交越的处理方法之三

4.3　人孔、手孔和通道的建筑

邮电部于 1990 年颁发了《通信管道人孔和管块组群图集》（YDJ—101）作为现行的人孔标准系列和管块组群的规定。图集内有标准系列的砖砌人孔、手孔、通道图；推荐的砖砌和混凝土砌块系列人孔、手孔、通道图；混凝土（或称水泥）管块横断图、管块组群；人孔口圈、电缆支架及常用图例等。给出了各种人孔、手孔和通道的构造尺寸、规格和建筑图纸。图集内的标准人孔系列图，适合全国大多数地区通信管道工程使用。如当地砖价昂贵、质地不佳或不宜使用标准人孔系列图和施工现场条件、环境、市政另有要求等情况，或使用标准系列图有困难时，可酌情选择推荐人孔系列图。图集的发布与实行，不要求对现有通信管道设施进行改造，应是在新建通信管道工程中贯彻执行，以利通信发展需要和标准化。

4.3.1　人孔的种类、形式及使用

《通信管道人孔和管块组群图集》中对人孔种类划分有以下几种。

（1）以通信管块容量划分

按人孔可容纳规格为宽 360mm、高 250mm（标准的六孔管孔内径 90mm 水泥管块，简称标准块）的管道断面管块或单孔管道管孔内径 90mm 的数量，分为大、中、小三类。

大号人孔适合 48 孔以上的通信管道使用；

中号人孔适合 30～48 孔的通信管道使用；

小号人孔适合 24 孔以下的通信管道使用。

通信管道所设置人孔的大小，应以通信管道的远期容量设置，不应只考虑本期建设通信管道容量。

（2）以人孔的通向划分

直通人孔：适用于直线通信管道中间设置的人孔。

三通人孔：适用于直线通信管道上有另一方向分歧通信管道，在其分歧点上设置的人孔或局前人孔。

四通人孔：适用于纵横两条通信管道交叉点上设置的人孔或局前人孔。

斜通人孔：适用于非直线（或称弧形、弯管道）折点上设置的人孔。斜通人孔分为 15°、30°、45°、60°、75°共五种。每种斜通人孔的角度，可适用于 ± 7.5°范围以内。

（3）以人孔上覆承受负荷能力划分

汽一 20 级：适用于通信管道有 20 吨级或 10 吨级以上载重卡车通过地方设置的人孔（通常在快车道上设置）。

汽一 10 级：适用于一般通信管道有 10 吨级以下载重卡车通过地方设置的人孔（通常在一般

人行道上设置)。

《通信管道人孔和管块组群图集》对其人孔、手孔、通道作出了如下规定。

(1)图集中没有局前人孔，是鉴于当前新建局(所)的出主机楼(安装主要机房的大楼)通信管道已被“通道”取代，而不再需要设置局前人孔。对于个别规模较小的局(所)仍沿用通信管道引出主机楼时，其局前人孔可选用本图集中适宜的人孔图。

(2)图集的人孔上覆均为“汽—20”的荷载，其主筋为Ⅱ级钢筋(竹节钢)，配筋(辅助筋)是Ⅰ级钢筋(圆钢)。凡需要“汽—10”荷载的人孔上覆时，只要把本图集“汽—20”的人孔上覆主筋Ⅱ级钢筋，换成等径工级钢筋(圆钢)即可，无需变动钢筋的排列结构与钢筋间距，其混凝土的标号、厚度等也无需改变。

(3)人孔上覆的载荷能力，是依据人孔设置的地点及可能出现的最大荷载等因素确定的，其人孔上覆所装设的人孔口圈因负荷强度的影响，应与人孔上覆荷载能力配套，严禁人孔上覆采用“汽—20”型，而人孔口圈采用“汽—10”型。人孔口圈的荷载能力必须≥人孔上覆荷载能力。

(4)图集中的混凝土配制中，常用的水泥标号为325#(即原400#水泥)，特殊情况例外，应按工程设计要求处理。

(5)图集内所列的人孔口圈、电缆支架等图，不强求迅速统一，但各单位目前所用的人孔口圈、电缆支架等模具需要更新时，应尽量向本图集所列式样靠拢，以期逐步达到规格化、系列化，并节约资金。

(6)图集的水泥管块式样分为标准(标X形)和推荐(选Y形)两种；在更换水泥管块模具时，应尽量使用标准定型式样。

对于各种铁件有如下要求：

(1)铁口圈和铁盖：规格尺寸与过去相似，其他技术要求基本不变。材质均用铸铁制造。

(2)电缆铁架：电缆铁架改用角钢制造，规格分为1250mm(用60mm×60mm×6mm角钢)和900mm(用50mm×50mm×6mm角钢)两种。电缆托板的插孔间隔均为146mm，1250mm铁架为九层插孔，900mm铁架为六层插孔。电缆铁架的表面采用热镀锌处理。

此外，还有用60mm×30mm×5mm的槽钢制造电缆铁架，其规格分别为1300mm和6～70 mm两种。电缆托板的插孔间隔均为100mm，1300mm铁架为十一层插孔，670mm铁架为六层插孔。电缆铁架的表面采用热镀锌处理。

(3)电缆铁架穿钉：均用直径16mm圆钢制造。大、中号人孔的穿钉长度为300mm，小号人孔的穿钉长度为220mm，螺纹长度都为70mm，穿钉尾端采取将圆钢分成两半的鱼尾式，穿钉的表面采用热镀锌处理。

(4)V形拉环：采用直径19mm圆钢制成，其形状与过去所用相同。表面采用热镀锌处理。

上述人孔、手孔、通道和附属设备的具体尺寸，请见《通信管道人孔和管块组群图集》。节施工图中有一个砖砌手孔的装置图和配筋图，请参阅。

4.3.2 通道建筑

通道是一种大的电信管道，与电缆管道相比具有容纳电缆条数多、内部工作空间大、光(电)缆工作安全可靠，有利于施工、维护、运营和管理，可延长光(电)缆使用寿命，减少维护费用，能适应今后通信发展需要的特点。但通道具有建设初期建设投资大，技术要求高，施工难度较大，占据地下断面较多，在地下管线较多的场合难以安排等缺点。

根据我国施工机械化程度较低的现状，目前只能采用明挖沟槽的施工方法和浅埋式的混合结构。目前通道的适用场合有：

（1）电话局所的进局区段。如进局光（电）缆条数很多时，也可延伸到局所附近左右两个方向的交叉路口（一般离局 2km 以内的段落）。

（2）穿越城市的广场、大型立交桥、高速公路、地下铁道和主干道路等市政设施。

（3）光（电）缆条数很多（如已接近 48 条时），且今后不易扩建的地段。如城市中心的繁华商业区街道以及其他有特殊要求的地段。

当市话局所的终局容量较小，其管孔数量少于明孔时，宜采用多孔管块组成的进局管道，并采用局前人孔的方法。

通道的基本结构要求如下。

（1）通道的长度应根据实际需要延长，不作规定。

（2）通道为浅埋式结构，一般在地面下 0.1～3.0m 范围内，宜浅埋不宜深埋，以节约工程造价和有利于施工。如有特殊情况（例如与其他地下障碍物有交叉时），必须深埋，应另行设计。

（3）通道穿越障碍有困难或在地下管线较多的地段，允许通道拐弯或减小通道的断面尺寸，以降低工程投资和简化交越的技术处理。在地下水位较高的地段，可视具体情况，建筑埋深较浅，并适当减少通道的净高（如降为 1.70m 左右），以降低工程投资和有利于施工维护。

（4）通道的侧墙厚度一般为 24cm，如遇特殊需要（如穿越荷重大的车行道），墙体厚度可增加为 37cm。

（5）电缆铁支架的间距一般为 70cm，第一个铁支架距端壁的间距为 50cm。如遇特殊情况（如光（电）缆接头较长时），其间距亦可适当调整，如前者可增为 90cm。

（6）通道所用的人孔铁盖、口圈和电缆铁支架的规格及尺寸，与一般人孔相同。其安装砌筑和预埋螺栓等事宜也与一般人孔一样。

（7）通道的基础与人孔一样，采用 150#素混凝土，一般在现场浇制。上覆盖板（不论有无人孔口圈）均采用 200#钢筋混凝土预制或现浇，如采用预制构件，从搬运和安装方便考虑，其长度可比现浇短些。

图 4-26 是一个小号光（电）缆通道装置图。其他有关通道的技术数据和资料见《通信管道人孔和管块组群图集》。

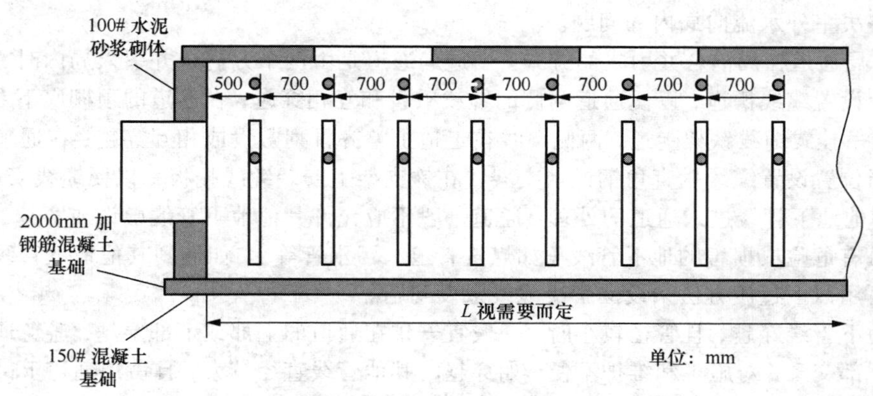

图 4-26　小号光（电）缆通道示意图

注：① 光（电）缆通道用于出局及光（电）缆容量较大的地段，其长度可任意延长，并在跨越障碍物时，可随时拐弯。

② 光（电）缆通道每隔 100m 左右设置一个人孔盖，以便通风。

③ 当地下管缆较多，设置一般电信人孔受到断面限制时，可建筑断面较窄的小号光（电）缆通道。

④ 当地下水位较高时，可建筑埋深较浅的光（电）缆通道，并减少通道的净高，以降低投资，并利于维护。

本通道为浅埋式，一般埋深在地面下 0.1～2.7m 范围内，如有特殊需要，可另行设计。

对通道建筑中的通风、照明、防水、排水和其他特殊情况的处理等有如下要求：

（1）通风。我国目前采用自然通风，要求通道在每隔 100m 左右设置一个人孔盖，如通道中途拐弯或断面减少时，其间隔应适当缩短。施工和维护时进入通道前，必须确实验证无有害气体，对人员不会发生危险时，再进入通道。

（2）照明。邻近电话局所的进局通道和主干通道，其距离较长（大于 100m），且容量较大时，应设置永久性的市电照明设施，由电话局内接出供电。此外，应配备临时使用的应急照明措施（如利用蓄电池直流供电灯具或应急照明灯照明），以保证在正常或突然的情况下都能应用，通道中间的永久性市电照明设施，可在其顶棚底下或侧墙上方装置防潮照明灯线和灯座，灯具的间距一般为 25m 左右，不宜超过 30m，为节约耗电量，宜采用控制开关的措施；远离局所，在线路中间的短距离通道（如穿越主干道路或广场等），如设永久性的市电照明设施有困难时，可采取临时向邻近单位连接市电、并配备有应急照明灯两者兼用的照明措施。

（3）排水。在地下水位较低的地段，主要是地面水流入通道，造成积水时，可采用自然排水措施。在通道的剖面设计时，利用通道基础和路面的自然坡度一致，在通道基础标高的最低处设置排水管，将积水引至雨水井或污水井。为了防止暴雨时反灌或防止有害气体进入通道中，应当采取设置流水单向阀等措施。如果地形较平坦，其纵向坡度小于 0.1%，不能使积水自然排除时，可采取排水沟槽的分段排水方法，使通道中的积水流入沟槽；如通道基础底部的标高比道路的雨水（污水）系统标高低得多，使通道内的积水不能向这些系统排出，应在通道中的最低处设置集水坑，随时用抽水泵将集水坑中的积水强行排出。

（4）防水。在地下水位高的地段，为了有效地防止地下水渗漏入通道，应采取相应的防水措施。

（5）进局通道间设置连络通道。在交换设备容量较多的局所，应有两个路由的进局通道引入局内，使缆线不致过于集中。从经济上考虑，可用多孔管组成管群的连络管道相连各主干进、出局管道，达到连络通道的要求。

（6）进线室和通道的高程不一致的特殊处理。光（电）缆进线室和通道的高程应基本接近，最好光（电）缆进线室的标高高于通道的标高，以防止外来地下水流向局内。如果相反，可采取在通道进局附近将其基础标高提高到能防止水流入的高度，并在该处设置安全隔离墙或其他堵塞措施等以解决室外水流向局内的问题。

（7）进局通道在局前合并引入的方式。当进局通道是由两个方向合并引入局内时，可采用在通道基础上设置缆线槽道，以便通道两侧的缆线敷设和互相穿越；在通道的顶棚底下（即上覆盖板下）设置吊挂式缆线铁架走道，两侧缆线在走道上整齐排列敷设或相互穿越；在通道的合并引入处的适当位置设置缆线垂直角钢或铁支架，在铁支架上安装缆线托板，以便缆线安放。

（8）其他地下管线进入通道的处理。通道一般不应允许其他地下管线敷设或穿越，尤其是对通信和人员有危险或损害的地下管线（如煤气管道、污水管等）。如遇到其他地下管线近期难于迁移时，可用以下过渡方法来设法解决缆线敷设问题。

其他地下管线穿越，且管径较小时，一般宜安排在通道的上部或下部穿越，避免通信缆线在其上部和下部交叉，对施工和维护不便。如穿越的其他管线直径较大，且占用通道上部高程较多时，应考虑在交越处适当加深通道深度，但该方法通常不宜采用。

如交越管线的管径较大，且在中间时，为了充分利用剩余空间，可在它两侧装设短的缆线铁支架，使缆线在其上部或下部穿越，同时在其邻近一侧，增加人孔铁盖，以便人员出入。

在交越处，其他地下管线必须增加包封措施，以防泄漏气体或液体。必要时，可对通信缆线采用保护措施，保证通信安全。

如其他地下管线可以改变其截面或采取其他躲让措施时，应协商尽量减少占用通道的断面高程，让其部分管径占用通道的断面，且放在上方或下方，以利通信缆线在通道内安排布放。

本章小结

（1）通信管道设计图主要由平面设计和剖面设计图两大部分组成。

通信管道平面设计主要包含敷设通信管道的具体位置、人孔位置、通信管道段长等设计内容。通信管道路由选择应充分了解城市全面规划和通信网发展动向，与城建管理部门充分沟通、联系，并考虑城市道路建设以及通信管道管网安全，遵循通信管道路由选择原则。

通信管道的剖面设计是通信管道设计的另一重点内容，它要确定通信管道与人（手）孔的各个部分在地下的标高、深度、沟（坑）断面设计以及和其他管线跨越时的相对位置及所采取的保护措施。通信管道沟的开挖影响道路交通、建筑物和施工人员安全，并关系工程土方量，所以通信管道沟设计是通信管道设计的重要组成部分。

（2）从施工和维护的要求考虑，如果有两条管线，应尽可能避免把一条管线直接建筑在另一条管线之上。管道在交越时若不能达到最小的允许隔距，则应本着“局部服从整体，小管让大管，软管让硬管，有压让无压”的原则，相互协商，或采取相关的保护措施。管道加固保护的方法目前主要有以下几种。①管顶上覆保护方法；②管道包封。通信管道与其他地下管线交叉处理应按基本原则处理。

（3）各种人孔、手孔和通道的构造尺寸、规格、及常用图例应按邮电部于 1990 年《通信管道人孔和管块组群图集》（YDJ—101）作为标准使用。

思考与练习

简答题

1. 通信管道设计的内容是什么？
2. 通信管道设计对地基有什么要求？
3. 通信管道的基础有哪几种类型？
4. 通信管材种类有哪几种类型？如何选择管道管材？
5. 各种管道在交越时的原则是什么？
6. 通道建筑有哪些特殊要求？
7. 确定通信管道埋设位置时，应考虑哪些因素？
8. 通信管道沟槽可以分为哪几种？
9. 人孔的种类有哪些？其适用方式是什么？
10. 通道的基本结构要求有哪些？

第5章

光（电）缆线路施工

本章对光（电）缆施工步骤、过程、实操给予了详细讲解。包括光缆安装、分线箱安装、光缆接续与测试、FTTH施工、架空电缆的敷设、管道电缆的敷设、埋式电缆的敷设、墙壁和室内电缆的敷设等方面。

5.1 光缆施工步骤

光缆施工大致分为以下几步：准备→路由工程→光缆敷设→光缆接续→工程验收。

5.1.1 准备工作

（1）检查设计资料、原材料、施工工具和器材是否齐全。

（2）组建一支高素质的施工队伍。这一点至关重要，因为光纤施工比电缆施工要求要严格得多，任何施工中的疏忽都将可能造成光纤损耗增大，甚至断芯。

5.1.2 路由工程

（1）光缆敷设前首先要对光缆经过的路由做认真勘查，了解当地道路建设和规划，尽量避开坑塘、打麦场、加油站等这些潜在的隐患。路由确定后，对其长度做实际测量，精确到50m之内。还要加上布放时的自然弯曲和各种预留长度，各种预留还包括插入孔内弯曲、杆上预留、接头两端预留、水平面弧度增加等其他特殊预留。为了使光缆在发生断裂时再接续，应在每百米留有一定裕量，裕量长度一般为5%～10%，根据实际需要的长度订购，并在绕盘时注明。

（2）画路径施工图。在预先栽好的电杆上编号，画出路径施工图，并说明每根电杆或地下管道出口电杆的号码以及管道长度，并定出需要留出裕量的长度和位置。这样可有效地利用光缆的长度，合理配置，使熔接点尽量减少。

（3）两根光纤接头处最好安设在地势平坦、地质稳固的地点，避开水塘、河流、沟渠及道路，最好设在电杆或管道出口处，架空光缆接头应落在电杆旁0.5～1m，这一工作称为“配盘”。合理的配盘可以减少熔接点。另外，在施工图上还应说明熔接点位置，当光缆发生断点时，便于迅速用仪器找到断点进行维修。

5.1.3 光缆敷设

（1）同一批次的光纤，其模场直径基本相同，光纤在某点断开后，两端间的模场可视为一致，因而在此断开点熔接可使模场直径对光纤熔接损耗的影响降到最低程度。所以要求光缆生产厂家用同一批次的裸纤，按要求的光缆长度连续生产，在每盘上顺序编号，并分别标明 A（红色）、B（绿色）端，不得跳号。架设光缆时需按编号沿确定的路由顺序布放，并保证前盘光缆的 B 端要和后一盘光缆的 A 端相连，从而保证接续时两光纤端面模场直径基本相同，使熔接损耗值达到最小。

（2）架空光缆可用 72.2mm 的镀锌钢绞线作悬挂光缆的吊线。吊线与光缆要良好接地，要有防雷、防电措施，并有防震、防风的机械性能。架空吊线与电力线的水平垂直距离要在 2m 以上，离地面最小高度为 5m，离房顶最小距离为 1.5m。架空光缆的挂式有 3 种：吊线托挂式、吊线缠绕式与自承式。自承式不用钢绞吊线，光缆下垂，承受风荷力较差，因此常用吊挂式。

（3）架空光缆布放。由于光缆的卷盘长度比电缆长得多，长度可能达几千米，故受到允许的额定拉力和弯曲半径的限制，在施工中特别注意不能猛拉和发生扭结现象。一般光缆可允许的拉力为 150～200kg，光缆转弯时弯曲半径应大于或等于光缆外径的 10～15 倍，施工布放时弯曲半径应大于或等于 20 倍。为了避免由于光缆放置于路段中间，离电杆约 20m 处，向两反方向架设，先架设前半卷，在把后半卷光缆从盘上放下来，按“8”字形方式放在地上，然后布放。

（4）在光缆布放时，严禁光缆打小圈及折、扭曲，并要配备一定数量的对讲机，“前走后跟，光缆上肩”的放缆方法，能够有效地防止背扣的发生，还要注意用力均匀，牵引力不超过光缆允许的 80%，瞬间最大牵引力不超过 100%。另外，架设时，在光缆的转弯处或地形较复杂处应有专人负责，严禁车辆碾压。架空布放光缆使用滑轮车，在架杆和吊线上预先挂好滑轮（一般每 10～20m 挂一个滑轮），在光缆引上滑轮、引下滑轮处减少垂度，减小所受张力。然后在滑轮间穿好牵引绳，牵引绳系住光缆的牵引头，用一定牵引力让光缆爬上架杆，吊挂在吊线上。光缆挂钩的间距为 40cm，挂钩在吊线上的搭扣方向要一致，每根电杆处要有凸形滴水沟，每盘光缆在接头处应留有杆长加 3m 的余量，以便接续盒地面熔接操作，并且每隔几百米要有一定的盘留。

（5）光缆敷设规范

① 长度及整体性

每条光缆长度要控制在 800m 以内，而且中间没有中继。

② 光缆最小安装弯曲半径

在静态负荷下，光缆的最小弯曲半径是光缆直径的 10 倍；在布线操作期间的负荷条件下，例如把光缆从管道中拉出来，最小弯曲半径为光缆直径的 20 倍。对于 4 芯光缆其最小安装弯曲半径必须大于 2 英寸（5.08cm）。

③ 安装应力

施加于 4 芯/6 芯光缆最大的安装应力不得超过 100 磅（45kg）。

在同时安装多条 4 芯/6 芯光缆时，每根光缆承受的最大安装应力应降低 20%，例如对于 4×4 芯光缆，其最大安装应力为 320 磅（144kg）。

④ 光纤跳线的安装拉力

光纤跳线采用单条光纤设计。双跨光纤跳线包含 2 条单光纤，它们被封装在一根共同的防火复合护套中。这些光纤跳线用于把距离不超过 100 英尺（30m）的设备互连起来。

光纤跳线可分为单芯纤软线和双芯纤软线，其中单芯纤软线最大拉力为 27 磅（12.15kg），双芯纤软线最大拉力为 50 磅（22.5kg）。

室外光缆敷设的方式。

室外光缆敷设的方式有三种方式：①地下管道敷设，即在地下管道中敷设光缆；②直接地下掩埋敷设；③架空敷设，即在空中从电线杆到电线杆敷设。

① 地下管道敷设

此种方式是被广泛使用的一种方式。用该方式敷设光缆时会遇到三种情况：小孔—小孔，即光缆从地上通过一个建筑物的小孔进入地下管道，再从另一个建筑物处的小孔出来；人孔—人孔，即光缆经人孔进入管道，由此牵到另一个人孔，光缆在其中走直线；在有一个或多个转弯的管道中牵引光缆。

在上面这些情况中，可以使用人力或机器来牵引，在选择方式时，不妨先试一试人工牵引是否可行，否则采用机器进行牵引，但不论何种方式，均需要注意光缆安装弯曲半径、安装应力等规范。

在选择能够使用的管道时要注意所选的管道能够保证每条光缆长度在 800m 之内，同时和电力管道必须至少有 8cm 混凝土或 30cm 的压实土层隔开。

② 直接地下掩埋敷设

该方式适合于距离较远并且之间没有可供架空的便利条件时采用，掩埋深度起码要低于地面 0.5m，或应符合本地城管部门有关法规规定的深度。

③ 架空敷设

当建筑物之间有电线杆时，可以在建筑物与电线杆之间架设钢丝绳，将光缆系在钢丝绳上；如果建筑物之间没有电线杆，但两建筑物间的距离在 50m 左右时，也可直接在建筑物之间通过钢索架设光缆。

架空光缆通常距地面 3m，在进入建筑物时要穿入建筑物外墙上的 U 形钢保护套，然后向下或向上延伸，电缆入口的孔径一般为 5cm。

如果架空线的净空有问题，可以使用天线杆型的入口。这个天线杆的支架一般不应高于屋顶 1.2m。这个高度正好使人可摸到光缆，便于操作。

（6）光缆在楼内的敷设

① 高层住宅楼

如果本楼有弱电井（竖井），且楼宇网络中心位于弱电井（竖井）内，则光缆沿着在弱电井（竖井）敷设好的垂直金属线槽敷设到楼宇网络中心；否则（包括本楼没有弱点井或竖井的情况），则光缆沿着在楼道内敷设好的垂直金属线槽敷设到楼宇网络中心。

② 多层住宅楼

光缆铺设到楼宇网络中心所在的单元后，沿楼外墙面向上（或向下）敷设到 3 层后进入楼内，沿墙角、楼道顶边缘敷设到楼宇网络中心所在的位置。

③ 光缆的固定

在楼内敷设光缆时可以不用钢丝绳，如果沿垂直金属线槽敷设，则只需在光缆路径上每 2 层楼或每 35 英尺（10.5m）用缆夹吊住即可。

如果光缆沿墙面敷设，只需每 3 英尺（1m）系一个缆扣或装一个固定的夹板。

5.1.4 光缆接续

常见的光缆有层绞式、骨架式和中心束管式光缆。纤芯的颜色按顺序分为黄、橙、绿、棕、灰、白、黑、红、黄、紫、粉红、青绿，这称为纤芯颜色的全色谱，有些光缆厂家用“蓝”替换色谱中的某颜色。多芯光缆把不同颜色的光纤放在同一束管中成为一组，这样一根多芯光缆里就可能有好几个束管。正对光缆横截面，把红束管看作光缆的第一束管，顺时针依次为白一、白二、白三……最后一根是绿束管。光纤接续，应遵循的原则是：芯数相等时，相同束管内的对应色光纤对接，芯数不同时，按顺序先接芯数大的，再接芯数小的。

5.2 光缆施工实操

光缆施工属高风险环节，施工过程中，一定要注意施工安全。光缆施工主要分以下几步完成：光缆布放与光缆保护、分线箱安装、分线箱接续（成端）与测试。

5.2.1 光缆布放与光缆保护

光缆布放与光缆保护

1. 光缆盘测检验

2. 管道光缆和子管敷设

放缆应绕“8”字内径应不小于 2m

四色子管应放气平顺后由两人共同敷设到人井中

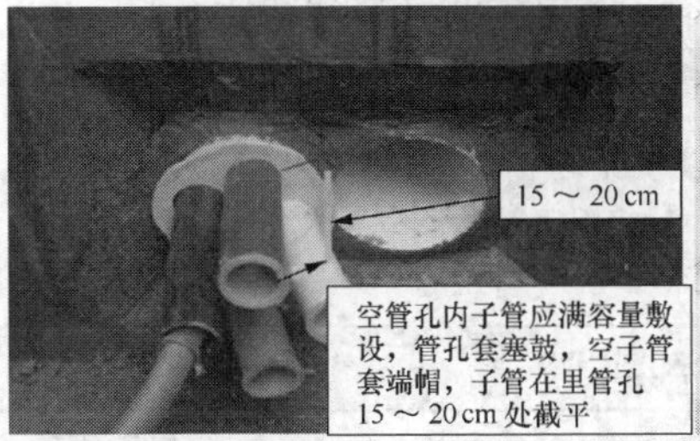

15～20 cm

空管孔内子管应满容量敷设，管孔套塞鼓，空子管套端帽，子管在里管孔 15～20 cm 处截平

井内光缆应走大弯过人井并用红色保护管保护。预留用胶带绑好，每井内挂牌

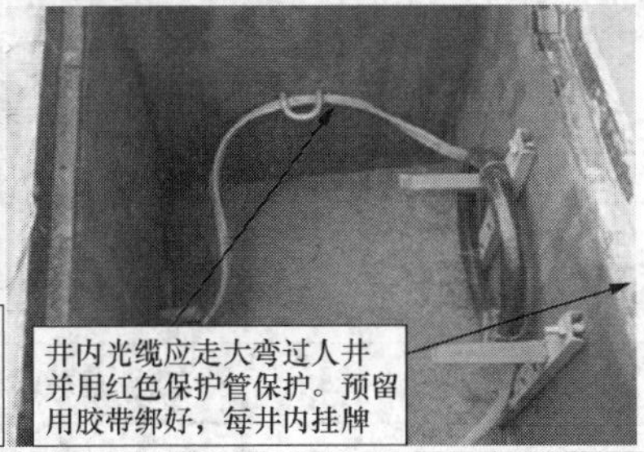

工序活动		操作人员
光缆布放与光缆保护		施工
步骤		
1	路由测量以及材料检验：根据《工程设计文件》的走线路由及现场情况确定是否需要布放子管或者架空以及光缆长度；光缆布放前要先进行盘测并做好记录	
2	管道光缆和子管敷设	
3	光缆保护	
注意事项		
1	盘测检验：对工程中使用的光缆等主要材料，应与监理一起进行必要的检验或盘测测试，并把检验和测试结果形成记录，责任人和监理人员须签名确认，以备做交工文件时使用。对测试不合格的材料产品应及时反馈和报告，并予以清退； 光缆配盘：根据中继段的长度和现场的实际情况（主要考虑地理条件是否能做光缆接头），对工程所需的光缆进行灵活配置，以减少光缆的浪费和线路的传输损耗。配盘情况应做好记录，以备交工文件之需	
2	管道光缆和子管敷设：子管敷设要按当地局要求采用三色或四色敷设，多根子管按颜色顺序排列全路径一致，子管在井内出孔（PVC 大管孔）15～20cm 处截平，并套上塞鼓，不敷设光缆的空子管要套上子管端帽。管道光缆应按设计要求的 A、B 端敷设，敷设光缆的牵引力一般不宜超过 2000kN。盘“8”字敷设时，其内径应不小于 2m。敷设后的光缆应平直，无扭转、明显刮痕和损伤等，曲率半径应大于光缆外径的 20 倍，并按设计要求紧靠人（手）孔壁绑扎固定。每个人（手）孔内光缆均需挂标志牌，标明光缆的起止点及芯数。井内光缆的固定、余线的绑扎、挂牌均采用塑料扎带，不能用其他材料代替	

工具

1	抽水机/发电机	2	光测试仪/光功率计	3	螺丝刀/戒刀
4	光缆剪	5	开井工具	6	冲击钻

续表

光缆布放与光缆保护	工序活动						操作人员
3．光缆保护	材料						
	1	PVC 子管	2	光缆	3	电胶布/铁线等	

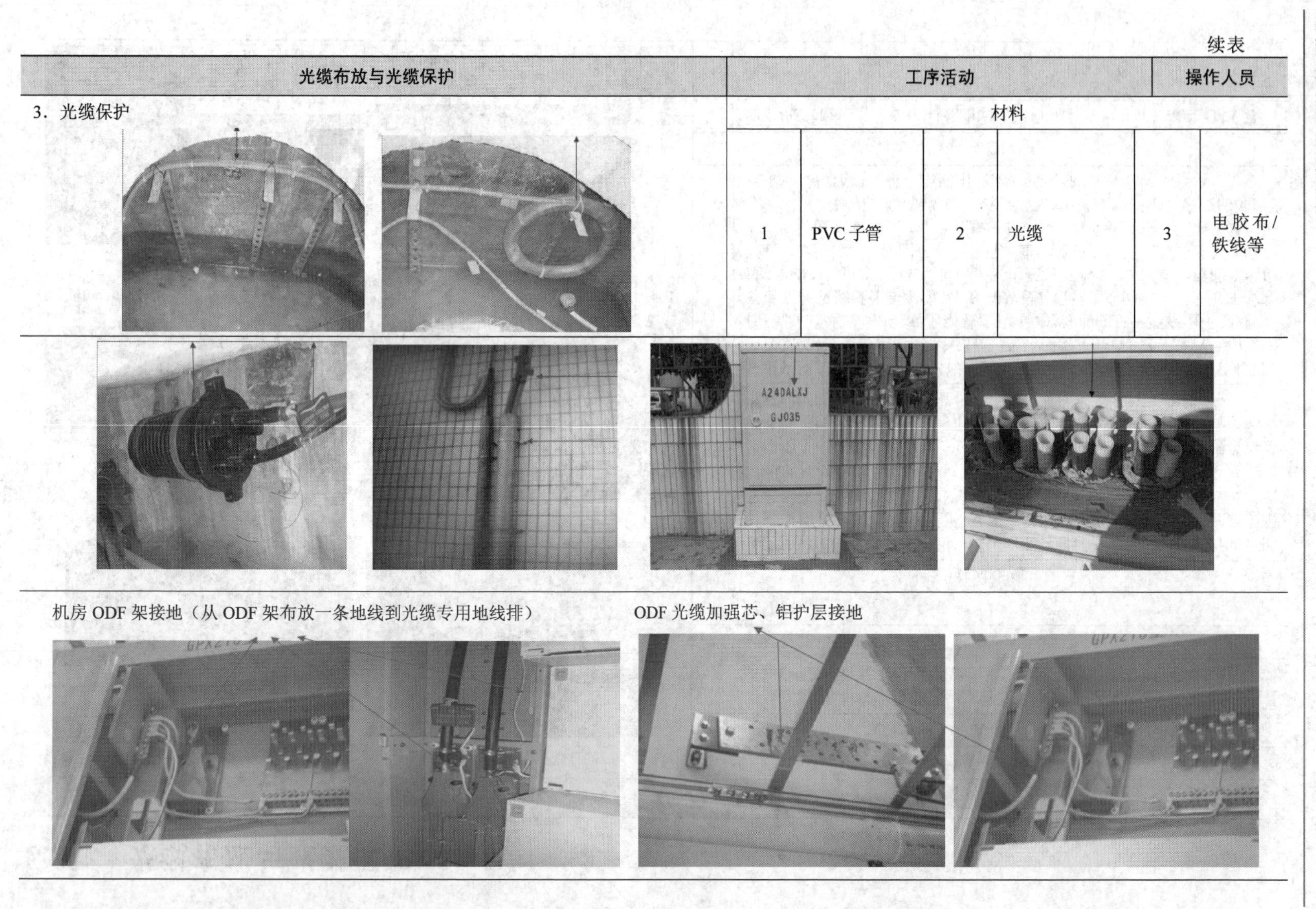

机房 ODF 架接地（从 ODF 架布放一条地线到光缆专用地线排）

ODF 光缆加强芯、铝护层接地

续表

光缆布放与光缆保护	工序活动	操作人员

ODF 架光缆挂光缆资源牌

开剥光缆裸纤用光纤软保护管固定好

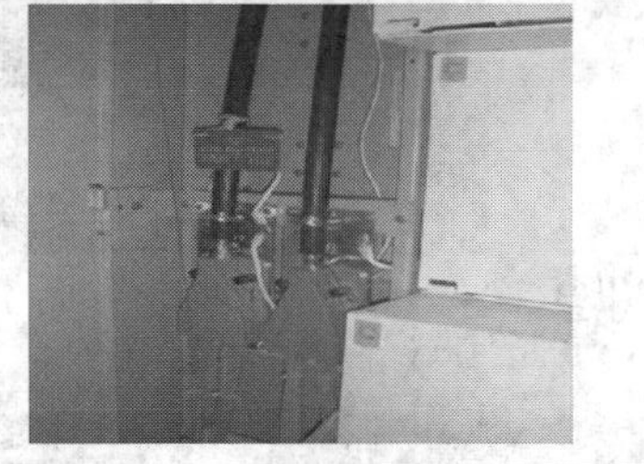

光交接箱和光分线箱、盒的面贴绿色标签

熔纤盘光纤按规范要求盘纤

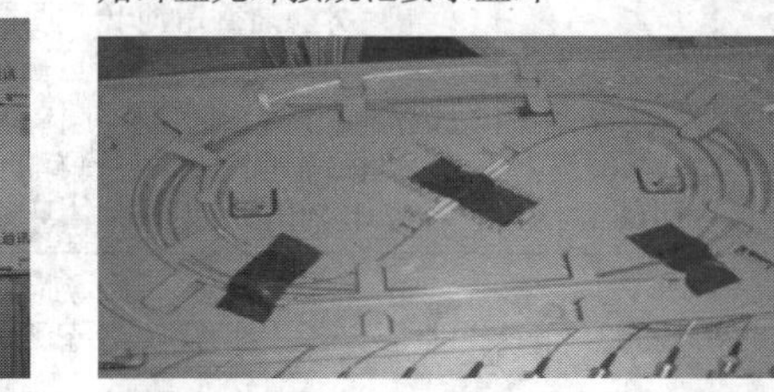

施工要求：

路由复测：

施工前必须进行路由复测。主要是对线路的走向和距离进行评估和测量，了解线路的走向是否安全可靠、经济合理，以及原有可利用的资源是否与实际相符等。同时确定杆路具体走向、电杆、拉线、（撑杆）埋设位置和杆高、杆距、拉线程式，光缆接头具体位置及杆路实际长度，核定架空光缆线路与其他设施、建筑物、树木的最小净距及处理措施。当与施工图有出入时，应在施工图上标注清楚。

盘测检验：

对工程中使用的光缆等主要材料，应与监理一起进行必要的检验或盘测测试，并把检验和测试结果形成记录，责任人和监理人员须签名确认，以备做交工文件时使用。对测试不合格的材料产品应及时反馈和报告，并予以清退。

光缆配盘：

根据中继段的长度和现场的实际情况（主要考虑地理条件是否能做光缆接头），对工程所需的光缆进行灵活配置，以减少光缆的浪费和线路的传输损耗。配盘情况应做好记录，以备交工文件之需。

立换电杆：

电杆的杆距和埋深应符合设计要求，直线电杆应上下垂直，与杆路中心线的偏差应不大于 50mm。架空光缆跨过车辆通过的路口，必须用 9m 以上电杆，并在吊线上悬挂注意安全的标识或标志牌。近路电杆、拉线影响线路及交通安全，要做反光标识处理，有条件的要砌电杆护墩保护。

架空吊线：吊线的接续、原始垂度和吊线夹板距电杆顶的距离等应符合设计要求。一般情况下，吊线夹板距杆顶的距离应不小于 60cm，特殊情况下，应不小于 25cm。吊线夹板在各电杆的位置宜与地面基本等距，坡度一般不宜超过杆距的 2.5%，受地形等限制也不得超过 5%，当超过 5%，但小于 10%时，或角深在 5m 与 15m 之间时，应加装吊线辅助装置。在同一杆路上架设两层吊线时，两吊线间距为 40cm。两条十字交叉吊线高度相差在 40cm 以内时，须做成十字吊线，而且主干线路或程式大的吊线应置于交叉的下方。相邻杆档吊线负荷不均等或 30 条挡以上的线路终端杆前的泄力杆等电杆上，应做假终结。横跨行车路面吊线距离地面间距不低于 5.5m。

安装拉线：

拉线程式和制式应符合设计要求，地锚应与拉线垂直，出土长度为 30～65cm，实际出土点与正确出土点的偏差不大于 5cm。中把与地锚连接处应装衬环，且应装在拉线弯回处。高桩拉的副拉线、拉桩中心线、正拉线、电杆中心线应成直线，其中任一点的最大偏差不得大于 5cm。墙拉的拉攀距墙角应不小于 25cm，距屋沿不小于 40cm

续表

<table>
<tr><th>光缆布放与光缆保护</th><th>工序活动</th><th>操作人员</th></tr>
<tr><td colspan="3">光缆布放：光缆布放前必须放气，可以采用如下方法：
● 架空和墙壁光缆：放光缆应使用放缆工具，光缆应按设计要求的 A、B 端敷设，其曲率半径应大于光缆外径的 20 倍，同时，应根据设计要求选用光缆挂钩程式，挂钩的间距应为 50±3cm，电杆电杆两侧的第一只挂钩应各距电杆 25±2cm。光缆敷设好后应平直，无扭转和机械损伤等。
● 墙壁光缆：跨越街坊、院内道路等，光缆的最低点距地面应不小于 4.5m。吊线式墙壁光缆使用的吊线程式应符合设计要求，支撑物的间距应为 8～10m，终端支持物与第一只中间支撑物的距离应不大于 5m。光缆距离地面不符合要求时应在加套子管保护。
管道光缆和子管敷设：子管敷设要按当地局要求采用三色或四色敷设，多根子管按颜色顺序排列全路径一致，子管在井内出孔（PVC 大管孔）15～20cm 处截平，并套上塞鼓，不敷设光缆的空子管要套上子管端帽。管道光缆应按设计要求的 A、B 端敷设，敷设光缆的牵引力一般不宜超过 2000kN。盘“8”字敷设时，其内径应不小于 2m。敷设后的光缆应平直，无扭转、明显刮痕和损伤等，曲率半径应大于光缆外径的 20 倍，并按设计要求紧靠人（手）孔壁绑扎固定。每个 人（手）孔内光缆均需挂标志牌，标明光缆的起止点及芯数。井内光缆的固定、余线的绑扎、挂牌均采用塑料扎带，不能用其他材料代替</td></tr>
</table>

5.2.2 分线箱安装

<table>
<tr><th rowspan="2">分线箱安装</th><th colspan="2">工序活动</th><th>操作人员</th></tr>
<tr><td colspan="2">分线箱安装</td><td>施工</td></tr>
<tr><td rowspan="5">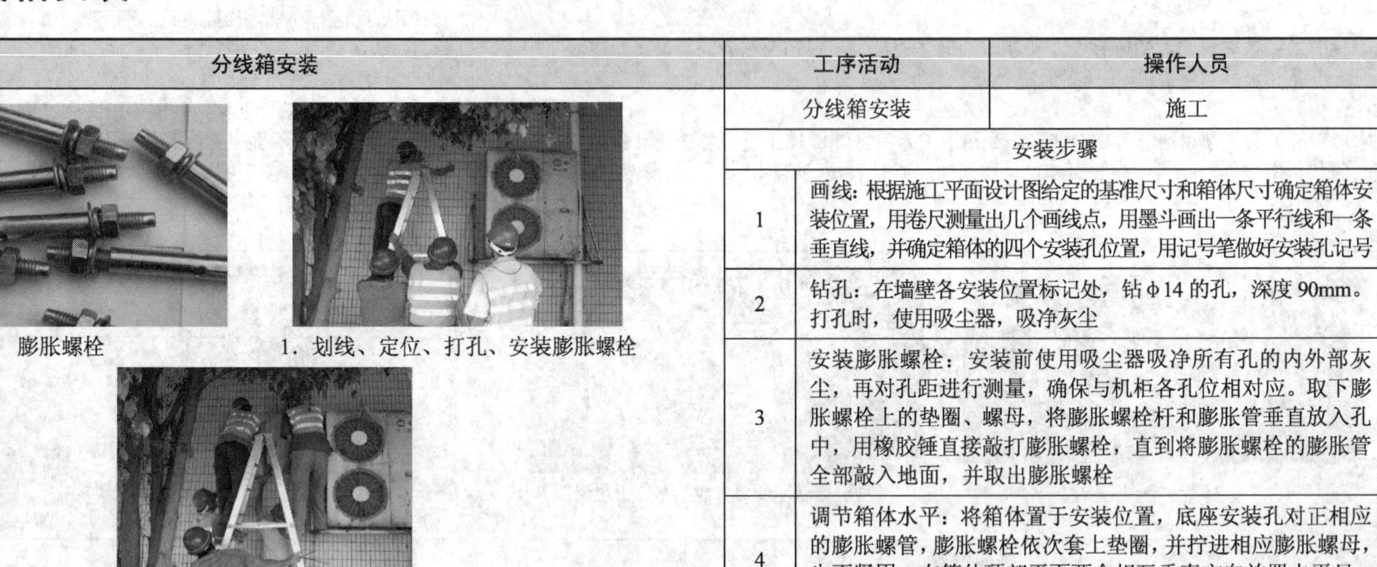
膨胀螺栓
1．划线、定位、打孔、安装膨胀螺栓
2. 固定箱体</td><td colspan="3">安装步骤</td></tr>
<tr><td>1</td><td colspan="2">画线：根据施工平面设计图给定的基准尺寸和箱体尺寸确定箱体安装位置，用卷尺测量出几个画线点，用墨斗画出一条平行线和一条垂直线，并确定箱体的四个安装孔位置，用记号笔做好安装孔记号</td></tr>
<tr><td>2</td><td colspan="2">钻孔：在墙壁各安装位置标记处，钻 ϕ14 的孔，深度 90mm。打孔时，使用吸尘器，吸净灰尘</td></tr>
<tr><td>3</td><td colspan="2">安装膨胀螺栓：安装前使用吸尘器吸净所有孔的内外部灰尘，再对孔距进行测量，确保与机柜各孔位相对应。取下膨胀螺栓上的垫圈、螺母，将膨胀螺栓杆和膨胀管垂直放入孔中，用橡胶锤直接敲打膨胀螺栓，直到将膨胀螺栓的膨胀管全部敲入地面，并取出膨胀螺栓</td></tr>
<tr><td>4</td><td colspan="2">调节箱体水平：将箱体置于安装位置，底座安装孔对正相应的膨胀螺管，膨胀螺栓依次套上垫圈，并拧进相应膨胀螺母，先不紧固。在箱体顶部平面两个相互垂直方向放置水平尺，检查箱体水平度并调整</td></tr>
</table>

续表

分线箱安装	工序活动		操作人员		
3．光分线箱光缆引上要求	5	安装箱体托架：根据箱体的类型选择相应规格的托架			
	6	箱体固定：按对角线顺序依次交叉紧固螺栓，紧固托架与箱体之间的螺栓			
	7	多箱体安装：对于多箱体的安装，在一排机柜定位后，应先调整、紧固最外面一台箱体，再以第一台箱体为基准，逐个调整、紧固其他箱体			
	关键工艺				
	1	划线和打孔是设备硬件安装的基础工作，如果准确性不高会给以后工作带来极大的不便，从而影响工程质量			
	2	使用冲击钻打孔时要保持钻头与地面垂直，双手紧握钻柄，把握好方向，不要摇晃，以免孔倾斜，破坏地面，应该使用吸尘器，避免灰尘到处飞扬；各孔深度应一致			
	3	膨胀螺栓敲入深度以膨胀管全部进入孔内为准。膨胀管不得高出墙面，以免影响后续箱体的安装			
	4	固定螺栓不应安装在墙壁的砖逢上			
	5	挂墙明装的光分线箱，箱体底距地面高度宜不小于 2.5m。在竖井中安装箱体底距地面高度 1.0～1.5m 宜选择满足箱体承重要求的永久性建筑物安装			
	6	相邻同类箱体高低一致，偏差不大于 2mm；相邻箱体紧密靠拢，缝隙不超过 3mm			
	安装工具				
	1	卷尺	2	记号笔	3 墨斗
	4	吊锤	5	吸尘器	6 冲击钻
	安装材料				
	1	膨胀螺栓	2		3

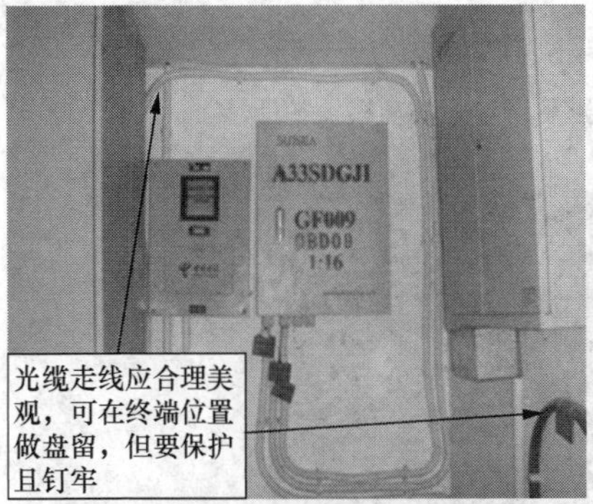
光缆走线应合理美观，可在终端位置做盘留，但要保护且钉牢
A33SDGJ1
GF009
0BD08
1:16

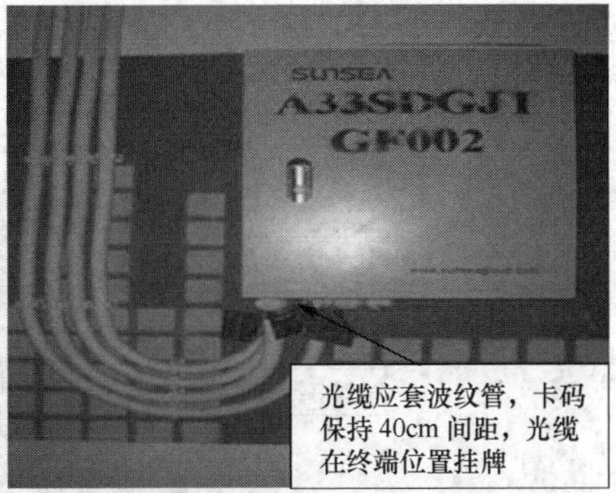
SUNSEA
A33SDGJ1
GF002
光缆应套波纹管，卡码保持 40cm 间距，光缆在终端位置挂牌

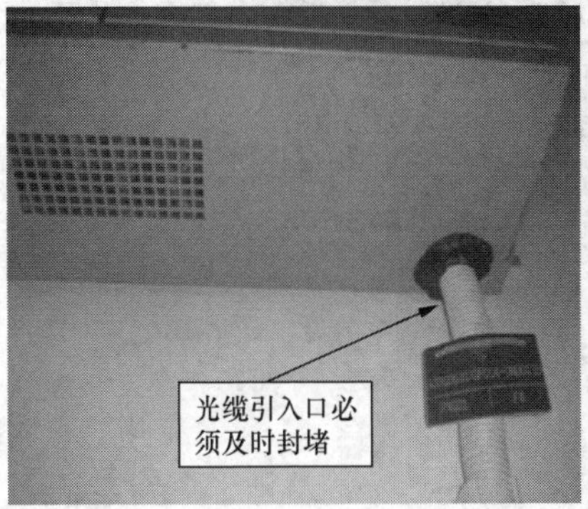
光缆引入口必须及时封堵

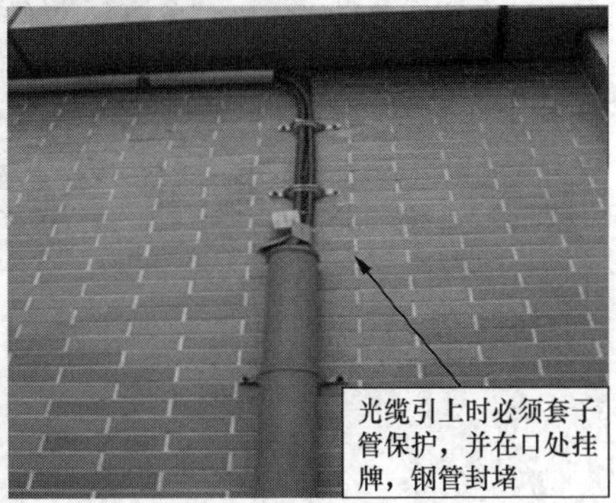
光缆引上时必须套子管保护，并在口处挂牌，钢管封堵

分线箱安装要求：箱体安装应符合设计，如需要变更应得到当地局和监理的用意，并在图纸中标示。但至少距离地面 2.5m 以上。光分线箱应保持水平，箱体与墙面不应有空隙。光缆引入分线箱钉墙部分应使用专用卡码，卡码 30～50cm 一个，光缆应套波纹管保护，光缆可根据设计在分线箱或 ONU 附近作 5～10m 盘留，盘留使用专用塑料扁带保护并钉牢。光缆成端后应立即用防火泥做好封堵，并在临近箱体位置挂牌标示

5.2.3 光缆接续（成端）与测试

光缆接续（成端）与测试		工序活动	操作人员
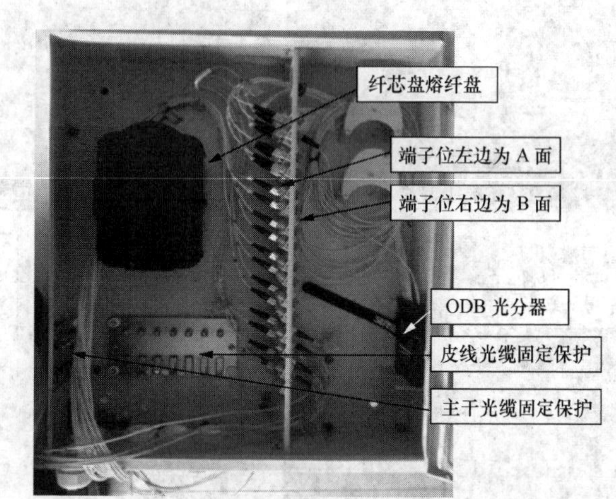 A 面成端先后顺序为：进箱主光纤—分光器分纤光纤—后进光纤		分线箱成端	施工
		安装步骤	
	1	开剥光缆、配套裸纤保护管	
	2	穿箱固定光缆	
	3	光纤与尾纤进行热熔接、热缩套管保护接头	
	4	光纤盘留固定	
	5	光缆成端端子按成端规范排列进行编排拧紧	
	6	光缆成端接续 OTDR 测试检查	
	7	光缆全程对光光功率测试检查	
		关键工艺	
	1	EPON 光分线箱成端面版区分为 A、B 两面，正对光分线箱左边面版区为 A 面，右边面版区为 B 面；A 面成端顺序排列确定为从上往下，从里到外	
	2	A 面成端先后顺序为：进箱主光纤—分光器分纤光纤—后进光纤。后进光纤指非 EPON 业务光纤（视频监控业务、大客户专线光缆、裸纤等不经过 OBD 业务）光缆纤芯在光交接设施上按照编号从小到大规则顺序成端	
	3	内置分光器主光纤确定成端在 B 端，对应进箱主干光缆第一纤芯成端位置。B 面主要用于成端连接 ONU 的光缆及调纤功能；连接 ONU 的光缆在 GF 的 B 面进行成端，现场、系统依据 ONU 数量成端纤芯（如有两个 ONU，仅现场、系统在 B 面成端相应的 2 纤。现场将余下纤芯成端尾纤预留在箱内，而系统端子板不成端）	

续表

<table>
<tr><th colspan="1">光缆接续（成端）与测试</th><th colspan="8">工序活动</th><th>操作人员</th></tr>
<tr><td rowspan="5">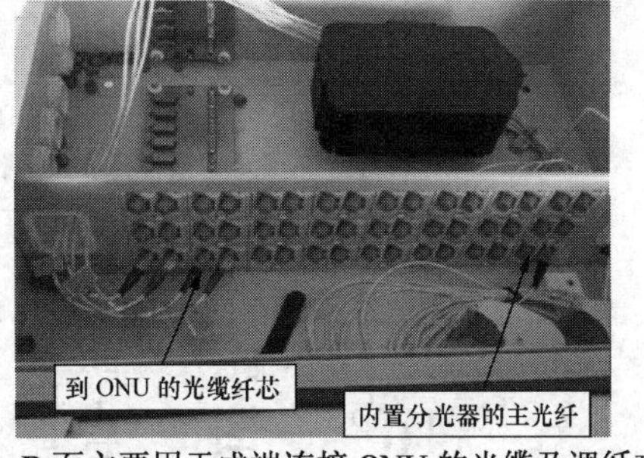
B 面成端顺序排列对应 A 面成端位置；　B 面主要用于成端连接 ONU 的光缆及调纤功能</td><td>4</td><td colspan="8">后进光缆（指非 EPON 业务光纤：视频监控业务、大客户专线光缆、裸纤业务等）在 A 面端子已使用完的情况下，可成端在 B 面对应进箱主光缆的空余纤芯端子（仅在现场、系统中成端光缆的第 1、2 纤芯。其余光缆纤芯现场熔接后成端尾纤预留在箱内盘纤盘上，而系统端子板不成端，竣工资料中要注明）。工程成端完工时，在熔接的尾纤贴上标签标识</td></tr>
<tr><td colspan="9">需要工具</td></tr>
<tr><td>1</td><td>光缆接续机</td><td>2</td><td>发电机</td><td>3</td><td>光缆开剥刀</td><td>4</td><td colspan="2">光测试仪</td></tr>
<tr><td colspan="9">安装材料</td></tr>
<tr><td>1</td><td>接头盒</td><td>2</td><td colspan="2">电工胶布</td><td>3</td><td colspan="3">扎带</td></tr>
</table>

施工要求：

分线箱成端 ：分线箱配件分配：EPON 光分线箱成端面版区分为 A、B 两面，正对光分线箱左边面版区为 A 面，右边面版区为 B 面；A 面成端顺序排列确定为从上往下，从里到外；B 面成端顺序排列对应 A 面成端位置；

A 面成端先后顺序为：

进箱主光纤—分光器分纤光纤—后进光纤。后进光纤指非 EPON 业务光纤（视频监控业务、大客户专线光缆、裸纤等不经过 OBD 业务）光缆纤芯在光交接设施上按照编号从小到大规则顺序成端。

内置分光器主光纤确定成端在 B 端对应进箱主干光缆第一纤芯成端位置，B 面主要用于成端连接 ONU 的光缆及调纤功能。

连接 ONU 的光缆在 GF 的 B 面进行成端，现场、系统依据 ONU 数量成端纤芯（如有二个 ONU，仅现场、系统在 B 面成端相应的 2 纤。现场将余下纤芯成端尾纤预留在箱内，而系统端子板不成端）。

提示：后进光缆（指非 EPON 业务光纤：视频监控业务、大客户专线光缆、裸纤业务等）在 A 面端子已使用完的情况下，可成端在 B 面对应进箱主光缆的空余纤芯端子（仅在现场、系统中成端光缆的第 1、2 纤芯。其余光缆纤芯现场熔接后成端尾纤预留在箱内盘纤盘上，而系统端子板不成端，竣工资料中要注明）。工程成端完工时，在熔接的尾纤贴上标签标识。

光缆的接续要求：

（1）光纤接续采用熔接法。

（2）光纤接头的单纤平均衰减应不大于 0.08dB。光纤接头应嵌入容纤盘上的卡槽内，并固定牢靠。

（3）光缆接续前应核对光缆端别、光纤纤序，光缆接续后不得出现纤序错接。光缆端别及光纤应作识别标志。

（4）接头盒内的余留光纤应有醒目的编号，按顺序盘放在相应容纤盘内。容纤盘内的光纤应保证足够的盘绕半径，应无挤压、松动。

（5）光缆接头盒在人（手）孔内安装在常年积水水位以上的位置，并采用保护托架或其他方式承托。

架空光缆接头盒应安装在电杆上，且按要求固定牢靠

5.3 FTTH 施工

5.3.1 挂墙光配线箱（或光交接箱）

挂墙光配线箱（或光交接箱）正面必须喷涂带有中国电信标志的完整分光器箱资源编码，如图 5-1 所示。

图 5-1 挂墙光配线箱

5.3.2 FTTH 分光器端子与用户地址对应表

挂墙光配线箱门内张贴 FTTH 分光器端子与用户地址对应表，以便装维人员进行辨认。FTTH 分光器端子与用户地址对应表具体规范（FTTH 分光器端子与用户地址对应表），使用 A4 纸打印，每张应包含一个 96 芯以下（含 96 芯）的分光器箱内的分光器端子、用户皮线光缆的对应关系。96 芯以上的分光器箱或光交接箱可使用两张或以上的对应表，如图 5-2 所示。

5.3.3 用户皮线光缆区和分光器区

分光器箱内部应区分开用户皮线光缆接入和分光器安装的区域，这两部分的线缆不应在同一侧进行敷设，以避免一侧线缆数量过多，混杂缠绕，对日后安装、维护工作造成麻烦。如图 5-3 所示。图 5-3 中左边部分为用户皮线光缆区域，右边部分为分光器区域。

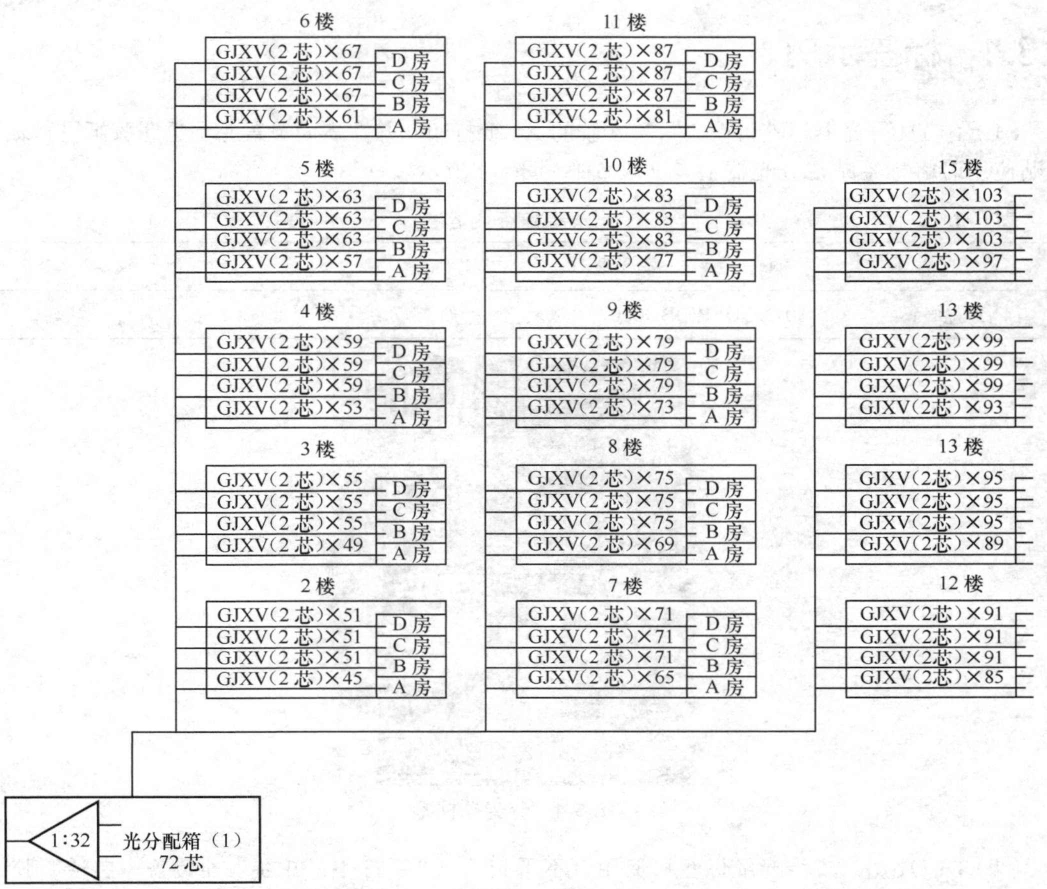

图 5-2　分光器与用户地址对应表

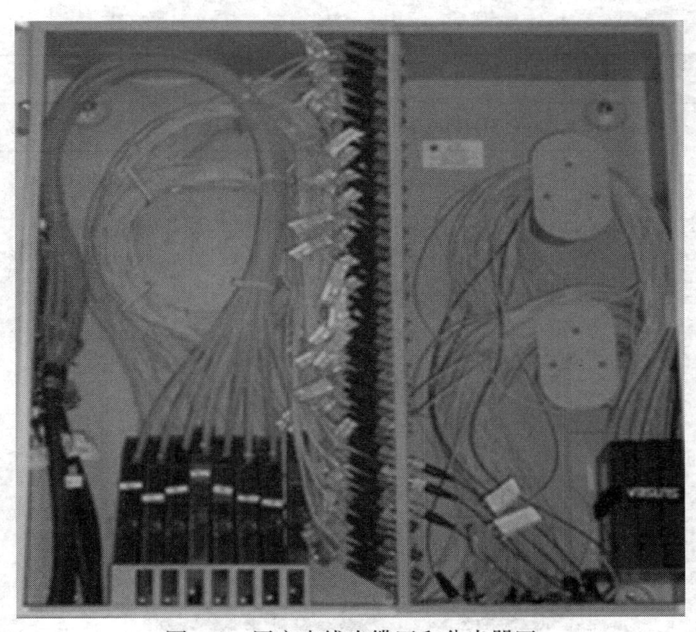

图 5-3　用户皮线光缆区和分光器区

5.3.4 标签示例

（1）FTTH 分光器标签可使用带不干胶的 A4 纸打印，并在表面覆盖一层透明胶纸进行裁剪。粘贴使用时将标签贴在分光器上。如表 5-1、图 5-4 所示。

表 5-1　　分光器标签内容

分光器	秀丽轩 1 幢之一分光器-1
名称/编码	A01XQUEP/OBD0007

图 5-4　分光器标签

（2）FTTH 用户皮线光缆标签可使用带不干胶的 A4 纸打印，并在表面覆盖一层透明胶纸进行裁剪。对折粘贴在用户皮线光缆处。如表 5-2 及图 5-5 四方标线区域所示。

表 5-2　　用户皮线光缆标签

用户地址	秀丽轩 3 幢之三 401
分光器端子	A01XQUEP/OBD0009/01

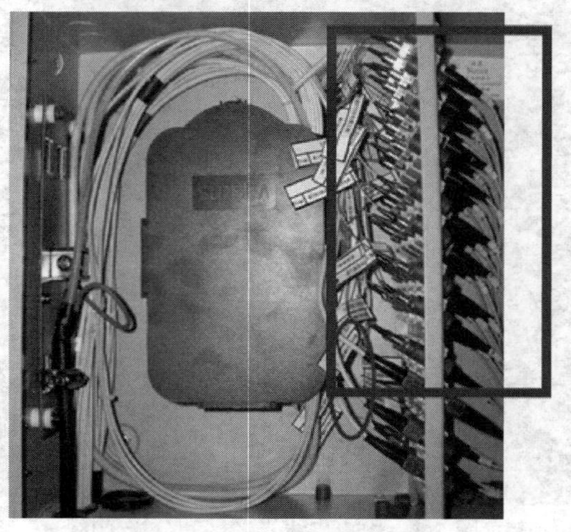

图 5-5　用户皮线光缆标签

（3）FTTH 配线箱内主干光缆尾纤标签可使用带不干胶的 A4 纸打印，如表 5-3 所示，并在表面覆盖一层透明胶纸进行裁剪。对折粘贴在尾。贴在图 5-6 椭圆标线区域的尾纤。

表 5-3　尾纤标签

对应主干光缆纤芯顺序	A01SLILU/GJ001/PXG01，12F

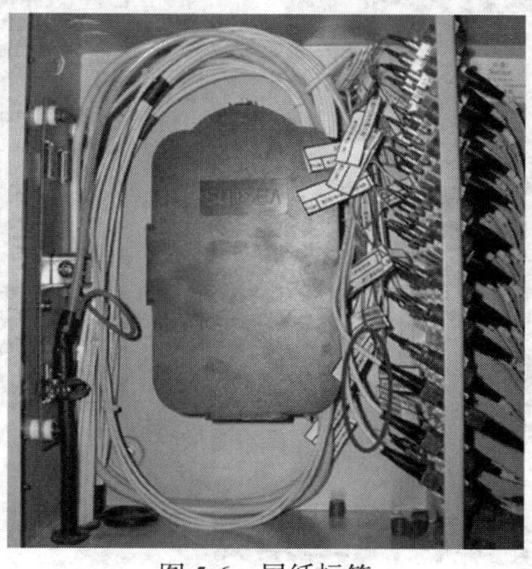

图 5-6　尾纤标签

5.3.5　光配线器箱的接地

分光器箱体应使用 25mm^2 的黄绿双色单塑阻燃电缆进行就近可靠接地，接入箱内的普通光缆在光缆接地排上固定加强芯后，应将光缆屏蔽层用 2.5mm^2 的电缆连接到加强芯固定柱上。光缆进线孔应使用防火泥进行封堵，如图 5-7 所示。

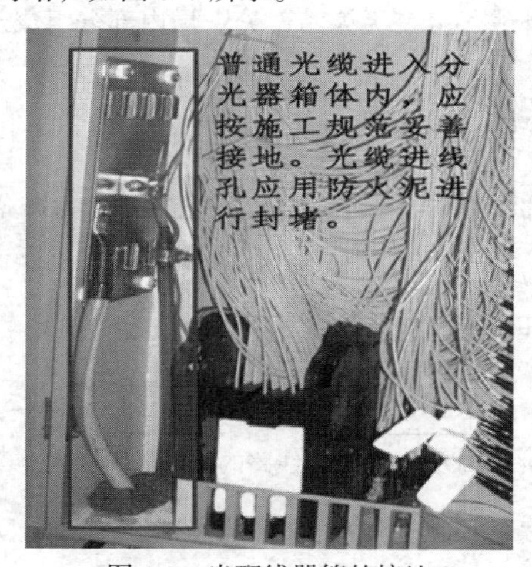

图 5-7　光配线器箱的接地

5.3.6　提示牌

用户皮线光缆预留处(包括已引入室内和留在门口的)应当挂上 FTTH 工程用户温馨提示牌，

如图 5-8 所示。

图 5-8 用户皮线光缆预留处提示牌示意图

5.4 通信光缆线路工程施工指导

5.4.1 光缆线路工程概述

光缆线路工程是光缆通信工程的一个重要组成部分。它与传输设备安装工程的划分是以光纤分配架（ODF）或光纤分配盘（ODP）为分界线，其外侧为光缆线路部分，即由本局光纤分配架或光纤分配盘连接器（或中继器上连接器）至对方局光纤分配架或光纤分配盘（或中继器上连接器）之间。光缆线路施工由外线部分、无人站部分、局内部分组成。

5.4.2 通信光缆线路的施工程序

一般光缆线路的施工程序如图 5-9 所示。也可以把它划分为准备、接续、测试和竣工验收五个阶段。

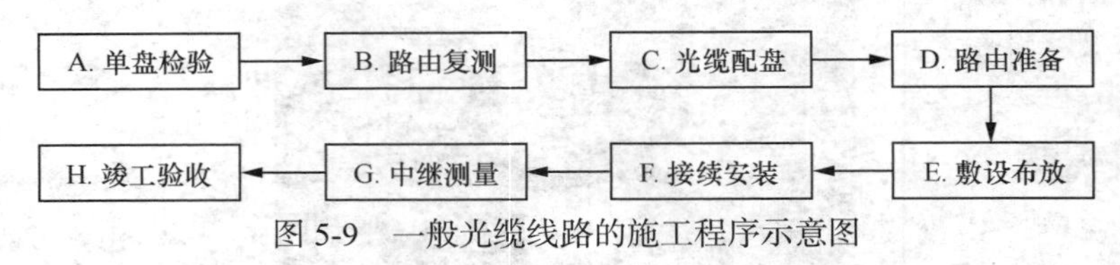

图 5-9 一般光缆线路的施工程序示意图

（1）光缆的单盘检验主要是检查光缆的外观、光纤的有关特性及信号线等。

（2）路由复测应以批准的施工设计图为依据，复核光缆路由的具体走向、敷设条件、环境条件以及接头的具体位置，复测路由的地面距离等，为光缆的配盘、分屯以及敷设提供必要的条件。

（3）光缆配盘就是根据复测路由计算出的光缆敷设总长度和对光缆全程传输质量的要求进行合理地选配光缆盘长。

（4）路由准备包括管道光缆敷设的管道清理、预放铁丝或预放塑料导管、架空敷设时预放钢丝绳、挂钩以及直埋敷设时光缆沟的开挖、接头坑的设置等各种准备工作。它将为工程的顺利进行和光缆的安全敷设提供便利条件。

上述四项又称为准备阶段。

（5）光缆敷设就是根据拟定的敷设方式，将单盘光缆架挂到电杆上或拉放到管道内或放入光缆沟中等。

（6）光缆的接续安装主要包括光纤接续、铜导线、铝护层、加强芯的连接、接头损耗的测量"接头套管的封装以及接头保护的安装等。

（7）中继测量主要包括光纤特性，如光纤的总衰减等测试和铜线电性能的测试等。

（8）光缆的竣工验收包括提供施工图、修改路由图及测量数据等技术资料，并做好随工检验和竣工验收工作，以提供合格的光纤线路，确保系统的调测。

光缆施工主要工序如图 5-10 所示。

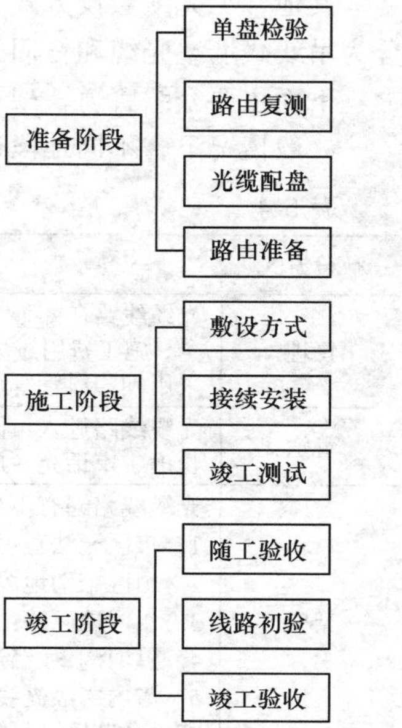

- 准备阶段
  - 单盘检验
  - 路由复测
  - 光缆配盘
  - 路由准备
- 施工阶段
  - 敷设方式
  - 接续安装
  - 竣工测试
- 竣工阶段
  - 随工验收
  - 线路初验
  - 竣工验收

图 5-10　光缆施工主要工序流程图

5.4.3　光纤光缆储运注意事项

光纤光缆储运应注意下列事项：

（1）光纤是由 SiO_2 材料经特殊加工而成，不能承受压、撞，所以存放和施工时，应小心注意，以免断芯。

（2）塑料具有优良的机械物理性能及耐环境性能，但不能承受坚硬、锋利之物的冲撞和磨刮。

（3）卸光缆时应特别注意，可以采用下列方法中的一种进行卸货。

① 卸光缆时最好用叉车或吊葫芦把光缆从车上轻轻地放置地上。

② 卸光缆时用平直木板放置在卡车平台与地面之间，形成一个小于 45° 角的斜坡，在光缆顺着斜坡下滑的同时，用一绳子穿过光缆中间孔，再在车上拉住绳子的两端，使光缆盘匀速下滑；或者在斜坡下端放置几个软垫，（如：破旧轮胎等）光缆顺着斜坡向下滑。严禁把光缆直接从卡车上滚下来，这样很可能造成光缆损坏，如图 5-11 所示。

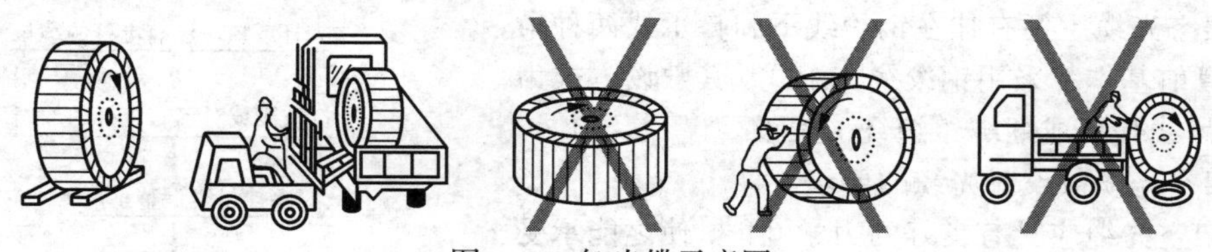

图 5-11　卸光缆示意图

（4）运输光缆时，不得使缆盘处于平放方位，不得堆放；盘装光缆应按缆盘标明的旋转箭头方向滚动，但不得作长距离滚动；防止受潮和长时间暴晒；贮运温度应控制在−40～+60℃范围内。

（5）敷设时，所施拉拽之力、弯曲半径勿超过其承受限度，以免拉断光纤。

5.4.4　光缆的常见敷设方式

通信光缆根据敷设方式不同，可分为架空光缆、地下光缆（直埋、管道式）和水底光缆。架空光缆是架挂在电杆间的钢绞线上，地下光缆直接埋设在土壤中，或通过人孔放入管道中。通信电缆跨越江河时，一般将钢丝铠装光缆（称水线）敷设在水底。过海的通信光缆敷设在海底，称为海底光缆。

其他常见光缆敷设方式有墙壁光缆、室内桥架布放、槽道布放以及暗管穿放等。墙壁光缆又分为吊线式墙壁光缆和钉固式（卡钩式）墙壁光缆。

下面主要介绍管道、架空、直埋三种光缆的敷设方式。

一般情况下，不同地段适用的敷设方式如表 5-4 所示。

表 5-4　　不同地段适用的敷设方式

敷设方式	适 用 地 段
直埋	光缆线路在郊外一般采用直埋敷设方式，只有在现场环境条件不能采用直埋方式，或影响线路安全、施工费用过大和维护条件差等情况下，可以采用其他敷设方式。国外在敷设郊外光缆时，多采用硬塑料管管道敷设
管道	光缆线路进入市区。应采用管道敷设方式，并利用市话管道。目前无市话管道可利用时，可根据长途、市话光（电）缆发展情况，考虑合建电信管道
架空	光缆线路遇有下列情况，可采取架空架设方式： 1．市区无法直埋又无市话管道，而且暂时又无条件建设管道时，以架空架设作短期过度； 2．山区个别地段地形特别复杂，大片石质，埋设十分困难的地段； 3．水网地区路由无法避让，直埋敷设十分困难的地段； 4．过河沟、峡谷埋设特别困难地段； 5．省内二级光缆线路路由上已有杆路可以利用架挂地段。 超重负荷区及最低气温低于-30℃地区，不宜采用架空光缆线路
桥上	光缆线路跨越河流的固定桥梁和道路的立交桥等，桥的结构中已预留有电信管道、沟槽或允许架挂时，可在桥上的管道、沟槽或支架上敷设光缆
水底	光缆线路穿越江河、湖泊、海峡等，无桥梁、隧道可利用时，可敷设水底光缆

5.4.5　架空光缆敷设

1．架空光缆敷设特点

（1）架空光缆主要用于二级干线及其以下等级的光缆线路，适用于地形平坦、起伏较小的地区；

（2）架空光缆主要有挂在钢绞线下和自承式两种吊挂方式，目前基本都采用钢绞线支承式。其敷设方式为通过杆路吊线托挂或捆绑（缠绕）架设。

2．架空光缆敷设对光缆的要求

（1）架空光缆应具有良好的力学性能，使之能承受敷设施工时的牵引张力及敷设后的悬垂张力，并应具有良好的抗弯曲、抗振动性能；

（2）架空光缆应具有良好的防潮、防水性能；

（3）架空光缆应具有良好的温度特性，以适应各种不同的使用环境。在不同环境下需选择相应光缆。

3．架空光缆的敷设方式

架空光缆线路架设的工作流程如图 5-12 所示。

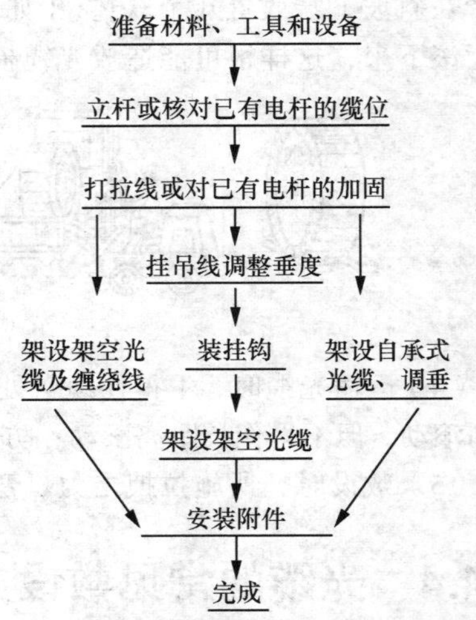

图 5-12　架空光缆线路架设的工作流程

吊挂式架空光缆是目前国内采用最多的光缆架空方式，其主要敷设方式有三种，即滑轮牵引法、杆下牵引法及预挂钩牵引法。

（1）滑轮牵引法

① 为顺利布放光缆并不损伤光缆外护层，应采用导向滑轮和导向索，并在光缆始端和终点的电杆上如图 5-13 所示各安装一个滑轮。

② 每隔 20～30m 安装一个导引滑轮，一边将牵引绳通过每一滑轮，一边按顺序安装，直至光缆放线盘处与光缆牵引头连好。

③ 采用端头牵引机或人工牵引，在敷设过程中应注意控制牵引张力。

④ 一盘光缆分几次牵引时，可在线路中盘成“∞”形分段牵引。

⑤ 每盘光缆牵引完毕，由一端开始用光缆挂钩将光缆托挂于吊线上，替换下导引滑轮。

⑥ 光缆接头预留长度为 8～10m，应盘成圆圈后用扎线固定在杆上。

（2）杆下牵引法

对于郊外杆下障碍不多的情况下，可采用杆下牵引法。

① 将光缆盘置于一段光路的中点，采用机械牵引或人工牵引将光缆牵引至一端预定位置，然后将盘上余缆倒下，盘成“∞”形，再向反方向牵引至预定位置。

② 边安装光缆挂钩，边将光缆挂于吊线上。

③ 在挂设光缆的同时，将杆上预留、挂钩间距一次完成，并作好接头预留长度的放置和端头处理。

（3）预挂钩牵引法

① 在杆路准备时就将挂钩安装于吊线上。

② 在光缆盘及牵引点安装导向索及滑轮。

③ 将牵引绳穿过挂钩，预放在吊线上，敷设光缆时与光缆牵引端头连接，光缆牵引方法如图 5-14 所示。

④ 牵引完毕后，稍调挂钩间距，并在杆上作“伸缩弯”及放置好预留接头长度。

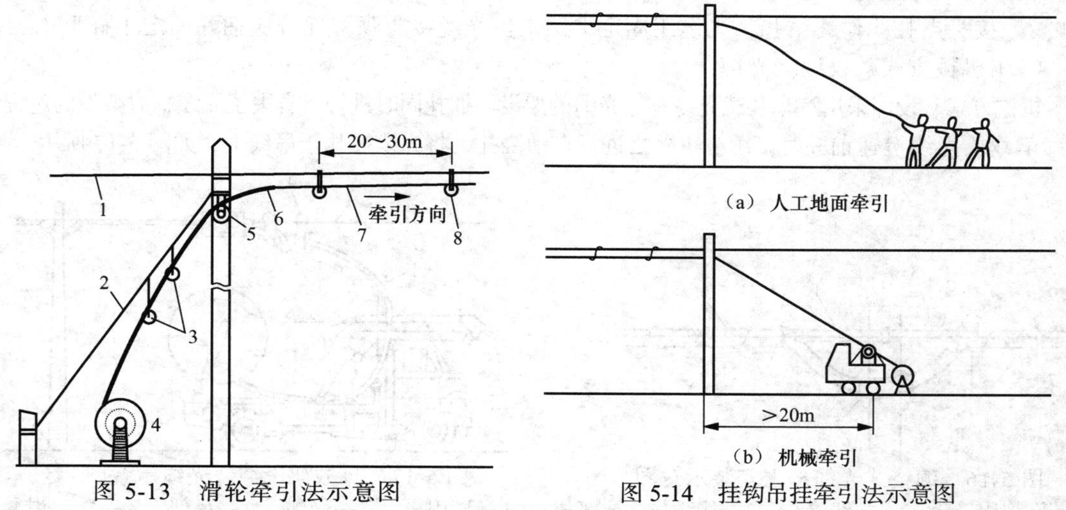

图 5-13 滑轮牵引法示意图

1—吊线 2—导向索 3—导向索滑轮
4—光缆盘 5—大号滑轮 6—牵引头
7—牵引索 8—导向滑轮

图 5-14 挂钩吊挂牵引法示意图

4. 缠绕式架空光缆的敷设

缠绕式架设是采用不锈钢捆扎线把光缆和吊线捆扎在一起。这种方式具有省时省力、不易损伤护层、可减轻风的冲击振动、维护方便等优点、但需要的设备较多。其敷设方式有两种，即人工牵引和机械牵引架设。

（1）人工敷设缠绕式光缆

① 在光缆盘及终端牵引点安装导向索和导向滑轮，并在杆上安装导引器。

② 安装活动滑轮组如图 5-15 所示。

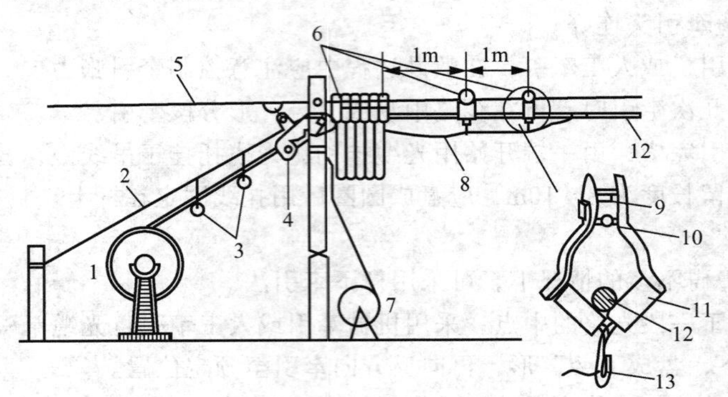

图 5-15 活动滑轮临时架设示意图

1—光缆盘 2—导引索 3—导引滑轮 4—导引轮 5，10—吊线 6—移动滑轮
7—系缆盘 8，9，13—系绳 11—转轴 12—光缆

③ 牵引光缆并由活动滑轮托挂完成临时架设（光缆和安装在吊线上的活动滑轮一起向前移动）。

④ 用人工牵引自动缠绕机，当缠绕机被牵引向前移动时，随着缠绕机滚动部分与前进方向的垂直转动，完成将光缆和吊线用捆扎线缠绕在一起。缠绕机过杆由专人移动，安装好后继续缠绕。

⑤ 杆上余留，应按要求作“伸缩弯”，扎线过杆时不需断开，可直拉过杆，“伸缩弯”两侧应使用固定卡将光缆固定，如图 5-16 所示。

⑥ 接头点扎线作终结扣，光缆用固定卡固定。光缆接头预留部分应捆好固定于杆上。

（2）机械方式敷设缠绕光缆

机械方式敷设即采用汽车装载光缆，将光缆的架设、捆扎同时进行，省去了光缆临时架设的过程。当汽车载放光缆慢速前驶时，缠绕机随之进行自动绕扎、将光缆捆扎于吊线上，如图 5-17 所示。

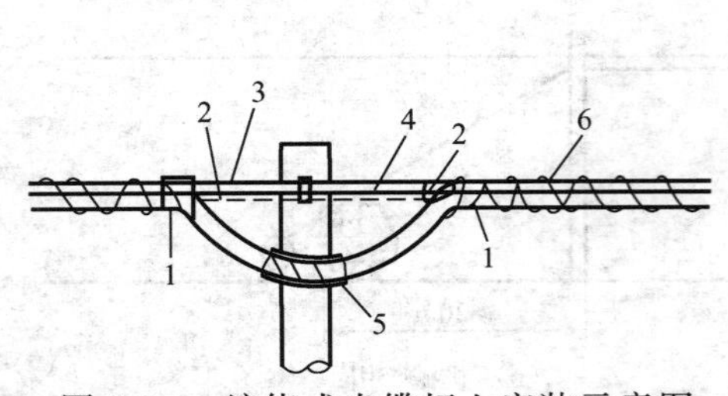

图 5-16 缠绕式光缆杆上安装示意图

1—光缆固定卡 2—扎线终结 3—扎线非终结部分
4—吊线 5—聚乙烯波纹管 6—绕扎线

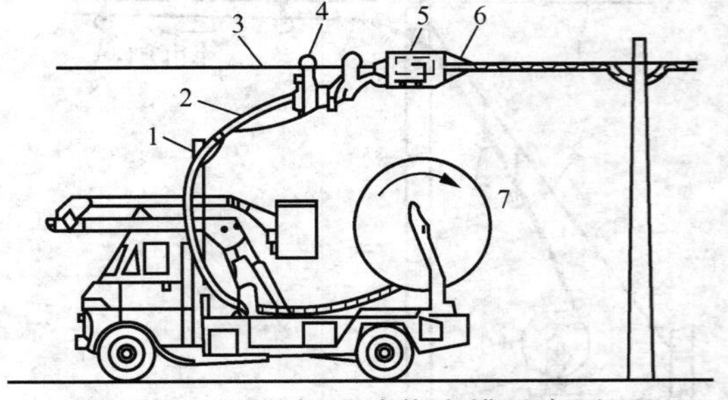

图 5-17 机械架设缠绕光缆示意图

1—导引器 2—光缆 3—吊线 4—导引滑轮
5—缠绕机 6—扎线 7—光缆盘

光缆经过线杆时，同人工牵引绕扎一样，由人工作伸缩弯、固定光缆并将缠绕机由杆子一侧移至另一侧安装好。

这种架设方式虽然有较多优点，但使用汽车架设受条件的限制，一般应具备下列条件：

① 道路宽度能允许车辆行驶；

② 架空杆路离路肩距离不大于 3m；

③ 架设段内无障碍物；

④ 光路吊线位于杆路其他线路的最下方。

5.4.6 管道光缆敷设

1. 管道光缆敷设特点

（1）管道光缆一般用于市区内局间中继线路，其管道为塑料管或水泥管道内的塑料子管，特殊地段需用钢管。管道路由较复杂，使光缆所受张力、侧压力不规则。

（2）城市地下管道大多有积水和淤泥，在光缆敷设前要对管道进行疏通和清洗。

2. 管道光缆敷设对光缆的要求

（1）由于管道复杂，光缆受力不规则，因此管道光缆应具有良好的抗张、抗侧压及弯曲性能。

（2）由于管道中的光缆有可能长期浸泡在水中，因此管道光缆应具有良好的防潮、防水性能。

3. 管道光缆的敷设方式

（1）管道光缆线路敷设工作流程

在市话管道中光缆的敷设工作流程如图 5-18 所示。

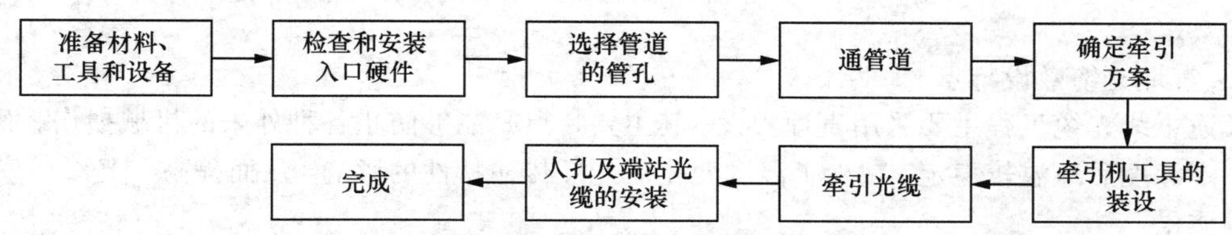

图 5-18　市话管道中光缆的敷设流程

（2）光缆敷设

敷设方式一般有以下两种：

① 机械牵引敷设

a. 集中牵引法：集中牵引即端头牵引，牵引绳通过牵引端头与光缆端头连接，用终端牵引机按设计张力将整条光缆牵引至预定敷设地点。

b. 分散牵引法：不用终端牵引机而是用 2～3 部辅助牵引机完成光缆敷设。这种方法主要是由光缆外护套承受牵引力，故应在光缆允许承受的侧压力下施加牵引力，因此需使用多台辅助牵引机使牵引力分散并协同完成。

c. 中间辅助牵引法：除使用终端牵引机外，同时使用辅助牵引机。一般以终端牵引机通过光缆牵引头牵引光缆，辅助牵引机在中间给予辅助牵引，使一次牵引长度得到增加。三种机械牵引敷设的示意如图 5-19 所示。

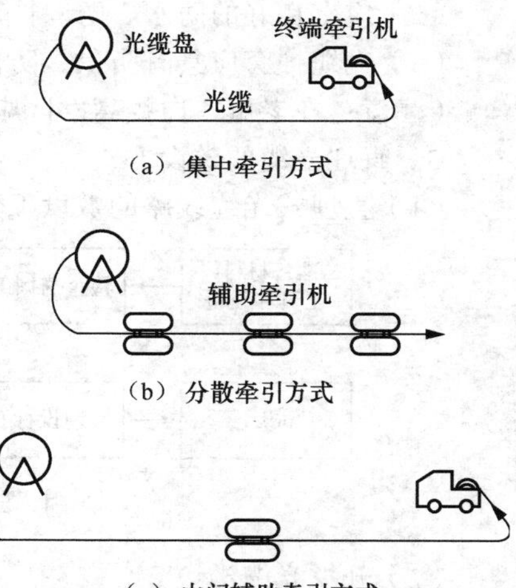

图 5-19　机械牵引敷设示意图

具体操作过程如下：

a. 将牵引机接到光缆牵引端头上；

b. 接牵引张力、速度要求开启终端牵引机；

c. 光缆引至辅助牵引机位置后，将光缆按规定安装好，并使辅助牵引机与终端牵引机以同样的速度运转；光缆牵引至接续人孔时，应留足够接续及测试用的长度。

② 人工牵引敷设

在管路复杂、不能使用牵引机或没有牵引机时，可采用人工牵引方式完成光缆的敷设。人工牵引需有良好的指挥人员，使前端集中牵引的人与每个人孔中辅助牵引的人尽量同步牵引。

4. 人孔内光缆的固定

（1）直通人孔内光缆的固定和保护

光缆牵引完毕后，应将每个人孔中的余缆沿孔壁放置于规定的托架上，一般尽量置于上层，采用蛇皮软管或PE软管保护后，用扎线绑扎使之固定。

（2）接续用光缆在人孔中的固定

人孔内供接续用的光缆余留长度应不少于8m，由于接续往往在光缆敷设完成几天或较长的时间后进行，因此余留光缆应按以下方式盘放：

① 光缆端头作好密封处理，为防止光缆端头进水，应采用热收缩帽对端头作密封处理。

② 余留光缆应按弯曲半径的要求，盘圈后挂在人孔壁上或系在人孔盖上，注意端头不要浸泡在水中。

5.4.7 直埋光缆敷设

1. 直埋光缆敷设特点

长途干线光缆工程主要采用直埋敷设。其主要特点是能够防止各种外来的机械损伤，而且在达到一定深度后地温较稳定，减少了温度变化对光纤传输特性的影响，从而提高了光缆的安全性和传输质量。

由于直埋光缆多用于地域宽阔的野外敷设，适用于机械化或很多人同时施工，因此光缆盘长可达2～4km（一般盘长为2km），减少了光缆接头，有利于降低全线路损耗，但同时也对光缆提出了更高的要求。

2. 直埋敷设对光缆的要求

（1）由于直埋光缆埋深达1.2m，并且通常为大长度敷设，因此要求光缆有足够的抗拉力和抗侧压力，以适应较大的牵引拉力和回填土的重力。

（2）应有良好的防水、防潮性能，以适应地下水和潮湿的长期作用。

（3）光缆护套应具有防鼠、防白蚁、防腐蚀性能，避免老鼠、白蚁的啃咬破坏和化学侵蚀。（注意：在老鼠、白蚁高发区应选用耐老鼠、白蚁护层；普通光缆没有防老鼠、白蚁性能）

3. 直埋光缆的敷设方式

（1）直埋式光缆线路的敷设工作流程如图5-20所示

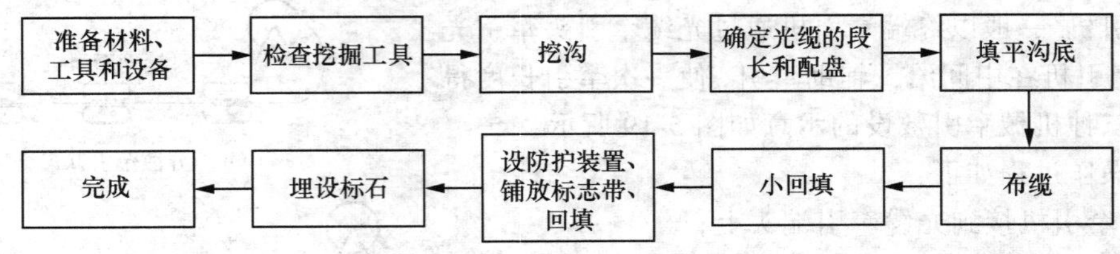

图5-20 直埋式光缆的敷设工作流程

（2）开挖光缆沟

① 挖沟应尽量保持直线路径，沟底要平坦，不得蛇形弯曲。

② 沟深要求。对于不同土质和环境，光缆埋深有不同的要求，施工中应按设计规定地段的地

质情况达到表 5-5 中的深度要求。对于全石质路径，在特殊情况下，埋深可降为 50cm，但应采取封沟措施。光缆沟的横截面如图 5-21 所示，光缆沟底部宽度 W_b 随光缆数目而变，如表 5-6 所示。

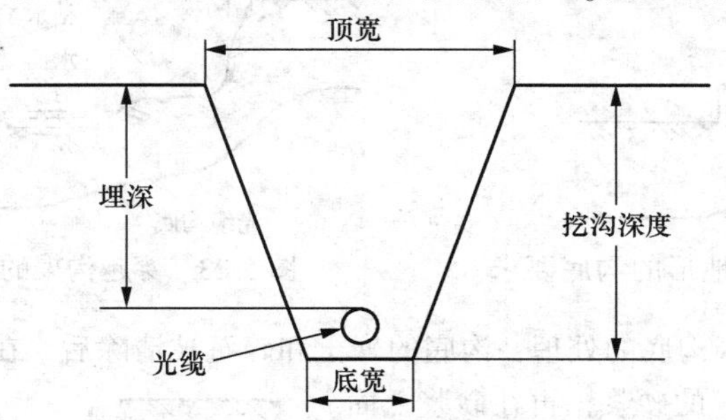

图 5-21　光缆沟的横截面法示意图

表 5-5　直埋式光缆的埋深

敷 设 地 段	埋深（m）
普通土、硬土	≥1.2
半石质（砂砾土、风化石）	≥1.0
全石质、流砂	≥0.8
市郊村镇	≥1.2
市区人行道	≥1.0
穿越铁路（距道碴底）公路（距路面）	≥1.2
沟、渠、水塘	≥1.2

表 5-6　光缆数目与底宽

光缆数目（条）	底宽（cm）
1 或 2	40
3	55
4	65

③ 起伏地形的沟深要求如下。

光缆埋地敷设时会遇到梯田、陡坡等起伏地形，这些地段挖沟时不能随着梯田或陡坡挖成直上直下成直角形的沟底，否则会出现光缆腾空及弯曲半径过小的情况。应在陡坡两侧适当加深，使沟底成缓坡（见图 5-22），这样即可保证埋地深度也不会使光缆腾空并符合光缆弯曲度的要求。

④ 穿越沟渠的挖沟要求如下。

当采用截流挖沟时，光缆沟的深度要从沟渠水底的最低点算起．在沟渠两侧的陡坡上，应挖成类似起伏地形的缓坡。坡度应大于光缆标称弯曲半径的要求，在沟渠两侧应按设计要求作“S”弯处理。穿越沟渠的光缆沟底如图 5-23 所示。

部分地区底宽可为 300mm，光缆沟的顶宽 W_a 可用式（5-1）来计算。

$$W_a = W_b + 0.1D \tag{5-1}$$

其中 D—光缆的埋深（cm）。

注：底宽和顶宽根据各地实际情况而有所不同。

⑤ 沟底处理如下。

a. 普通土质地区沟底的处理：挖沟完成后，在沟底填一层优质沙或软土（厚约 10cm），作为光缆地基。用木夯或机夯夯实。

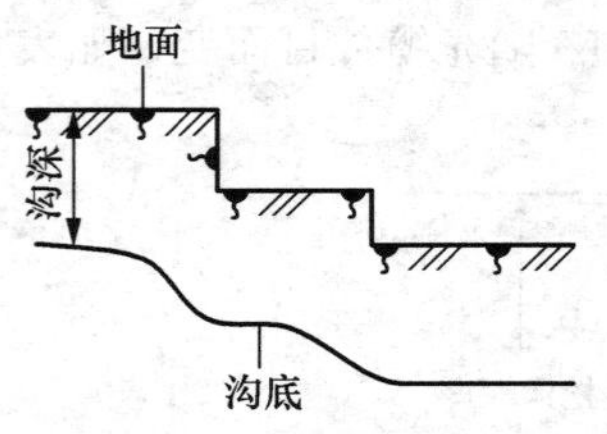

图 5-22　起伏地形的沟底要求

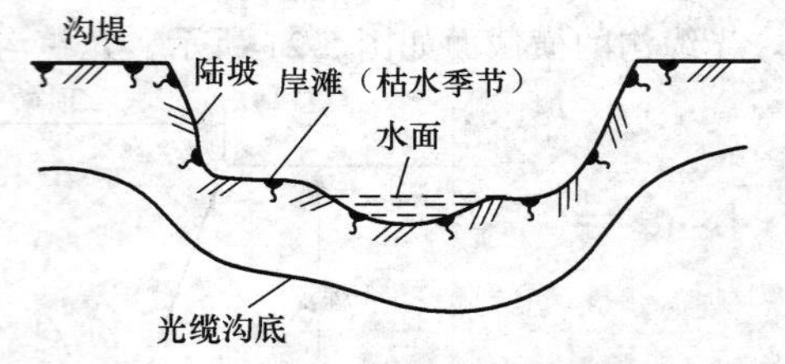

图 5-23　穿越沟渠的光缆沟要求

b. 风化石和碎石地区沟底的处理：沟底的软土和碎石被清除后，在软土和碎石构成的切削面上填一层厚度最小为 5cm 的砂浆，再在砂浆上面填一层约 10cm 厚的优质沙或软土，并且要夯实。

c. 石质地区沟底的处理：挖到所需深度后，清理表面，然后铺上砂浆（1:4 水泥和荒沙的混合物）、石质地区沟底的处理，如图 5-24 所示。

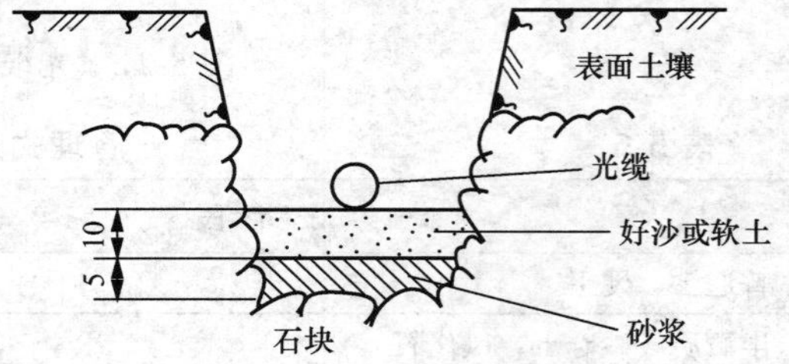

图 5-24　石质地区的沟底处理示意图

⑥ 穿越障碍物路由的准备工作如下。

长途直埋光缆在敷设过程中，路由中会遇到铁路、公路、河流等障碍物，应视具体情况在光缆敷设前做好准备。

（1）预埋管：光缆路由穿越公路、机耗路、街道时，一般采用破路预埋管方式，即先挖出符合深度要求的光缆沟，然后视路面承受压力的情况，埋设钢管或硬塑料等。

（2）顶管：光缆路由穿越铁路、重要公路、交通繁忙要道口及不宜搬移拆除的地面障碍物，不能采用挖沟方式时，可选用顶管方式，用液压顶管机由一端将钢管（或 PE 子管）顶过去。

（3）架设过桥通道：光缆埋设路由上有时遇到桥梁，大型桥梁一般都有电缆槽道，敷设光缆时在桥两侧预留作“S”弯即可。对于一般桥梁则应另行设计架设过桥通道。

4. 光缆敷设方法

（1）移动光缆盘敷设：在机动车辆能接近光缆沟的地段，将光缆载在卡车平台上，以千斤顶托起，或用光缆专用运输工具，准备好导向滚轮，确保光缆所受张力不超过允许值，并由张力仪监控。

（2）固定光缆盘敷设：在机动车辆不能接近光缆沟的地段，光缆盘以千斤顶托起，适当配置滚轴，用人工或绞盘将光缆拉入光缆沟。

（3）人工抬放敷设：山区、丘陵地带斜坡多又无道路的情况下，采取将整盘缆盘成若干个“∞”形，由多人分抬，同步前进敷设。

5. 光缆沟的预回土和回填

（1）必须把光缆放在厚为 10cm 的沙质基底上，然后填上 10cm 厚的软土，之后每回填 20cm 厚的土壤用夯实机或其他夯实工具彻底夯实。为了避免光缆损坏，在光缆附近必须使用无石头的土。

（2）在碎石地区，用上述类似的方式回填，但必须预先从回填土中除去由爆破产生的刃形碎石。如果敷设工地上的回填土无法利用，必须从其他地方运来适宜的沙或土。

（3）在硬石地区，混凝土层回填的好沙或软土上面一直铺到沟中岩床的上缘，并使混凝土与岩床之间有良好的粘合力。

6. 光缆路径标志

（1）光缆连接位置；

（2）沿同样路径敷缆位置改变的地方；

（3）敷缆位置改变的公路处的分支位置和交叉位置；

（4）从河床下穿过时河床边缘处埋设光缆的上方；

（5）走近路方式埋设光缆的弯曲段两端；

（6）与其他建筑靠近的光缆位置；

（7）为便于光缆维护而必须定位的其他点，或由于其他原因，至少 200m 有一个标志的地方。为了长年使用，光缆标志必须耐风化，并在清楚的表面上标上必要的数据。

5.4.8 建筑物内光缆敷设

1. 建筑物内光缆敷设特点

（1）建筑物内光缆路径多比较曲折、狭小；

（2）一般无法用机械敷设，只能采取人工敷设方式。

2. 建筑物内敷设对光缆的要求

无论是埋地光缆还是架空光缆一般均可在建筑物内敷设。但特殊情况下应使用阻燃型光缆或无金属光缆。进局光缆要注意防雷、防火等。

3. 建筑物内光缆的敷设方式

（1）一般由局前孔通过管孔内预放的牵引绳牵引至进线室，然后向机房内布放。

（2）上下楼层间一般可采用预先放好的绳索与光缆连接，再牵引上楼。

（3）拐弯处应有专人传递，确保光缆的弯曲半径。

（4）建筑物内光缆的长度预留。

（5）普通型进局光缆，进线室预留 5～10m，机房内预留 8～10m。

（6）阻燃型或无金属进局光缆，进线室内连接用预留 5～8m，机房内预留 15～20m。

注：光缆预留根据设计图纸具体而定（一般不超过 20m）

5.4.9 光缆接续

1. 光纤接续方式

光纤接续一般可分为固定接续（俗称死接头）和能拆卸的连接器接续（俗称活接头）。

光纤固定接续是光缆线路施工与维护时最常用的接续方法。这种方法的特点是光纤连接后不能拆卸，如光缆直熔等。光纤固定接续有两种方法：熔接法和非熔接法。目前光纤的固定接续大都采用熔接法。这种方法的优点是连接损耗低、安全可靠、受外界因素的影响小；缺点是熔接使用的机具较贵。

连接器接续（如光纤跳线）中连接器通常由一对插头及其配合机构构成。光纤在插头内部进行高精度定心，两边的插头经端面研磨等处理后精密配合。连接器中最重要的是定心技术和端面处理技术。连接器的定心方式分为调心型和非调心型，目前最常用的是非调心型为主。

2. 光缆现场接续技术要求

（1）接续时连接盒内光纤应作永久性标记。

（2）光缆的接续方法和工序应符合不同接续器件的工艺要求。

（3）光缆接续应有良好的接续环境，一般应在车辆或帐篷内作业，以确保熔接设备正常工作。

（4）光缆接续余留长度和连接盒内光纤的余留分别为：连接盒外光缆余留每端不少于 6m，连接盒内光纤余留每端不少于 0.6m。

（5）每条光纤通道的平均接续损耗应达到标准规定的值。

3．光缆接续放置的规定

（1）架空光缆的连接盒（直通式）一般安装在杆旁（帽式固定在杆上）光缆余长应盘在相邻杆上；

（2）管道人孔内光缆接续及余留光缆，应尽量固定在人孔内最高一层托架上，以减少雨季时人孔内雨水的侵蚀；

（3）地埋光缆的接续坑，应于该位置地埋光缆的埋深相同，坑地应铺 10cm 厚的细土，连接盒上方应加盖水泥板保护，然后回填。

5.4.10 通信光缆线路的防护

光缆敷设应考虑防雷电、防火、防强电、防蚀、防鼠害、防白蚁等保护措施。

如含有金属构件（如：铜导线、金属铠装层等）的光缆应该考虑雷电的影响，雷电对地时产生的电弧，会将位于电弧区内的光缆烧坏、结构变形、光纤碎断以及损坏光缆内的铜线；当有金属的光缆线路与高电压电力线路、交流电气化铁道接触网、发电厂或变电站的地线网、高压电力线路杆塔的接地装置等强电设施接近时，需考虑由电磁感应、地电位升高等因素对光缆内的铜线与金属构件所产生的危险和干扰影响；光缆进室要考虑防火、防雷等因素；直埋、管道光缆要充分考虑到腐蚀、鼠害、白蚁带来的危害（普通护套料光缆并不防鼠、防白蚁）。

光缆线路的防护要充分考虑上述因素，并应按照相应的施工规范采取必要的防范措施。参见本地通信线路工程验收规范<YD/T 5138-2005>。

注：本地通信线路工程中，光缆进局站的防护非常重要，需要严格按照施工指导进行。

5.5 通信电缆线路工程施工指导

从工程施工技术来看，光缆与电缆工程并没有根本区别。只是电缆在张力，抗侧压方面比光缆要强。电缆单盘长度也远远小于光缆盘长。光缆标准出厂盘长为 2km，而电缆盘长一般为 250m，最多不超 500m。盘长小增大了接头和故障几率，不利于维护。电缆的测试技术相对来说简单很多，而且测试结果也相对更准确。

光电缆的敷设有相通之处，敷设方式没有多少差别，差异在于具体的敷设方法上。

5.5.1 架空电缆的敷设

架空电缆是将电缆架挂在距地面有一定高度电杆上的一种电缆建筑方式。与地下电缆相比，虽然较易受外界影响，不够安全，也不美观，但架设简便，建设费用低，所以在离局较远，用户数较少而变动较大，敷设地下电缆有困难的地方仍被广泛应用。

架空电缆一般采用 300 对以下的全塑电缆。由于电缆本身有一定的重量，机械强度较差，所以除自承式电缆外，必须另设电缆吊线，并用挂钩把电缆托挂在吊线下面。

1．架设电缆吊线

（1）电缆吊线程式和选用

电缆吊线一般为 7/2.2，7/2.6 和 7/3.0 的镀锌钢绞线，这三种钢绞线的物理性能如表 5-7 所示。

表 5-7　　钢绞线特性表

钢绞线程式 股长/线径	外径（cm）	单位强度 （kg/mm^2）	截面积（mm^2）	总拉断力（kg）	线重（kg/km）
7/2.2	6.6	120	26.6	2930	218
7/2.6	7.8	120	37.2	4100	318
7/3.0	9.0	120	49.5	5450	424

选用吊线程式应根据所挂电缆重量、杆档距离、所在地区的气象负荷及其发展情况等因素决定。

（2）吊线夹板装置

电缆吊线一般采用三眼单槽夹板固定在电杆上，夹板在电杆上的位置，应能使所挂电缆与其他建筑物接近或交越时符合一定的最小空间垂直距离。

（3）布放吊线

布放吊线时，应先把已选择好的钢绞线盘放在具有转盘装置的放线架上，然后转动放线架上的转盘即可开始放线。

放钢线的规格要求

① 布放钢线时，发现吊线有跳股，结合松散等有损于吊线机械强度的伤、残应排除后，重新接续后再放。

② 钢线一但发现受损，在任何情况下，一挡内不得有一个以上的接头。

③ 放钢线尽可能使用整条钢线，尽量减少中间接头。

④ 电缆吊线接续应采用套接（俗称环接），套接两端可选用钢绞线卡子，夹板另缠法，但两端必须用同一种方法处理，规格尺寸与吊线终结相同，如图 5-25 所示。

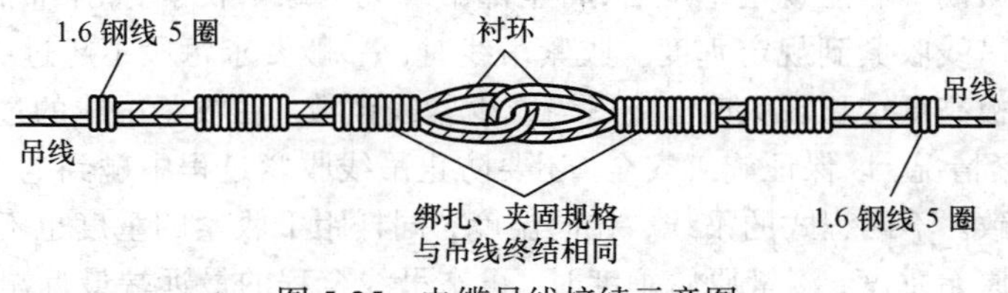

图 5-25　电缆吊线接续示意图

⑤ 钢线收紧后，对于角杆上的吊线，在背杆拉力情况下，应根据角深大小做辅助装置（辅助法）。

⑥ 凡角深在 15m 以上时，不能在做辅助结，而要做钢线终端，和上条拉线，且拉线地锚锚位都要做内移 60cm 为八字拉线。

⑦ 在个别特殊情况下，电缆吊线坡度变更，超过杆距 5%小于 10%时，这样的电杆应作吊线仰俯装置。

⑧ 两条吊线十字形交叉时，且吊线高度相差在 40cm 以内时，应再交叉点作“十字”结。两条吊线程式相同时：主干线路吊线应置于交叉的上方；吊线一大一小交叉时，程式大的吊线应置于下方。

⑨ 线路分歧式线路转角在特定情况下，需做丁字结。

⑩ 电缆吊线当相邻杆档负荷不等时，或在 30 挡以上的线路终端杆前的泄力杆上，吊线应作

假终结。

吊线终结的作法可采用，钢线卡子，夹板和另缠法，但需根据设计图纸和甲方要求而选择采用。同层两条吊线在一根电杆上做终结时，可按设计规定作合乎终结其方法和终结相同。电缆吊线拉手结作法。吊线长杆档按照设计规需作辅助吊线，正、副吊线连结方式如图 5-26 所示，如设计有特殊要求按设计要求执行。

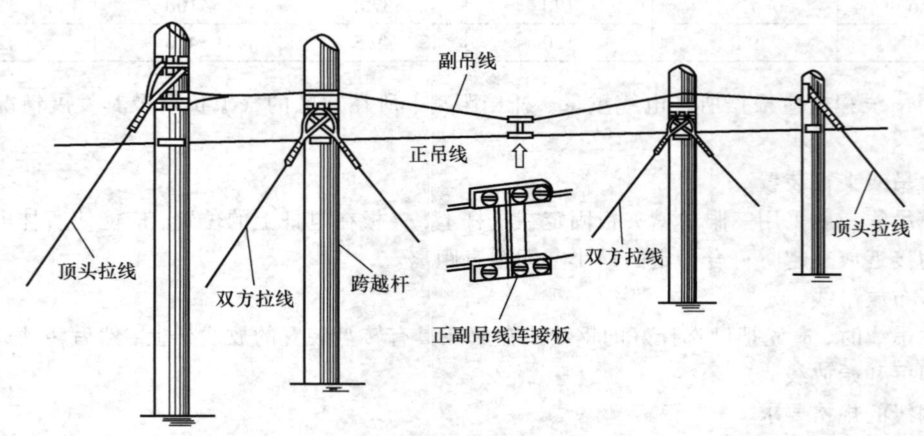

图 5-26　长杆档示意图

（4）收紧吊线

吊线布放后，即可在线路的一端做好终结，在另一端收紧。收紧吊线的方法可根据吊线张力、工作地点和工具配备等情况而定，一般可采用紧线钳，手拉葫芦或手搬葫芦等来收紧。具体方法是：先将吊线夹板全部螺帽松开，吊线一律放在吊线夹板线槽内，然后用紧线钳将吊线初步收紧，再用手拉葫芦或手搬葫芦收至规定垂度后，将全部吊线夹板螺帽收紧。如果布放的吊线距离不长，可直接用紧线钳将吊线收紧到规定垂度。收紧吊线时，一般要求每段不超过 20 杆档。如杆路上角杆较多或吊线夹板高低变更较大时，应适当减少紧线挡数。在收紧吊线的过程中，应检查终端杆，角杆拉线的收紧情况，以保证施工安全。还要防止吊线收紧过程中碰到电力线或其他建筑物。各挡吊线垂度应一致。不同程式的吊线，在同温度，同杆距下收紧的垂度也不同。这里所指的垂度为架挂电缆前的原始垂度，测量原始垂度时，可在吊线全程的最远端最近端和中间处分别用垂度规并配以温度计进行测量。

① 各个杆档的钢线垂度要均匀，注意由于季节的不同要求松紧垂度也要不同。一般是冬季收得紧些，夏天要收松些。

② 测试收紧垂度，原则上要使用垂度轨，习惯上是用 8 英寸钳试效弹性，或在中间取挡钢线中间吊一根绳子，一个人的试吊一下钢线垂度（不应下垂太大为准）也不站在钢线中段侧面 25～30cm 平视垂度，以无下垂为准。

2. 挂卡钩

（1）挂卡钩的规格要求

① 电缆挂钩一般按电缆外径使用；

② 电缆钩间距离为 50cm；电杆两侧上次钩距电杆吊线支持物边缘为 25cm；

③ 电缆卡挂后应平直，不得有机械损伤，挂钩托板应齐全，电缆直走向。

电缆挂钩的选用应符合如表 5-8 所示。

表 5-8　　电缆挂钩型号适用表

电缆外径（mm）	挂钩程式（mm）
12 以下	25
12～28	35
19～24	45
25～32	55
32 以上	65

（2）挂卡钩操作规程

① 使用坐板挂卡钩，要两人配合，一个人在杆上作业，一个人照顾安全兼顾其他配合工作。

② 首先作好准备工作，用工具袋装好卡钩，并用铁线作一个尺子，在 50cm 处，拗一个弯，坐板每滑动一次，在 50cm 处卡一个挂钩。

③ 用梯子挂卡钩要有两人扶梯子，随挂钩人员移动而移动梯子。

（3）挂钩安全事项

① 使用吊板挂卡钩，登高前应检查各部件是否齐全良好，并紧好安全带。

② 吊板必须跨越障碍物时（如电力线，电灯线等），用梯子支撑，吊板到梯子处下来，过了障碍物到另一端再上去。

③ 在屋顶上挂卡钩要注意屋顶牢固情况。凡是在瓦房，石棉瓦等建筑物上行动，必须走在瓦背，或石棉瓦穿钉上，以免踏空跌下。

④ 凡是钢线一端或两端的终端和拉线上，或跨越电力线时，均不可使用吊板。

⑤ 在跨越铁路的钢线上挂钩，火车驶来时要暂停工作。

3．放电缆

（1）放电缆规格要求

① 电缆不可有机械损伤，如压扁、刮痕、折裂、扭绞等。

② 拗弯电缆要符合曲率半径的要求，要有适当的孤度，以免伤及芯线。

③ 电缆锯断应及时将缆头封好，防止受潮。

④ 电缆放好后应力求平直，不要有明显的起伏，扭绞现象。

⑤ 在铁路，河面上空不要放置电缆接头，繁忙路口也尽量少放接头以方便施工和维护。

⑥ 电缆接头距电杆表面，至少要有 60cm 距离。

⑦ 两条电缆相接，相重叠长度约为 70～90cm。

（2）放电缆操作规程

① 首先要将电缆盘装在拉车式千斤上，使电缆盘能自由转动，电缆出头应从盘的上头引出，支撑电缆盘的位置尽量与线路成直线。

② 电缆经过背杆拉力角杆时，要在电杆两侧 25～30cm 处各挂小滑轮一只，以防牵引时刮伤电缆。

③ 电缆经过向杆拉力角杆时，电杆上要垫软物。

④ 放电缆时要用旗一语手式，手持电语等，原则上要在施工中统一指挥。

⑤ 采用挂钩内牵引电缆时，卡钩的死钩应逆向牵引方向，以免在牵引时卡钩移动。

⑥ 采用动滑轮牵引电缆时，同时将卡钩按规定一起卡好。

⑦ 采用定滑轮以机械动力牵引电缆时，一般在吊线上角隔 5～7m 挂一只小滑轮，并将绳索

入滑轮内，牵引时，速度要均匀，稳起稳停，电缆头要有人跟随，发现问题及时处理。

5.5.2 管道电缆的敷设

1. 穿放管道电缆

（1）检查电缆：为保证工程质量，电缆穿放之前必须认真测试电气性能，并保证合理气压，24 小时无气压降时，则证明外护层良好。

（2）核实管孔，根据施工图要求，在布放电缆之前，必须核实管孔如确因布放电缆后，排列杂放，重叠式交叉，并影响其他管孔以后使用，可以改管孔，但要在图纸上更正、记录。

（3）核实井距（段长）为了放电缆的长度准确，必须核实准确每井距离（以每两个地井中心距为准），并做好详细记录，为电缆配盘做准备。

（4）电缆配盘的长度以核实井距的长度，但需要加上井孔内电缆拗弯，接头的实际长度，以及特殊地井所需的长度。

（5）清刷管道：清刷管道的目的在于为穿放电缆排除障碍，步骤如下：

① 首先将人孔封堵管孔的物品清除，将管孔内物清除，并将管口的毛刺清除，以防刮伤电缆。

② 用带钩子的穿孔器，从管孔的一端通向另一端，如管道过长，可以用带钩子的穿孔器，两端对穿，边通边绞，感到搭上时，在一端穿孔器尾部，缚住铁线，边扎穿孔器，边将铁线放入管孔。

③ 铁线穿入管道后，即可以用铁托（或铁管）及刷子清刷管孔。

2. 布放管道电缆规格要求

（1）穿放电缆前后不得压扁，刮痕及扭绞。

（2）布放电缆后，应及时封头，进行充气，并将电缆放在托架上，头朝上，吊扎起来，并在管孔四周，垫好丝棉。

（3）电缆拗弯要拗慢弯，尽量保持不瘪不偏，电缆走向要尽量不妨碍其他的管孔。

（4）如要装置引上铁管，要垂直美观，电缆穿放后，要及时固定在杆上或墙上。

3. 敷设管道电缆的操作规程

（1）电缆托车的位置

① 电缆托车要先安置在准备放电缆人孔的一侧，托车与井口的相对位置尽量保持直线。

② 如使用千斤顶支撑电缆盘，必须放稳，顶起电缆盘离开地面不宜过高。

③ 电缆的出头要从盘的上部出手，从盘上到管口一段电缆要保持自然均匀的孤度。

（2）牵引电缆工具

① 布放小对数电缆，可以用铁线直接拉动扎好网套的电缆。

② 布放大对数电缆要将电缆头依网套长度内在电缆头敲二道凹横后套入网套，用 2.0 铁线扎紧扎平。

（3）电缆牵引和润滑

牵引电缆之前要作好详细分工，井上、井下、绞盘车、托车等处都要有专人负责。具体如下：

① 电缆进口人孔一端

井下工作人员负责放置铜口和弯铁，抹润滑剂，铝缆用凡士林，塑缆用滑石粉，并看守电缆进入管口，井上工作人员要将电缆拖出一段和钢丝绳相连，垫好井口，准备工作就绪，联络人员开始联络，如有情况及时下达暂停口令，开始牵引后，中间人孔如需放电缆，井下要有专人看护，保证电缆出井时不伤，如相对管口不平行，要受力的一侧垫上弯铁。

② 电缆出口人孔一侧

井下人员予先放好弯铁监护电缆出口，电缆出口后即通知绞盘暂停，根据接口位置和拗弯所需长度，决定再拉和不拉。如无问题并通知进井端牵引完毕，进口端也要量好尺寸再将电缆锯断。

③ 汽车绞盘在开始牵绞时速度要稳而慢，待电缆进入管孔后，正常情况下速度可以稍快，但尽量避免间断性顿挫，防止挫伤电缆。

④ 电缆放妥之后，要拗好平放在电缆支架上将余端吊扎起来，将电缆一端封圈头，一端封焊气门嘴进行充气保气，以便日后接续时检验。

⑤ 穿放人孔至电杆或墙壁引上电缆，先量好距离将电缆锯断进行寄放出上管后要将电缆固定防止拗伤，根据条件也可以从上往人孔内寄放。

4. 穿放管道电缆安全事项

（1）打开人孔就要设置安全围挡，在交通繁华的市区必须要注意来往车辆安装醒目的安全标志，夜间必须设红灯。

（2）进入人孔工作前，要打开井盖进行通风，经确认无有害气体之后再下井工作。

（3）井下有人工作，井上要有人值守，凡传递工具器材应避免掉入井内，电缆进口地井内工作人员双手不要戴手套，不要靠近管。

（4）铜口接逢要水平方向放置，弯铁放置要在受牵引力一侧，使电缆由弯铁中孤形内通过，弯铁滑脱倾斜要停止牵引，以免伤害电缆。

（5）使用汽车绞盘牵引电缆时，要对劝阻行人跨越、靠近，看护人员也要站在钢丝绳的上风，防止钢丝绳崩断伤人。

（6）电缆盘上人员要站稳，关注电缆外皮有无折痕，电缆入井要保持适当孤度，不使电缆碰到井口。

（7）开启人手孔盖，要用地井钥匙，翻转井盖要注意行人和自己的手脚。

（8）上下地井要使梯子，严禁脚踏电缆及支架上下，工作完毕后要检查一下，其他设备情况，无问题后，再盖上井盖。

5.5.3　埋式电缆的敷设

1. 电缆沟的规格要求

（1）电缆沟要平直，与中心线左右偏移不可太大。

（2）弯曲的沟要符合电缆弯头的孤形，不可急转弯。

（3）沟的深度要看地下各种设备的情况而定，是否铺砖保护，按设计要求。

（4）埋式电缆经过斜坡（约 30° 以上）沟应与斜坡顺势挖，过高的斜坡，最好把沟挖成“S”弯，以减少电缆混力。

（5）缆沟通过非经常疏浚的干涸河沟的深度，应与岸上规定的深度相同，特殊情况下，也不得小于岸上度的 2/3，并加钢管保护跨越道路的埋式电缆要敷设钢管保护，如通过航行的沟道，其深度应根据航道管理单位要求办，一般应在床下 0.5m 保护。

2. 接头坑的规格

（1）埋式电缆接头坑的深度应和缆沟深度相同，宽度视土质和电缆接头多少而定，一壁要挖成梯形以利操作。

（2）线路较远的埋设电缆，接头坑应挖在顺线路的一侧，但靠近道路时接头坑要在道路的内侧。

3. 埋设电缆的敷设规格

（1）埋式电缆为可急转弯，电缆弯头的弯曲半径不得小于电缆外径的15倍。

（2）电缆接头的两端除按一般规定留长外，还要多留一些，因为要打S型弯或弯孤形。

（3）两条以上电缆同沟布放时应平行排列不可交叉。

（4）电缆与其他管式建筑物平行、交越时，其安全距离应符合下表：

（5）埋式电缆通过铁管后，管口电缆的四周要垫丝棉后用水泥封固。

（6）埋式电缆引入人手孔，电缆进入人孔的壁洞口要用丝棉垫后水泥封固，并放在支架上。

4. 埋式电缆保护装置的规格

（1）埋式电缆如需铺砖保护时，应先铺过10cm细土后，再铺砖，一条电缆竖铺，二条电缆横铺。

（2）埋式电缆穿越各种管线设备时，均应在穿越处铺砖保护和铺保护钢管。

5. 埋设标石

（1）标石位置通常埋设在如下地方。

① 临时接头处；

② 路由转弯处；

③ 暗式入井处；

④ 规划地区准备电缆处；

⑤ 直线距离每300m处。

标石埋设在线路一侧，一般离电缆水平距离为1m,（也有埋在接头正上向）标石的符号和编号应面向道路。

（2）埋式电缆的充气点和气门处，也应埋设气门标石。

6. 埋式电缆回土夯实要求

（1）回土之前要将埋式电缆的位置、尺寸丈量并做好记录。

（2）回土先回约20cm，待气压平稳后，再正式回土夯实。

（3）回土要分层夯实，大约每30cm夯实一次，夯实之后，要求高的路面要与道路平，一般要稍高出路面5～10cm。

7. 电缆敷设

（1）敷设之前的准备工作

① 敷设电缆之应再一次检查电缆电气性能，和保气气压值，气压值下降或无气压严禁敷设。

② 核实段长，合理安排接续地点。较大工程准备好分切点。

③ 检查、清理槽道，凡有铁管、障碍、大转弯的地方在布放时要指定专人现场值守，做好保护措施。

④ 分工明确，要有专人指挥，牵引，穿越障碍，监护电缆，及汽车绞盘和托车等。

（2）敷设埋式电缆的方法

① 汽车绞盘牵引法

在地形有条件的地方，地段敷设电缆可以充分利用汽车绞盘进行牵引，具体作法是：先将电缆托车或千斤支撑电缆停在沟槽障碍较少，容易停靠的地方，扎好梭子和汽车钢丝绳相连，为使电缆不扭转，一定在钢丝绳和电缆头联结处加转环，进行牵引。如穿越障碍较多也可采用沟内牵引的方法，先将钢丝绳牵过障碍。在无障碍处可将电缆放在沟边最后一次放入沟中。

② 人工布放法

在没有条件使用机械敷设的地方，利用人力进行敷设，组织要合理，一般4～5m一个人扛在肩上，沿沟槽向另一端布放，最后导入沟中时要从接头处一端逐渐导入沟中，以免多出电缆后，再进行托拉。

（3）埋式电缆安全事项

① 挖沟之前要事先办妥各种手续，并征得各方面同意，了解地下设备情况，必要时请有关方面进行配合。

② 在邻近或地下确知有管线设备时，使用大川、铁铣要轻而稳，特别到一定深度后要慢而轻地挖。

③ 沟槽经过路口胡同口时，应尽快复土，暂时不能复土应铺设钢板路口施工要设明标志，夜间要设红灯。

④ 布放电缆经过路口胡同口，要有专人监守，路边要紧靠人行道界，以免车压。

⑤ 电缆导入沟中不可乱放要顺势轻放，平直的放入沟底，两条以上电缆不可重叠，放好要顺沟槽检查一遍。

⑥ 布放高频电缆和全色塑全塑电缆要注意 A、B 端不能搞错，布放后要充气，保气，发现气压不稳应及时查找后再保气。

5.5.4 墙壁和室内电缆的敷设

1. 墙壁电缆的规格要求

（1）沿墙划线的要求

① 为使墙上的电缆装的平直，无弯曲现象，必须先在墙上临时拉一条麻线，沿线标出打洞的位置，距离要相等，洞要成直线。

② 木板条灰墙上成的位置应选在有板或柱子的地方，以保证电缆牢固。

（2）墙上打洞的要求

① 洞形要正直，膨胀螺栓套管要全部进口墙内，洞口不要敲碎，洞深要超过螺栓套管。

② 打洞时要尽量少破坏墙面，洞打好后要打扫干净，进行修补。

③ 电缆由室外引入室内或从一间屋引入另一间屋打墙洞或地板洞要比电缆直径略大，必要时要装置穿保护管，电缆放好后要用水泥及时封塞。

（3）敷设墙壁电缆的要求

① 钢线与墙壁平行或垂直时，钢线终端均应采用终端支持物。

② 钢线电缆沿墙架设，中间支持物距离为 8～10m。

③ 钢线电缆应与其他管线保持一定距离。

④ 挂钩程式应与钢线和电缆程式相附，钢线终端参照架空吊线终端卡钩卡距为 50cm。

2. 室内电缆

（1）室内电缆路由，应根据设计要求进行选择，一般可采用沿墙钉固和塑料板槽内布放。

（2）确定分电位置的注意事项

① 分电盒装设要考虑电缆接续和日常维护方便。

② 要装在比较隐蔽又安全的地方，尽量远离潮湿和电力设备较多的地方，及行人经常穿越的地方。

（3）电缆接头的重叠长度

① 一字形接续电缆重叠长度为 60～90cm。

② Y 字形接续电缆重叠长度要稍长一些。

（4）室内电缆的装置要求

① 电缆装置在墙上，因墙壁材质不同，打眼固定方式也不同，应根据实际情况而定。

② 电缆在顶棚天花板内敷设，应尽量走边，为减少距离，有时短距离可沿天花板敷设。

③ 电缆在越墙壁和地板处的方法同吊线式电缆相同，但穿过地板引上时，要按规定装设引上铁管。

④ 办公楼一般有暗线设备，电缆要经暗管布放。

3. 墙壁室内电缆布放施工安全事项

（1）布放电缆应尽可能保持平直，不可压扁、折伤。

（2）布放电缆如墙壁上有其他管线等障碍物要穿越时，应远离障碍物一端开始布放，尽量缩短穿越障碍物的距离。

（3）在灯线、电力线附近敷设墙壁电缆要做好安全措施防上触电事故，在地板和水泥地面工作时，扶梯要有专人保护。

5.5.5 分线设备的安装

1. 分线箱的安装规格

电杆上的分线箱应安装在用户方向，高度距钢线下 80～100cm。

2. 分线盒的安装规格

分线盒一般安装在电杆或墙上，电杆上安装方法与分线箱相同，也要面向用户，其高度在钢线下 60cm 墙上示情况而定，一般距钢线也是 60cm。

交接箱应装在线路的 H 杆或墙上，落地及室内。

3. 上杆钉的装置

在装有分线箱，交接等同的电杆上均应装上杆脚钉，上杆脚钉应装在线路进行方向的电杆侧面，以便操作，上下杆。

（1）上杆钉的距离一般规定从地面向上 2m 开始，每 45cm 装置一根上杆钉，交错互成 120° 角。

（2）水泥电杆上钉装置要平正，铁箍踏板要牢固。

5.5.6 通信线路的引入装置

1. 电缆的引入

（1）用户线较多时，为减少障碍，布线整齐，可采用电缆直接引入。

（2）架空引入电缆由电杆至用户房屋，必须两端作钢线终端，电缆由钢线引入用户交换机式分线设备。

（3）有时为用户建筑物的美观，适应用户要求而采入地下引入。

（4）引入电缆在墙壁上的敷设方法和规格示墙壁电缆相同。

（5）埋设引入电缆，如跨越道路，必须敷设过路铁管，方式和规格示埋式电缆相同。

2. 皮线引入的规格

（1）皮线引入应从距用户最近的分线设备引入，但皮线自分线设备到用户第一个支持物超过 35cm 距离，应适当在中间加设支持物。

（2）用户引入线的一个支持物要视具体情况保持与地面的垂直距离，应不小于 5m。

（3）皮线引入至用户房屋，应根据建筑物构造选用支持物作支撑点。

① 单眼墙担有两种，一种平面单眼墙担适用于砖结构平行墙缝；另一种扭转形单面墙担，它适用于砖结构房屋的墙缝。

② L 形线担，用膨胀螺栓固定在水磨石、大理石面墙体上，L 形线担也采用墙壁电缆中间支持物。

③ 用于插墙担或 C 形担上的支持物，为小双重隔电子和三沟隔电子。

④ 皮线自用户第一个支持物起，引至进线口，应尽量沿屋檐下、廊下不容易被雨水浸湿的地方直走。支持物间距一般不大于 7m。

⑤ 皮线由进线口进入用户房屋之前，要做皮线终端，如终端高于进线口则要在进线口外的线作一个“滴水弯”以防止雨水沿皮线进入室内。

⑥ 选择进线口，应尽量选在窗框上，门框上打眼皮线和室内线的接头要平角接头。

3. 室内线的装设

（1）皮线进入室内后即改接室内线，通常使用的是单芯和多芯，双股室内线接至话机。

（2）室内线装设以安全整齐，房屋美观为主，室内线的路由应尽量走挂镜线和踢脚板处。

（3）布放室内线应横平竖直，转角处应成直角，沿线每 50cm 用室内线钉钉固。室内线最好使用整段放线料，长度在 25m 以内的室内线禁止有接头。

（4）室内线与电灯线平行时间距应不小于 15cm，与暖气、煤气不小于 10cm 交叉处应包以绝缘胶布一至二层，易托磨处也要缠扎黑胶布。

5.5.7　通信线路的修理与拆除

1. 电杆更换

因各种原因需更换电杆，要看电杆上的设备情况和地形条件采用适当的方法，通常用以下几种供施工人员参考。

（1）一般电杆的拆除和更换

① 采用立新拆旧法，即先在旧杆一侧立好杆（顺线路），然后将旧杆上设备移倒到新杆上，将旧拔除即可。

② 如果旧杆有分线设备，最好采用在原位更换的方法，以免分线盒尾巴电缆不够长。

③ 原位换杆的方法，是先用两部竹梯搭“人字形”，在旧杆一侧将钢线托起，（使旧杆固定钢线支持物松动不再有支撑力为准）再将旧杆的分线设备拆除临时固定吊扎在钢线上，腾空后拆旧杆并在原位立新杆。

（2）角杆、终端杆的拆除调换

角杆、终端杆因角度关系和设备位置及线路强度关系，必须采用原位更换，具体方法如下：

① 角杆的更换

以外角转角角杆（向杆拉力角杆）为例，先在角杆的一侧开槽，将角杆杆根移向一侧，腾出原杆洞位置，然后松脱杆上钢线支持物，然后在杆梢（与杆根移动方向的一侧）用紧线虎钳，4.0 铁线套子，套住杆梢收紧虎钳使杆梢与移动后杆根垂直。让出旧杆位后，在立新杆，并做好拉线，正常收紧后拆除旧杆。

② 终端杆更换

终端杆因受设备部位和地形限制，也要采用原位换杆方法。先在终端杆后面顺线路直线上立一临时木杆，并做好三方临时拉线在从原终端杆前方 3～5m 处，放一条或数条与终端上原有钢线同规格的钢线。（条数以原杆上为准）用钢线夹板（三眼双槽）将新放钢线与原旧有钢线夹紧，牢固,至新立临时杆上收紧至原终端杆拉线松驰为准将原终端杆上设备利用上延长吊线折下吊扎牢固，将旧杆拆除后立新杆作好拉线将原设备复位，拆除临时杆。

2. 架空电缆拆除

（1）准备工作

① 拆除架空电缆之前，应先了解电杆，木杆杆根腐朽部分，水泥杆是否有裂纹，如果在拆除电缆时有可能发生不平衡现象，要在适当的杆挡做好临时拉线。

② 如有电灯、电力线和钢线交越，要用竹梯或绳子支撑和拉住钢线，以免拆除电缆时，钢线触及造成事故。

③ 在牵引电缆的一端，要在杆子上捆绑一个定滑轮。

④ 电缆拆除之前要将分线箱尾巴，电缆保护套吊扎处凡是与电缆牵连的障碍物都应拆除，较大角深的角杆要在电杆西侧各挂一只滑轮，如电缆较大，钢线较松，电杆西侧要拆除几个卡钩，以免刮伤电缆。

（2）拆除电缆操作

① 先核实图纸，确认是改空，应当拆除的电缆之后，在从一端开始，将电缆接口锯掉，套子绳子进行拆除。

② 在人力和汽车牵引下要速度均匀，防止过快、过猛。

③ 特殊情况下（如钢线严重腐蚀卡钩无底托），不宜长段拖拉缆时，可用块梯逐段把电缆从卡钩内腾出。

3. 拆除钢吊线

拆除钢吊线，是比较容易造成人身及设备事故的工作，一定要认真仔细相互密切配合，以免发生倒杆、触电事故，工作步骤如下。

（1）准备工作

首先认真查看全线路的设备情况，以及有哪些障碍，需采取安全措施，确定拆除钢线的方案及人员分工。

（2）拆除钢线的步骤

① 首先将直线路电杆上的钢线固定在物松端，并顺便朝准备松终端的方向拆除几只卡钩。

② 松掉沿途电杆上的所有辅助结，及其他攀住铁线上的障碍物，但所有辅助结未拆之前，都要用 4.0 铁线在电杆和钢线缠扎几圈，做好“临时保险”措施。对所拆钢线的电杆进行检查，以免发生倒杆。

③ 上述工作完成后，即要松终结，首先用紧线虎钳将钢线收紧，使终结松驰，用绳子围电杆缠二周，绳子的一端，在钢线夹板前用 1.6 铁线扎牢，另一端用人拉紧后，用大剪剪断钢线，慢慢松绳松掉紧线虎钳。

④ 钢线松下之后，即可逐杆将钢线由杆上用绳子放下来，碰到钢线在树上，不能完全拆除或因钢线严重腐蚀，以无利用价值，可逐挡用大剪断，钢线拆下后，应及时拉向安全的地点盘好圈，以免绊倒行人造成交通安全事故。

⑤ 在拆除钢线遇有电灯、电力线在钢线上面穿越要用绳子吊住，如在钢线下面穿越，要采取支撑措施，严禁拖磨。

⑥ 凡跨越街道、电力线、公路上方的钢线拆除时最好使用吊绳穿入卡钩内，用绳索将钢线牵引过来。也可用扶梯登高穿入。

⑦ 拆除电杆可用吊车及人工拆除，凡是电杆根部培土较实或被水泥封固时，要将电杆四周挖松，以减少阻力，如遇有卡盘或横木的电杆要挖出根部后再拆除。

4. 调换钢线

调换钢线，因调换距离不同（挡数）而采用不同的方法，以下分述调换钢线时要注意各种拉线地锚的检查，如是以前用钢线作的各种地锚一定要进行更换，只换拉线上部时，也要对地锚进行检查。

（1）多挡钢线调换的操作步骤

① 要认真看旧钢线的负荷和腐蚀情况，以及有哪些障碍要采取安全措施，并要了解终端杆是否有做新终端的位置，如果没有位置应首先腾出新作终端位置，使虎钳或吊链末端放松，松开抱匝移到适当位置，作新终端。

② 将钢线由每标杆上夹板内取出，用铁线将钢线吊在钢线夹板上边约 15cm 捆牢，腾空的夹板保持松开状态，以便布新钢线。

③ 调换新钢线和腾挂电缆的一般情况下，操作方法，规格要求相同，但要注意新钢线一定要放置在老电缆之间。

（2）少数几挡钢线的调换

① 少数档钢线调换，如一端离杆较近，可以一端做好钢线接头，另一端一起调换到终端杆收紧做新终端，（电缆腾挂好之后拆除旧钢线）这是一般习惯性做法。

② 如果调换少数几挡钢线离终端杆较远，可以两端接头。

5. 管道电缆拆除

（1）根据工作需要明确分工，凡清除人孔积水，锯电缆、盘电缆、量尺寸、封焊缆头、联络人员以及井上配合工作等都要指定一人至多人为主负责避免忙中出乱现象。

（2）根据设计图纸要认真核对拆除电缆的编号，占用管孔位置，查看无误后，将电缆接口两侧电缆锯开，并理直。一般使用钢丝网套，或临时网套，用汽车绞盘牵引。

（3）在管口的上部垫上弯铁，井口上与口相对的部位汽车绞盘钢丝绳的下面垫弯铁，汽车绞盘钢丝绳与电缆头处用卡环联连结，通知电缆另一端将电缆理直，拆除管口的封塞物。做好准备工作后，即可开始拔除电缆。如电缆拉力较大，可事先用吊链松一段。

（4）汽车牵引电缆时，车的停靠位置应尽可能让绞盘中心正对应拆电缆管孔，并与管孔成直线，工作人员不可离钢丝绳太近。

（5）如管道有坡度和弯度，应在离坡度和弯度较远的一端牵引电缆。

（6）电缆出后，要放置人行道边或安全地段，及时封头上盘，并记录好尺寸。

5.5.8　全塑电缆的敷设

上面以铅包电缆敷设方式为例。全塑电缆的敷设大体上与其一致，但在一些参数上和细节上不同。全塑电缆的敷设方式暂省略。

5.5.9　全塑电缆的芯线接续

1. 一般规定

（1）技术要求

① 电性能要求：接头完成后，接续电阻，绝缘电阻等均应符合规定要求。

② 机械性能要求：芯线接续后应具有一定的抗张强度和抗扭强度，当芯线承受一定程度的拉力时，接头不发生折裂和松动。

③ 接续质量要求：芯线接续应无断线、碰地、混线、绝缘不良等现象。

④ 应严格按照色带、色谱规定进行接续。

⑤ 严禁以绕接的方法接续全塑电缆芯线。

⑥ 严禁以三线接线子进行二线或四线接线。

（2）选用接续材料的规定

① 充气的电缆可采用无填充的接线子（模块）。

② 不充气的 200 对以上电缆应采用有填充的模块。

③ 填充型的，不充气的 200 对以下空气型电缆采用有填充的扣子接线子。

④ 扣式接线子、模块型号根据相应线径选用

2. 芯线接续时的防潮

（1）架空、挂墙接续的防潮

① 工间休息或夜晚停工时，需将接头先以聚脂薄膜包扎二层后，再以 4 英寸橡皮布包扎二层，最后以大塑料布罩住整个接头及两端电缆部分。

② 应避免在雨天、雾天进行芯线接续工作，如已进行芯线接续工作，包扎时应在接头内临时放置硅胶去潮。

（2）人孔接续的防潮

① 抽去人孔内积水，清洁人孔及人孔内杂物，堵塞管孔，防止管道内积水流入人孔。

② 以塑料布罩住接头上方，防止人孔顶板滴水，并在电缆切口以橡皮包布制成临时阻水带，防止水沿电缆流入接头。

③ 模块、接线子应打开一些，使用一些，再使用时再打开，模块更应使用一块，打开一块，防止受潮及刀片损坏。

④ 受潮的模块，接线子不得使用。

⑤ 潮汛、雷雨期间要准备好人孔圈。

⑥ 套管在封合前应以电吹风或硅胶等驱潮。

3. 芯线接续后的测试

（1）接头完成后的测试

需立即封合的接头应在接续过程中工接续后进行测试。

（2）试线段的测试

人孔内接头最多以后只为限组成试线段，加感段就是试线段，试丝段内接头完成后需进行测试。

（3）配线支缆封合前的测试

配线支缆接续完成后均需临时包扎，不得封合。待整条支缆的接续工作全部完成，进行支缆全程测试后，再进行封合及与引上电缆勿合拢工作。

（4）与成端合拢前的测试

与成端合拢前，应对整条电缆进行测试。

（5）与成端合拢后的测试

与成端合拢后应对电缆全程进行测试。

（6）屏蔽层的测试

芯线对号测试时，必须借用芯线与屏蔽层作回路，以测试屏蔽层是否接通。

4. 芯线改接

（1）采用接线子接续的改接

采用接线子接续的芯线改接方法与铅包电缆同。

（2）采用模块接续的改接

① 核对新电缆的色带、色谱。

② 核对老电缆的色带、色谱，并进行必要的测试。

③ 以 25 对为一次改接单元，打开模盖或模基，以改入线对调换改出线对。其余步骤按模块接续操作步骤进行。

④ 测试。

5.5.10　全塑电缆接头封合

对于架空电缆，由于芯线接续都采用有密封措施的接线子，它本身已具备较强的防潮，防水性能，全国各地架空全塑电缆及自承式电缆的接口封合也不一致。可采用 C 型套管，或自承式专用套管。

5.5.11　全塑电缆分线设备和交接箱的安装

1. 一般规定

（1）分线设备及交接箱安装位置应符合设计要求。

（2）分线设备及交接箱安装必须稳固，箱体横平竖直，箱门应有完好的锁定装置。

（3）分线设备及交接箱的设备编号，电缆及线序编号等标志应正确、完整、清晰、整齐。

（4）落地交接箱应安装在混凝土砖砌基座上。其座与人（手孔之间应以电缆管方式）连接，严禁采用通道式，电缆管数量应按交接箱最终容量一次埋设，最少不得少于三根。

（5）落地式交接箱安装时必须做好防潮措施。

（6）分电设备尾巴电缆应采用非填充型（HYA）全塑电缆。

2. 分线设备安装

（1）杆上室外分线盒的安装

① 分线盒安装高度，盒上平面距吊线 600mm。

② 木杆上用木螺丝固定，水泥电杆用分电抱箍或分电背板固定。

③ 大对数分电盒在杆上这安装应装配上杆铁件。

（2）沿墙电缆室外分线盒的安装

① 分线盒上部距钢线 600mm，府部距地面 2800～3200mm 侧部距墙角≥150mm。

② 墙式分线盒安装采用塑料胀塞和木螺丝，或螺纹射钉。

（3）沿墙电缆室内分线盒安装

① 安装在走道墙面的分线盒，安装字度在画镜线上方式盒府距地面 2500mm。

② 安装在室内墙面的分线盒，可安在踢脚上方，盒底距踢脚线 50mm。

③ 墙式室内线盒安装采用塑料胀塞和木螺丝或螺纹射钉。

（4）交接箱种类与安装

① 交接箱的种类

a. 模块卡接式交接箱；

b. 旋转卡接式交接箱。

② 交接箱的安装

架空交接箱安装要求

a. 架空交接箱安装时需和人孔、手孔、站台、上杆折梯、引上铁管、防雨棚等附属设备配套安装。

b. 交接箱安装位置的选择应考虑距离电及管道近的地方，但又需考虑到行人方便。

c. 操作站台分别适用于单、双开门交接箱。

d. 由人孔式手孔至架空交接箱的引上电缆必须作用电缆保护管电缆保护管数量由设计规定，一般为 2～6 根。

e. 防雨棚由骨架和钢板组成。

f. 架空交接箱的电缆成端堵塞（气塞）应放置在交接箱府部并固定牢固。

g. 交接箱各成端电缆屏蔽线应连在一起，通过有绝缘护套的地气线与地气棒连结，接地电阻≤10Ω，但不得与金属及平台相连。

③ 落地式交接箱的安装要求：

a. 落地交接箱安装位置原则上以设计及文件为准，但应考虑施工与设备安全，并应和人（手）孔配套安装，基座高根据各地区地势情况而定。一般防雨的高度为 30～60cm。

b. 落地交接箱基座，距人（手）孔一般不超过 10m。但必须铺管道不得采取通道方式。

c. 基座的四角，有预先埋铸好的地脚螺栓（鱼尾穿钉）来固定交接箱，基座中央预留长方洞（1800mm × 170mm）作电缆出入口。

d. 落地交接箱应严格防潮，穿电缆的管孔缝隙和空管孔的上下，应严密封，堵，交接箱的府盘及进出口的电缆口，也要封堵严密。

e. 落地交接箱应严格防潮，穿入电缆的管孔缝隙和空管孔的上下，应放置在交接箱底部并固定牢固。

f. 交接箱与基座的接触处，应抹水泥八字，防止进水。

（5）交接设备成端及把线安装

① 模块卡接式和旋转卡夹式交接箱，成端上列电缆应选用 PVE、HYA、HYPA 电缆上列。

② 交接设备列号，线序的排列要求

单面交接箱应面对，自左（为第一列）往右顺序编号，每列的线序号处自上往下顺序编号。双面交拉接箱，可分 A 列端和 B 列端，A 列端编的线序号，编排完，B 列端再继续往下编号。

③ 局线、配线的安装位置原则上局线在中间列（二、三列），配线在两边列（一、四列），首先选用相邻局线，即节省跳线，交叉又少。

④ 旋转卡夹式模块或交接箱成端把线绑扎及接法，把线绑扎，按色谱单位，编好线序以 100 对线为一个单位（每组 10～25 对线序）依次连接，为便于维护，每百对单位留有线弯的标志板。

5.5.12 全塑电缆的成端制作

1. 一般规定

（1）市话全塑电缆成端有局内总配线架（MDF）成端和交接箱成端。

（2）成端电缆应采用非填充型 HYA 或 PVC 电缆。

（3）成端电缆芯线接续套管不应与终端堵塞（气塞）合二为一。

（4）成端电缆的把线部分不允许有接续点。

（5）未使用的备用芯线卷成螺旋状，预留在成端电缆外护层切口外。

（6）电缆终端接续模块。

目前采用成端电缆终端模块如表 5-9 所示。

表 5-9　成端电缆终端接续模块

位　置	终端接续模块	与成端芯线连接的方法
局内配线架 MDF	针孔绕接式	绕接法
	科隆模块式	卡接法
交接箱	科隆模块式	卡接法
	插入施转卡接失	卡接法
	3M 模块式	卡接法

2. 成端电缆的选择

（1）MDF 成端电缆应采用非延燃型非填充的 HYA、PVC 型全塑电缆。

（2）交接箱成端电缆，无特殊需要，可采用 HYA 型电缆。

（3）成端电缆芯线线径在 0.4～0.5mm 之间选择。

3. 成端电缆长度计算

（1）MDF 成端电缆

从本列配线架顶端终接模块所需要长度至本列配架安装地面成端电缆长度见表 5-10。

表 5-10　MDF 成端电缆长度

MDF 型式 \ 电缆	针孔线接式回线（列）			科隆模块式 1200 回线（列）	旋转保安单元	
	800	1000	1200	1200	800	1200
成端电缆长度（m）	3.0	3.4	3.8	4.0	3.0	3.70

（2）交接箱成端电缆长度

见表 5-11。

表 5-11　交接箱成端电缆长度

交接箱型式 \ 电　缆	DJG-1 型						DJK-1 型			
	400	600	900	1200	1500	2000	1200	1800	2400	3200
成端电缆长度（m）	1.5	1.8	2.0	2.2	2.6	2.6	1.8	2.0	2.2	2.5

5.5.13　全塑电缆充气设备安装及堵塞

市话电缆一般采用充气堵塞维护，充气维护是预防电缆障碍的重要措施，其目的是使电缆内保持一定气压，防止受潮和浸水，减少线路障碍，保证电缆传输质量和提高维护工作效率。

5.5.14　全塑电缆施工障碍的处理

1. 全塑电缆的常用障碍

全塑电缆的一般芯线故障如下：

（1）低绝缘；

（2）断线；

（3）混线或碰线；

（4）碰地线；

（5）串杂音。

2. 全塑电缆的故障修复

全塑电缆的常见芯线故障一般在电缆芯线接续处，需要开启套管进行芯线故障修复。全塑电缆芯线故障寻找修理方法可参照铅包电缆修理，但注意以下几点：

（1）全塑电缆接头浸潮引起芯线故障，应将受潮模块或扣式接线子全部调换，以防故障隐患存在全塑电缆接头内。

（2）模块中个别的断、碰、松现象，可以用扣式接线子代替，若芯线够长应同色谱芯线接长后进行接续。

（3）调换电缆段应严格按色谱线对对号接续。

5.5.15 电缆工程的电气性能测试

（1）用户线路测试分为电缆线对（间）、对地绝缘电阻、分线设备环路电阻。

（2）中继电缆线路测试分为近端串音衰减、对地的绝缘电阻、环路电阻。

（3）电缆电气性能测试记录表。

（4）工程设计中如规定有转接的测试内容，如电缆铅外护层的电位测试等，应按设计规定进行。

线路工程的所有接地装置施工时，应按标准或设计规定装设内容、方法严格进行实施，其接地电阻可不再进行测试。市话局间低隔中继电缆超过 5km 的应进行两端的近端串音衰减值测试；小于 5km 的中继电缆只测任一端的近端串音衰减值。

5.5.16 通信电缆工程验收

工程竣工后，应按照邮电部颁发的《邮电基本建设工程竣工验收办法》的规定进行验收。施工单位应在验收前，将工程竣工技术资料送交建设单位。

本章小结

（1）光缆施工基本步骤介绍，说明了光缆施工实际生产操作过程，包括缆布放与光缆保护，分线箱安装，光缆接续（成端）与测试等。

（2）FTTH 施工及注意事项，包括挂墙光配线箱，FTTH 分光器端子与用户地址对应表，用户皮线光缆区和分光器区，标签示例，光配线器箱的接地等。

（3）通信光缆线路工程施工指导，包括通信光缆线路的施工程序，光纤光缆储运注意事项，光缆的常见敷设方式，光缆接续及通信光缆线路的防护等。

（4）通信电缆线路工程施工指导，包括架空电缆的敷设，管道电缆的敷设，埋式电缆的敷设，墙壁和室内电缆的敷设，分线设备的安装，通信线路的引入装置，通信线路的修理与拆除，全塑电缆的敷设，全塑电缆的芯线接续，全塑电缆接头封合，全塑电缆分线设备和交接箱的安装，全塑电缆的成端制作，全塑电缆施工障碍的处理，电缆工程的电气性能测试，电缆改接与割接等。

思考与练习

简答题

1. 光缆施工的步骤主要有哪些？
2. 室外光缆敷设的方式有哪些？
3. 纤芯颜色的全色谱顺序如何？光纤接续，应遵循的原则是什么？
4. 通信光缆线路的施工程序包含什么内容？
5. 请列出各种光缆敷设方式的适用地段。
6. 请给出光缆线路施工与维护时最常用的接续方法。
7. 通信光缆线路的防护要考虑哪些因素？
8. 全塑电缆的一般芯线故障有哪些？
9. 光缆布防与光缆保护的基本步骤有哪些？
10. 光缆分线箱安装的基本步骤有哪些？
11. 光缆分线箱成端安装步骤主要有哪些？
12. 分光器端子与用户地址对应表的作用是什么？
13. 光纤光缆储运时应该注意什么？
14. 管道光缆敷设的流程是什么？
15. 直埋光缆敷设的流程是什么？

第 6 章

通信线路维护

通信业务快速发展的同时，如何有效地保证网络质量，提高传输线路的安全稳定性，消除线路隐患，处理工程遗留问题，已成为当今维护工作中急需解决的一个重要问题。本章介绍了通信光（电）缆线路维护的特点、故障定位与处理、维护与防护等。

6.1 通信线路维护的基本任务和特点

基本任务和特点如下所述。

布设和维护通信的高空架设光（电）缆、直埋设光（电）缆、附设管道设光（电）缆、附设墙壁设光（电）缆等；线路施工维护器材的运输与装卸；杆坑、缆沟和地下管道的挖掘及杆塔架设；使用登高工具在高空进行接续、封焊作业；安装无线天线等。

（1）由于通信线路施工和维护点多、面广和流动性大、分散作业的特点，施工维护作业中危险性大，工作条件差，不安全因素多，预防难度大。加之施工中用了大量民工，这些人中有的缺乏必要的安全知识和自我保护意识，违章作业比较严重，导致事故频发。同时通信线路施工和维护还具有国家规定的登高作业的特殊性。

（2）通信线路施工、维护、现场作业安全管理的基本任务，就是在通信线路施工和线路维护作业过程中要研究作业人员在此过程中，各种事故发生的机理、原因、规律、特点和防护措施；研究按作业规范来评价线路施工和线路维护作业的安全性，以及解决在作业中的安全问题。同时还要研究线路施工和线路维护作业中应采取的有效安全技术措施；研究并推广先进的线路施工维护作业安全技术，提高安全作业水平；制定并贯彻安全技术标准和安全操作规程；建立并执行各种安全管理制度；开展有关线路施工、线路维护作业人员的安全意识，以及线路施工和线路维护作业安全知识的教育工作；分析事故实例，开展事故预知预警活动，从中找出事故的原因和规律，制订防范措施，在施工维护中减少事故发生。

（3）在日常维护生活中，应当注意抢修器件的保养（如：外挂电池、OTDR、熔接机的电量是否充足），个人工具（脚扣、安全带、大钳子一人一套）各自保管，要按序堆放在库房内，谁丢失谁负责，线路维护人员对线路维护工作要积极主动，对所巡检的线路自身要有文本详细记录。组长要时常对维护员的工作笔记、抢修工具仪表进行不定期的抽查检验；如有不到位的记入当事人考核相关的事项。

当光缆发生障碍时，接机房电话的第一通知人首先向机房人员了解以下几点：

（1）事故发生的断落；

（2）是属闪断还是正常中断；

（3）发生事故的基站是否掉站；

（4）是否会是电源和其他原因引起的掉站。

接机房事故通知的人要向组长和本组人员传达此信息，如故障点在移动机房可测试，就近人员立即到移动公司测试光纤情况。其他接到通知的抢修组人员对抢修事故要认真对待，小组之间要积极配合。

迅速准备抢修工具包括：

（1）熔接机：熔接机主机、电源线、光纤切割刀、光纤剥离钳、内置电池、酒精棉；

（2）OTDR（常备 4 条双头尾纤）；

（3）珐琅盘（尾纤连接器，4 个以上）；

（4）光源、光功率计；

（5）便携电池；

（6）组合工具；

（7）光缆接续盒（2 个以上）；

（8）热缩管（50 根）；

（9）光缆（按中接继段光缆情况看是多少芯的，准备 200m 以上）；

（10）个人的线务用具：电筒、脚扣、滑板、大钳子、砍刀、电话扎线、预留支架、内棱角（下接头盒用）；

（11）除上所列，线路维护员还要准备故障点线路资料，以便处理故障用。

抢修工具准备完毕后，立即赶赴（车辆燃油是否充足）中继段故障点的就近基站，测试在用的发（OTDR）、收（光功）光纤；对仪表的设置可设置为全自动或手动（根据中继段长度设置），根据测试数据（数据须保存）判断障碍点的段落。如测试出光缆的备用光纤没有断裂，可采取更换纤芯的方式处理故障；在光缆中断的情况下，应对照线路的巡查资料，用算术法相加减，推算出故障点的大概米标和位置杆号（如光缆断点位置在距离 A、B 两个基站，大于 10km 的地方，维护人员可找到故障点最近的接续盒进行复测，以便获得更加精确的数据）。当查到障碍时要根据发生故障的性质来看：有不可抗力因素的（如遇：洪水、山体滑坡、泥石流、火灾，对小组人员有生命危险因素的情况），组长要妥善安排处理；遇光缆被盗窃、被恶民破坏、交通事故，应立即请示移动公司的相关负责人是否要报警。

在接续光缆时：应注意往 A－B、B－A 方向做 OTDR 测试。

光缆做完成端后，要向机房询问基站传输状况，收尾工作不要留任何隐患，光缆预留要捆绑整齐，并到机房 OTDR 测试完资料后，方可离开。

6.2　光缆线路故障的判断和处理

由于外界因素或光纤自身等原因，造成光缆线路阻断而影响通信业务的称为光缆线路故障。光缆阻断不一定都导致业务中断，形成故障导致业务中断的按故障修复程序处理，不影响业务未形成故障的按割接程序处理。

6.2.1 光缆线路故障的分类

根据故障光缆光纤阻断情况，可将故障类型分为光缆全断、部分束管中断、单束管中的部分光纤中断3种。

1. 光缆全断的处理

（1）如果现场两侧有预留，采取集中预留，增加一个接头的方式处理；

（2）故障点附近有接头并且现场有足够的预留，采取拉预留，利用原接头的方式处理；

（3）故障点附近既无预留、又无接头，宜采用续缆的方式解决。

2. 光缆中的部分束管中断或单束管中的部分光纤中断的修复

其修复以不影响其他在用光纤为前提，推荐采用开天窗接续方法进行故障光纤修复。

6.2.2 光缆线路故障的原因

引起光缆线路故障的原因大致可以分为4类：外力因素、自然灾害、光纤自身缺陷及人为因素。

1. 外力因素引发的线路故障

（1）外力挖掘：处理挖机施工挖断的故障，对管道光缆应打开故障点附近人手井查看光缆是否在人手井内受损，并双向测试中断的光缆。

（2）车辆挂断：处理车挂故障时，应首先对故障点光缆进行双方向测试，确认光缆阻断处数，然后再有针对性地处理。

（3）枪击：这类故障一般不会使所有光纤中断，而是部分光缆部位或光纤损坏，但这类故障查找起来比较困难。

2. 自然灾害原因造成的线路故障

鼠咬与鸟啄、火灾、洪水、大风、冰凌、雷击、电击等都会造成光缆线路的故障，需要在线路设计施工过程中注意防护。

3. 光纤自身原因造成的线路故障

（1）自然断纤：由于光纤是由玻璃、塑料纤维拉制而成，比较脆弱，随着时间的推移会产生静态疲劳，光纤逐渐老化导致自然断纤。或者是接头盒进水，导致光纤损耗增大，甚至发生断纤。

（2）环境温度的影响：温度过低会导致接头盒内进水结冰，光缆护套纵向收缩，对光纤施加压力产生微弯，使衰减增大或光纤中断。温度过高，又容易使光缆护套及其他保护材料损坏影响光纤特性。

4. 人为因素引发的线路故障

（1）工障：技术人员在维修、安装和其他活动中引起的人为故障。例如，在接续光纤时，光纤被划伤、光纤弯曲半径太小；在割接光缆时错误地切断正在运行的光缆；接续光纤时接续不牢，接头盒封装时加强芯固定不紧等造成断纤。

（2）偷盗：犯罪分子盗割光缆，造成光缆阻断。

（3）破坏：人为蓄意破坏，造成光缆阻断。

6.2.3 故障处理原则

以优先代通在用系统为目的，以压缩故障历时为根本，不分白天黑夜、不分天气好坏、不分维护界限，用最快的方法临时抢通在用传输系统。

故障处理的总原则是：先抢通，后修复；先核心，后边缘；先本端，后对端；先网内，后网外，分故障等级进行处理。当两个以上的故障同时发生时，对重大故障予以优先处理。线路障碍未排除之前，查修不得中止。

6.2.4　制定线路应急调度预案

制定应急调度方案之前，应对所有光缆线路的系统开放情况进行一次认真摸底，根据同缆、同路由光纤资源情况，合理地制定出光纤抢代通方案。

应急抢代通方案应根据电路开放和纤芯占用情况适时修订、更新，保持方案与实际开放情况的吻合，确保应急预案的可行性。

应急调度预案的内容应包括参与的人员、领导组织、具体的措施和详细的电路调度方案。

6.2.5　光缆线路故障修复流程

（1）故障发生后的处理

不同类型的线路故障，处理的侧重点不同。

① 同路由有光缆可代通的全阻故障。机房值班人员应该在第一时间按照应急预案，用其他良好的纤芯代通阻断光纤上的业务，然后再尽快修复故障光纤。

② 没有光纤可代通的全阻故障，按照应急预案实施抢代通或对障碍点进行直接修复，抢代通或直接修复时应遵循“先重要电路、后次要电路”的原则。

③ 光缆出现非全阻，有剩余光纤可用。用空余纤芯或同路由其他光缆代通故障纤芯上的业务。如果故障纤芯较多，空余纤芯不够，又没有其他同路由光缆，可牺牲次要电路代通重要电路，然后采用不中断电路的方法对故障纤芯进行修复。

④ 光缆出现非全阻，无剩余光纤或同路由光缆。如果阻断的光纤开设的是重要电路，应用其他非重要电路光纤代通阻断光纤，用不中断割接的方法对故障纤芯进行紧急修复。

⑤ 传输质量不稳定，系统时好时坏。如果有可代通的空余纤芯或其他同路由光缆，可将该光纤上的业务调到其他光纤。查明传输质量下降的原因，有针对性地进行处理。

（2）故障定位

如确定是光缆线路故障时，则应迅速判断故障发生在哪个中继段内和故障的具体情况，详细询问网管机房。比如说常宁至祁东 A/B 系统中断，同时还有常宁至官岭环路中断，那么就可以判断故障点位于常宁机房至官岭引接段，再根据判断结果，立即通知相关的线路维护单位测判故障点。

（3）抢修准备

线路维护单位接到故障通知后，应迅速将抢修工具、仪表及器材等装车出发，同时通知相关维护线务员到附近地段查找原因、故障点。光缆线路抢修准备时间应按规定执行。

（4）建立通信联络系统

抢修人员到达故障点后，应立即与传输机房建立起通信联络系统。

（5）抢修的组织和指挥

光缆线路故障的抢修由机务部门作为业务领导，在抢修期间密切关注现场的抢修情况，做好配合工作，抢修现场由光缆线路维护单位的领导担任指挥。

在测试故障点的同时，抢修现场应指定专人（一般为光缆线务员）组织开挖人员待命，并安排好后勤服务工作。

（6）光缆线路的抢修

当找到故障点后，一般应使用应急光缆或其他应急措施，首先将主用光纤通道抢通，迅速恢复通信。观察分析现场情况，做好记录，必要时进行拍照，报告公安机关。

（7）业务恢复

现场光缆抢修完毕后，应及时通知机房进行测试，验证可用后，尽快恢复通信。

（8）抢修后的现场处理

在抢修工作结束后，清点工具、器材，整理测试数据，填写有关登记，对现场进行处理，并留守一定数量的人员，保护抢代通现场。

（9）线路资料更新

修复工作结束后，整理测试数据，填写有关表格，及时更新线路资料，总结抢修情况，报告上级主管部门。

光缆线路故障抢修的一般程序如图 6-1 所示。

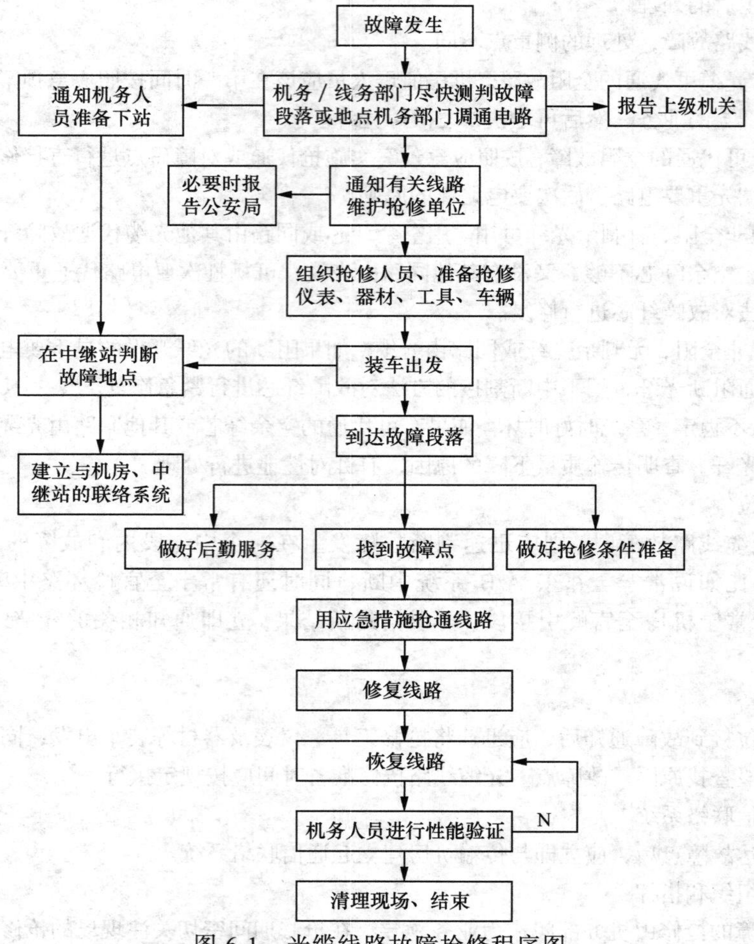

图 6-1　光缆线路故障抢修程序图

6.2.6 常见故障现象及分析

1. 距离判断

当机房判定故障是光缆线路故障时，线路维护部门应尽快在机房对故障光缆线路进行测试，用 OTDR 测试判定线路故障点的位置如表 6-1 所示。

表 6-1　常见故障现象及可能原因分析

故障现象	故障的可能原因
一根或几根光纤原接续点损耗增大、断纤	原接头盒内发生问题
一根或几根光纤衰减曲线出现台阶	光缆受机械力扭伤，部分光纤受力但尚未断开
原接续点衰减台阶水平拉长	在原接续点附近出现断纤故障
光纤全部阻断	光缆受外力影响挖断、炸断或塌方拉断

2. 可能的原因估计

根据 OTDR 测试显示曲线情况，初步判断故障原因，有针对性地进行故障处理。

根据故障分析，非外力导致的光缆故障，接头盒内出现问题的情况比较多，导致接头盒内断纤或衰减增大的原因分为以下几种情况。

（1）容纤盘内光纤松动，导致光纤弹起在容纤盘边缘或盘上螺丝处被挤压，严重时会压伤、压断光纤。

（2）接头盒内的余纤在盘放收容时，出现局部弯曲、半径过小或光纤扭绞严重，产生较大的弯曲损耗和静态疲劳，在 1310nm 波长测试变化不明显，而在 1550nm 波长测试其接头损耗显著增大。

（3）制作光纤端面时裸光纤太长，或者热缩保护管加热时光纤保护位置不当，造成一部分裸光纤在保护管之外，接头盒受外力作用时引起裸光纤断裂。

（4）剥除涂覆层时裸光纤受伤，时间长了损伤扩大，接头损耗随着增加，严重时会造成断纤。

（5）接头盒进水，冬季结冰导致光纤损耗增大，甚至发生断纤。

3. 查找光缆线路故障点的具体位置

当遇到自然灾害或外界施工等明显外力造成光缆线路阻断时，查修人员根据测试人员提供的故障现象和大致的故障地段，沿光缆线路路由认真巡查，一般比较容易找到故障地点。如非上述情况，巡查人员就不容易从路由上的异常现象找到故障地点。这时，必须根据 OTDR 测出的故障点到测试端的距离，与原始测试资料进行核对，查出故障点是在哪两个标石（或在哪两个接头）之间，通过必要的换算后，找到故障点的具体位置。如有条件，可以进行双向测试，更有利于准确判断故障点的具体位置。

4. 影响光缆线路障碍点准确判断的主要原因

（1）OTDR 存在固有偏差

OTDR 固有偏差主要反映在距离分辨率上，不同的测试距离偏差不同，在 150 km 测试范围时，测试误差达 ± 40m。

（2）测试仪表操作不当产生的误差

在光缆故障定位测试时，OTDR 使用的正确性与障碍测试的准确性直接相关。例如，仪表参数设定不当或游标设置不准等因素，都将导致测试结果的误差。

（3）计算误差

OTDR 测出的故障点距离只能是光纤的长度，不能直接得到光缆的皮长及测试点到障碍点的地面距离，必须通过计算才能求得，而在计算中由于取值不可能与实际完全相符，或对所使用光缆的绞缩率不清楚，也会产生一定的误差。

（4）光缆线路竣工资料不准确造成的误差

由于在线路施工中没有注意积累资料或记录的资料可信度较低，都使得线路竣工资料与实际不相符，依据这样的资料，不可能准确地测定出障碍点。

譬如，光缆接续时接头盒内余纤的盘留长度，各种特殊点的光缆盘留长度，以及光缆随地形的起伏变化等，这些因素的准确性直接影响着障碍点的定位精度。

5. 提高光缆线路故障定位准确性的方法

（1）正确、熟练掌握仪表的使用方法

准确设置 OTDR 的参数，选择适当的测试范围挡，应用仪表的放大功能，将游标准确地放置于相应的拐点上，如故障点的拐点、光纤始端点和光纤末端拐点，这样就可得到比较准确的测试结果。

（2）建立准确、完整的原始资料

准确、完整的光缆线路资料是障碍测量、判定的基本依据。因此，必须重视线路资料的收集、整理和核对工作，建立起真实、可信和完整的线路资料。

（3）建立准确的线路路由资料

路由资料包括标石（杆号）—纤长（缆长）对照表（参照附录），光纤长度累计及光纤衰减记录，在建立光纤长度累计资料时，应从两端分别测出端站至各接头的距离，为了测试结果准确，测试时可根据情况采用过渡光纤。随工验收人员收集记录各种预留长度，登记得越仔细，障碍判定的误差就越小。

（4）建立完整、准确的线路资料

建立线路资料不仅包括线路施工中的许多数据、竣工技术文件、图纸、测试记录和中继段光纤后向散射信号曲线图片等，还应保留光缆出厂时厂家提供的光缆及光纤的一些原始数据资料（如光缆的绞缩率、光纤的折射率等），这些资料是日后障碍测试时的基础和对比依据。

（5）进行正确的换算

要准确判断故障点位置，还必须把测试的光纤长度换算为测试端（或某接头点）至故障点的地面长度。测试端到故障点的地面长度可由式（6-1）计算（长度单位为 m）。

$$L=[\frac{(L_1-L_2)}{(1+P)}-L_3]\times\frac{1}{1+a} \tag{6-1}$$

在式（6-1）中，L 为测试端至故障点的地面长度（单位为 m），L_1 为 OTDR 测出的测试端至故障点的光纤长度（单位为 m），L_2 为每个接头盒内盘留的光纤长度（单位为 m），L_3 为每个接头处光缆和所有盘留长度（单位为 m），P 为光纤在光缆中的绞缩率（即扭绞系数），最好应用厂家提供的数值，一般为 7‰，a 为光缆自然弯曲率（管道敷设或架空敷设方式可取值 0.5%，直埋敷设方式可取值 0.7%～1%）。有了准确、完整的原始资料，便可将 OTDR 测出的故障光纤长度与原始资料对比，然后精确查出故障点的位置。

（6）保持障碍测试与资料上测试条件的一致性

故障测试时应尽量保持测试仪表的信号、操作方法及仪表参数设置的一致性。因为光学仪表十分精密，如果有差异，就会直接影响到测试的准确度，从而导致两次测试本身的差异，使得测试结果没有可比性。

（7）灵活测试，综合分析

一般情况下，可在光缆线路两端进行双向故障测试，并结合原始资料，计算出故障点的位置。再将两个方向的测试和计算结果进行综合分析、比较，以使对故障点具体位置的判断更加准确。当障碍点附近路由上没有明显特点，具体障碍点现场无法确定时，也可采用在就近接头处测量等方法，或者在初步测试的障碍点处开挖，端站的测试仪表处于实时测量状态，即可随时发现曲线的变化，从而找到准确的光纤故障点。

6.2.7 光缆故障判断和处理时应该注意的事项

1. 故障查修时需要注意的事项

（1）当省界或两维护单位交界处的长途光缆线路发生故障时，相邻的两个维护单位应同时出查，进行抢修。

（2）各级光缆线路维护单位应准确掌握所属光缆线路资料。熟练掌握光缆线路障碍点的测试方法，能准确地分析确定障碍点的位置。经常保持一定的抢修力量，并熟练掌握线路抢修作业程序和抢代通器材的使用。

（3）光缆维护人员应熟悉光缆线路资料，熟练掌握线路抢修作业程序、障碍测试方法和光缆接续技术，加强抢修车辆管理，随时做好抢修准备。

抢修用专用器材、工具、仪表、机具以及交通车辆，必须相对集中，并列出清单，随时做好准备，一般不得外借和挪用。

2. 处理过程中需要注意的事项

（1）在抢修光缆线路的过程中，应注意仪表、器材的操作使用安全；在进行光纤故障测试前，应将被测光纤与对端的光端机断开物理连接。

（2）故障一旦被排除并经严格测试合格后，立即通知机务部门对光缆的传输质量进行验证，尽快恢复通信。

（3）认真做好故障查修记录。故障排除后，线路维护部门应按照相关规定及时组织相关人员对故障的原因进行分析，整理技术资料并上报。总结经验教训，提出改进措施。

（4）在介入或更换光缆时，应采用与故障光缆同一厂家、同一型号的光缆，并要尽可能减少光缆接头和尽量减少光纤接续损耗。处理故障中所介入或更换的光缆，其长度一般应不小于 200m，单模光纤的平均接头损耗应不大于 0.2dB/个。故障处理后和迁改后光缆的弯曲半径应不小于 15 倍缆径。

6.3 光纤的熔接与测试

6.3.1 光纤接续

（1）光纤接续。光纤接续应遵循的原则是：芯数相等时，要同束管内的对应色光纤对接；芯数不同时，按顺序先接芯数大的，再接芯数小的。

（2）光纤接续的方法有：熔接、活动连接、机械连接 3 种。在工程中大都采用熔接法。采用这种熔接方法的接点损耗小，反射损耗大，可靠性高。

（3）光纤接续的过程和步骤：

① 开剥光缆，并将光缆固定到接续盒内。注意不要伤到束管，开剥长度取 1m 左右，用卫生纸将油膏擦拭干净，将光缆穿入接续盒，固定钢丝时一定要压紧，不能有松动。否则，有可能造成光缆打滚折断纤芯。

② 分纤将光纤穿过热缩管。将不同束管、不同颜色的光纤分开，穿过热缩管。剥去涂覆层的光纤很脆弱，使用热缩管可以保护光纤的熔接头。

③ 打开古河 S176 熔接机电源，采用预置的 42 种程式进行熔接，并在使用中和使用后及时去除熔接机中的灰尘，特别是夹具，各镜面和 V 型槽内的粉尘和光纤碎末。CATV 使用的光纤有常规型单模光纤和色散位移单模光纤，工作波长也有 1310nm 和 1550nm 两种。所以，熔接前要根据系统使用的光纤和工作波长来选择合适的熔接程序。如没有特殊情况，一般都选用自动熔接程序。

④ 制作光纤端面。光纤端面制作的好坏将直接影响接续质量，所以在熔接前一定要做好合格的端面。用专用的剥线钳剥去涂覆层，再用沾酒精的清洁棉在裸纤上擦拭几次，用力要适度，然后用精密光纤切割刀切割光纤，对 0.25mm（外涂层）光纤，切割长度为 8～16mm，对 0.9mm（外涂层）光纤，切割长度只能是 16mm。

⑤ 放置光纤。将光纤放在熔接机的 V 形槽中，小心地压上光纤压板和光纤夹具，要根据光纤切割长度设置光纤在压板中的位置，关上防风罩，即可自动完成熔接，只需 11s。

⑥ 移出光纤用加热炉加热热缩管。打开防风罩，把光纤从熔接机上取出，再将热缩管放在裸纤中心，放到加热炉中加热。加热器可使用 20mm 微型热缩套管和 40mm、60mm 的一般热缩套管，20mm 热缩管需 40s，60mm 热缩管为 85s。

⑦盘纤固定。将接续好的光纤盘到光纤收容盘上，在盘纤时，盘圈的半径越大，弧度越大，整个线路的损耗越小。所以一定要保持一定的半径，使激光在纤芯里传输时，避免产生一些不必要的损耗。

⑧ 密封和挂起。野外的接续盒一定要密封好，防止进水。熔接盒进水后，由于光纤及光纤熔接点长期浸泡在水中可能会出现部分光纤的衰减增加。套上不锈钢挂钩并挂在吊线上。至此，光纤熔接完成。

6.3.2 光纤测试

光纤在架设、熔接完工后就是测试工作，使用的仪器主要是 OTDR 测试仪，用加拿大 EXFO 公司的 FTB-100B 便携式中文彩色触摸屏 OTDR 测试仪（动态范围有 32/31、37.5/35、40/38、45/43dB），可以测试：光纤断点的位置；光纤链路的全程损耗；了解沿光纤长度的损耗分布；光纤接续点的接头损耗。为了测试准确，OTDR 测试仪的脉冲大小和宽度要适当选择，要按照厂方给出的折射率 n 值的指标设定。在判断故障点时，如果光缆长度预先不知道，可先放在自动 OTDR，找出故障点的大体地点，然后放在高级 OTDR。将脉冲大小和宽度选择小一点，但要与光缆长度相对应，盲区减小直至与坐标线重合，脉宽越小越精确，当然脉冲太小后曲线显示会出现噪波，要恰到好处。再就是加接探纤盘，目的是为了防止近处有盲区不易发觉。关于判断断点时，如果断点不在接续盒处，将就近处的接续盒打开，接上 OTDR 测试仪，测试故障点与测试点的准确距离，利用光缆上的米标就很容易找出故障点。利用米标查找故障时，对层绞式光缆还有一个绞合率的问题，那就是光缆的长度和光纤的长度并不相等，光纤的长度大约是光缆长度的 1.005 倍，利用上述方法可成功排除多处断点和高损耗点。

1. OTDR（光时域反射仪）工作原理

OTDR 测试是通过发射光脉冲到光纤内，然后在 OTDR 端口接收返回的信息来进行的。当光脉冲在光纤内传输时，会由于光纤本身的性质、连接器、接合点、弯曲或其他类似的事件而产生散射与反射。其中一部分的散射和反射就会返回到 OTDR 中。返回的有用信息由 OTDR 的探测器来测量，它们就作为光纤内不同位置上的时间或曲线片断。从发射信号到返回信号所用的时间，再确定光在玻璃物质中的速度，就可以计算出距离。这种多功能的测量仪器，可以测量光纤长度、损耗、接头损耗，还可以查找光纤的故障点；并且在荧屏上显示出被测光纤的完整的损耗曲线，以供检测人员对光纤长度方向上的缺陷进行分析、判断。

用 OTDR 对接续损耗、线路损耗进行测量时，需双向测试后取其平均值才是其测量的真值。即：

$$as = \frac{(a_{12} + a_{21})}{2} \tag{6-2}$$

式（6-2）中 a_{12} 是从 1 至 2 端的测试值，a_{21} 是从 2 至 1 端的测试值。但实际的工程测量一般取其单向测试值评估光纤损耗。

2. 光纤长度测量

光纤长度测量的计算公式：

$$L = \frac{Vt_0}{2} = \frac{Ct_0}{2n1} \tag{6-3}$$

式（6-3）中 L 为被测光纤的长度，$\frac{C}{n1}$ 为光在光纤中的传播速度，C 为真空中的光速，$n1$ 为光纤纤芯折射率，t_0 为 OTDR 发射的光脉冲从光纤起点到尾端然后又反射回到 OTDR 的扫描时间。由于扫描时间走了 2 倍光程故在公式（6-3）内除以 2。

3. 熔接质量控制

OTDR 测试要起到对熔接质量进行把关的任务，须严格控制接续损耗：单芯接续损耗≤0.07dB；带状接续损耗≤0.1dB。如一次熔接未能达到标准，应该通知熔接人员再进行熔接。如熔接次数超过 5 次后仍然达不到指标，则需在数值边上特别注明已熔接多少次。

4. 测试注意事项

（1）仿真光纤的使用

如被测光纤的长度小于 1km 时，需在 OTDR 的激光器输出端先连接上≥1km 的仿真光纤，然后再测量。此时的测试标记应选在仿真光纤后面的被测光纤上，测试的长度值应减去仿真光纤的长度值才是被测光纤的长度值。

（2）鬼影现象

当接续点的反射光返回到 OTDR 的 Laser Output（激光输出）端如果再次产生反射时，在接续点的 2 倍距离处出现重像（也称为鬼影）。如果再次产生反射时，在接续点的 3 倍距离处出现重像，注意不要将鬼影与光纤上的故障点混淆。图 6-2 是由多重反射产生的鬼影现象。

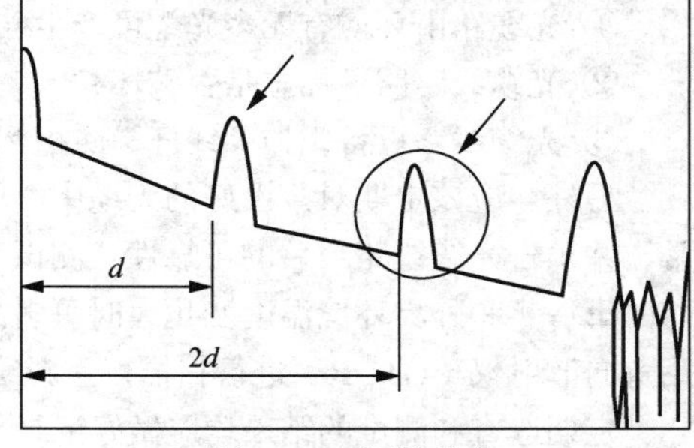

图 6-2　鬼影现象

6.3.3　光缆成端

（1）应根据规定或设计要求留足预留光缆。

（2）在设备机房的光缆终端接头安装位置应稳定安全，远离热源。

（3）成端光缆和自光缆终端接头引出的单芯软光纤应按照 ODF 的说明书进行。

（4）走线按设计要求进行保护和绑扎。

（5）单芯软光纤所带的连接器，应按设计要求顺序插入光配线架（分配盘）。

（6）未连接软光纤的光配线架（分配盘）的接口端部应盖上塑料防尘帽。

（7）软光纤在机架内的盘线应大于规定的曲率半径。

（8）光缆在光纤配线架（ODF）成端处，将金属构件用铜芯聚氯乙烯护套电缆引出，并将其连接到保护地线上。

（9）软光纤应在醒目部位标明方向和序号。

6.4 通信光缆的维护及防护要求

6.4.1 通信光缆的运行维护

（1）通信光缆线路的维护管理

为了有效地对光缆线路进行维护，对已经敷设好的光缆，根据光缆线路的路径图、接头位置、敷设前后各盘光缆的各个通道（或光纤芯序）的损耗数据、带宽、色散、背向散射扫描曲线等数据资料收集整理，以备进行检测、维护和整治时加以对照分析。

这些资料应包括：

① 光缆出厂检测报告；

② 光缆现场验收资料；

③ 光缆线路路径及光缆敷设位置资料；

④ 光缆施工及特殊路段处理资料；

⑤ 光纤光缆接续及连结盒安装、光缆余长安置情况的资料；

⑥ 线路光纤传输特性及光纤接续损耗测试资料；

⑦ 线路敷设施工竣工报告。

（2）通信光缆线路定期巡查和测试对已敷设好的光缆线路，要做定期的巡回检查，主要内容为：

① 光缆路由环境有无多光缆可产生破坏的异常变化；

② 光缆线路路径标志是否破坏；

③ 光缆线路设备，如：线杆、防护标志、光缆及连接盒等是否损坏。

另外，应该定期对敷设好的光缆中继段进行损耗测试，观察光缆的温度特性，判断其工作是否正常，并预告光缆线路今后的可靠性。测试工作的频次，可根据季节变化和外界环境变化来规定。敷设好的第一年和外界环境温度变化大时可多测几次，一年以后逐渐减少。对损耗变化较大的通道，还可用背向散射仪（OTDR）进行扫描，重新绘出背向散射曲线，与以前的资料进行对比分析。

定期巡查和测试的结果均应做好记录，作为资料档案。

6.4.2 通信光缆的防雷

（1）雷电对通信光缆的危害

含有金属构件（如：铜导线、金属铠装层等）的光缆应该考虑雷电的影响。雷电对地时产生的电弧，会将位于电弧区内的光缆烧坏、结构变形、光纤碎断以及损坏光缆内的铜线。落雷地点产生的“喇叭口”状地电位升高，会使光缆内的塑料外护套发生针孔击穿等，土壤中的潮气和水，将通过该针孔侵袭光缆的金属护套或铠装，从而产生腐蚀，使光缆的寿命降低。入地的雷电流，还会通过雷击针孔或光缆的接地，流过光缆的金属铠装层，导致光缆内铜线绝缘的击穿。

有铜线光缆通信线路受雷电的危害，与具有塑料护套的电缆线路相似；无铜线光缆通信线路，除直击雷外，主要是雷击针孔的影响。雷击针孔虽不致立即阻断光缆通信，但对光缆通信线路造成的潜在危害仍不应忽视。

（2）通信光缆线路的防雷措施

根据光缆的结构特点，宜采取的防雷措施如下：

① 光缆的金属护层或铠装层不作接地，使之处于浮动地位。

② 光缆的金属护层（或铠装层）、金属加强构件，在接头处相邻光缆间不作电气连通；光缆中各金属构件也不作电气连通。两侧的金属铠装层，各用一根监测线，分别由接头盒两端引出接至监测标石，供线路维护人员监测聚乙烯护套的绝缘性能用。监测线平时不接地，只是测试时才临时接地。监测线也可在标石上临时连通，以作为施工和维护中临时业务通信。

③通信光缆线路通过地区的年平均雷暴日数和大地电阻率，大于或等于表 6-2 数值时，对于无铜线光缆应敷设一根防雷线（Φ6mm），对于有铜线光缆应敷设两根防雷线。

表 6-2　　光缆通信线路防雷地段

年平均雷暴日数	20	40	60	80
大地电阻率/Ω·m	≥500	≥300	≥200	≥100

注：上表数值，是按每 100km 光缆通信线路。光缆外护层每年可能发生 2 次针孔击穿确定的。

④ 在年雷暴日数超过 80 天、大地电阻率在 500Ω·m 以上屡遭雷击，以及光缆、电缆曾遭受雷击的地点，除敷设两根防雷线外，加强构件宜采用非金属材料。

⑤ 光缆距地面上高于 6.5m 的电杆及其拉线、高耸建筑物及其保护接地装置小于表 6-3 的净距要求时，应采取防雷措施。

表 6-3　　光缆与电杆、高耸建筑物建防雷净距

大地电阻率/Ω·m	≤100	101～500	＞500
净距/m	10	15	20

光缆与高于 10m 孤立大树树干的净距小于表 6-4 的要求时，应采取防雷措施。当净距不能满足要求时，可选用消弧或避雷线保护措施进行防雷保护。

表 6-4　　光缆与孤立大树间防雷净距

大地电阻率/Ω·m	≤100	101～500	＞500
净距/m	10	15	20

注：表中净距要求是按树根半径为 5m 考虑的，对于树根大于 5m 的大树，则应实况加大距离。

⑥ 采用多层金属护层的防雷电缆。在年雷暴日数小于 20，且大地电阻率＜100Ω·m 的地区，可不采用任何防雷措施。

6.4.3　通信光缆的防强电

1. 强电对光缆线路的影响

当有金属的光缆线路与高电压电力线路、交流电气化铁道接触网、发电厂或变电站的地线网、高压电力线路杆塔的接地装置等强电设施接近时，需考虑由电磁感应、地电位升高等因素对光缆内的铜线与金属构件所产生的危险和干扰影响。其危险和干扰影响的形式为光缆铜线上产生感应的纵向电动势。

有铜线光缆的强电影响允许值，以铜线及铜线工作回路所能承受的允许值来确定；无铜线光缆的强电影响允许值，以光缆的金属护层（如：皱纹钢带护层、钢丝护层、铝护层）的允许影响值来确定。

用作远距离供电回路的铜线，其短期危险影响允许的纵向电动势，可用公式来计算。光缆金属护层短期危险影响允许的纵向电动势，可暂按光缆塑料外护层直流绝缘介质试验电压标准值的 60%来确定；其长期危险影响容许的纵向电动势为≤60V。

按公式和标准求得的强电影响容许的纵向电动势值见表 6-5。

表 6-5　　光缆通信线路受强电影响允许的纵向电动势（单位：V）

光缆类别	危险影响允许值		干扰影响允许值
	短期影响	长期影响	
有铜线光缆：			
一般铜线	≤1200	≤60	
远供回路铜线	≤740	≤60	≤60
无铜线光缆：			
金属护层	≤12000	≤60	

2. 通信光缆线路与强电线路的隔距

（1）有铜线光缆线路，按铜线与允许的纵向电动势为 740V，与 110V、220V 和 550V 电力线需保持的隔距见表 6-6。

表 6-6　　有铜线光缆线路与高压电力线路需保持的隔距

平行长度/km	隔距/m								
	电力线电压								
	110kV			220 kV			500 kV		
	土壤电阻率/Ω·m								
	100	500	1000	100	500	1000	100	500	1000
10	1300	3000	4200	1800	4100	5500	2200	5100	7000
20	1900	4400	6000	2200	5200	7200	3100	7100	9000
30	2100	5200	7000	2700	6500	8800	3500	7000	11000

有铜线光缆，按铜线上允许的纵向电动势为 60V，与交流电气铁道需保持的隔距见表 6-7。

表 6-7　　有铜线光缆线路与交流电气铁道需保持的隔距

平行长度/km	隔距/m		
	土壤电阻率/Ω·m		
	100	500	1000
10	850	1800	2200
20	1300	2900	4000
30	1650	3800	5100

（2）无铜线光缆，按金属护层容许的纵向电动势为 12kV，与高压电力线路的隔距见表 6-8。

表 6-8　　无铜线光缆线路与高压电力线路需保持的隔距

平行长度/km	隔距/m								
	电力线电压								
	110kv			220kv			500kv		
	土壤电阻率/Ω·m								
	100	500	1000	100	500	1000	100	500	1000
10	4	15	20	45	100	140	210	480	680
20	90	200	290	230	520	680	650	1500	2100
30	220	490	650	450	1000	1800	800	2000	2900

对无铜线光缆，按金属护层容许的纵向电动势为 60V，与交流电气铁道需保持的隔距见表 6-9。

表 6-9　无铜线光缆与交流电气铁道需保持的隔距

平行长度/km	隔距/m		
	土壤电阻率/Ω・m		
	100	500	1000
2	51	85	100
10	850	1800	2200

光缆内加入铜线，使光缆失去了抗电磁干扰的优越性，同样需要考虑对强电影响的防护问题。

3. 通信光缆线路的防强电措施

光缆通信线路可以采取以下防护措施：

（1）光缆的金属护层、金属加强件，在接头处相邻光缆间不作电气连通，以减少影响的积累段长度。

（2）在接近交流电气铁道的地段，当进行光缆施工或检修时，将光缆的金属护层与加强构件作临时接地，以保证人身安全。

（3）通过地电位升高区域时，光缆的金属护层与金属加强件不作接地。

（4）对于有铜线回路的光缆，可作如下特殊处理：

① 改变路径，增大与强电线路的隔距，或缩短影响积累段长度。

② 在铜线回路中安装放大器或安装防护滤波器。

③ 在不影响中继站供电的情况下，调整远供段长度。

④ 在业务通信回路中，安装纵向干扰抑制线圈或隔离变压器。

6.4.4 通信光缆的防蚀、防鼠害、防白蚁

1. 通信光缆的防蚀

光缆的塑料外护层，对光缆金属护层或铠装层，已具有良好的防蚀保护作用，可不考虑外加防蚀措施。但为防止光缆塑料护层的局部损伤，致使绝缘性能下降，甚至形成透潮进水的隐患，在光缆工程建设中，要求金属护层或铠装层对地绝缘指标是：中继段不小 10MΩ・km，光缆单盘制造长度不小于 1000 MΩ・km。

2. 通信光缆的防鼠害

鼠害多发生在管道光缆地段，有效易行的方法是在人孔内将管道口堵塞，或者采用子管敷设光缆。也可选用抗鼠害材料（如尼龙 12）护层光缆。

3. 通信光缆的防白蚁

白蚁生长在我国南方温暖和潮湿的地方，适宜的生活温度为 25～30℃。白蚁在寻找食物过程中，会啃咬光缆的聚乙烯护套，并分泌蚁酸，从而加速了对金属护层的腐蚀。目前防白蚁的主要措施见表 6-10。

表 6-10　直埋式光缆防白蚁主要措施

措　施	做　法
生态防蚁	按白蚁的生活习性多在离地面 1m 附近的浅土层，通过勘测设计，提出需要将光缆增加埋深的地段。选择路径时，尽量避开枯树、居民区、木桥、坟场等可能繁殖白蚁的地点

续表

措　施	做　法
毒土法	毒土的药物有如下几种： 1. 氯丹乳液，用1%～2%氯丹乳液不溶于水而溶于有机溶剂，故毒土后由较好残留的药效，缺点是人体吸收一定药量后，会积累或慢性中毒，不易排出体外 2. 砷铜油质合剂：含硫酸铜5%、亚砒酸10%、苛性钠5%、碳酸3%、鱼油10%、水67%。此法毒土后土质变得坚硬，药物不易流失，有一定药效，同时对人体毒害，可以通过一些医疗药物化合，排出体外 3. 含砷合剂药物塑料带：亚砒酸、苛性钠、焦油等稠成糊状，涂在薄塑料带上，带宽约200mm，直接覆盖在光缆的底部和上面各一层。此法施工较方便，性能与砷铜合剂基本相同
防蚁光缆	光缆采用在PE外护层上增挤一层尼龙12的被复物，此法已大量推广使用

注：普通护套料光缆并不防鼠、防白蚁。

6.5　通信电缆线路维护

6.5.1　电缆线路维护技术要求与障碍的排除

通信线路设备是我国公用通信网的重要组成部分，用以传输音频、数据、图像和视频等通信业务。

目前线路设备由电（光）缆及其附属设备（线路设备）组成。为加强通信线路设备的维护管理，使其经常处于良好状态，保证通信网优质、高效、安全运行，掌握电（光）缆线路的常见障碍及维护技术要求对维护工作极其重要。

1. 电缆线路维护技术要求

线路设备的维护要求的主要内容：

（1）线路设备维护分为日常巡查、障碍查修、定期维修和障碍抢修，由线路维护中心组织区域工作站实施。

（2）维护工作必须做到以下几点：

① 严格按照上级主管部门批准的安全操作规程进行。

② 当维护工作涉及到线路维护中心以外的其他部门时，应由线路维护中心与相应部门联系，制订出维护工作方案后方可实施。

③ 维护工作中应作好原始记录，遇到重大问题应请示有关部门并及时处理。

④ 对重要用户、专线及重要通信期间要加强维护，保证通信。

2. 全塑电缆线路障碍的排除

电缆障碍产生的原因：

（1）电缆本身的障碍

电缆在生产过程中因扭距、绝缘材料结构不均匀而引起的串音、杂音。产品质量检验不严格，个别线对造成地气、断线、混线等。

（2）施工过程中造成的障碍

在施工过程中，由于电缆接头处理不当等造成的电缆芯线障碍。

（3）外界影响造成的障碍

① 施工影响。

② 电击和雷击。

③ 鸟啄、鼠咬、白蚁啃咬等。

④ 灾害影响。

⑤ 人为损伤。

3. 电缆障碍修复要求与方法

（1）尽快地恢复通话

当电缆发生障碍时应以“尽快地恢复通话”为原则，对于重要用户必须采取适当的措施，先恢复通话。同时发生几种障碍时，应先抢修重要的和影响较多用户的电缆。

（2）排除电缆障碍的几项规定

① 障碍点芯线的绝缘物烧伤或芯线变色过多或过长时，应采取改接一段电缆。如果个别线对不良时，可以只改接部分芯线。

② 电缆浸水后，在没有更好的办法之前，浸水段落应予以更换。

③ 不能因为修理障碍而产生新的反接、差接、交接、地气等障碍。同时在接续、封合以及建筑或安装上都要符合规格要求，更不得降低绝缘电阻，必须经测量室测好后才能封合。

（3）查找电缆障碍的方法

查找电缆障碍时，应先测定全部障碍线对并确定障碍的性质。然后根据线序的分布情况及配线表分析障碍段落，再用仪器测试、直接观察、充气检查电缆护套等方法确定障碍点。一般不得使用缩短障碍区间而大量拆接头或开天窗的方法确定障碍点。

6.5.2　电缆线路改（割）接

1. 电缆改接与割接的几点原则要求

（1）施工人员必须掌握设计要求，摸清新旧设备情况，研究确定安全、迅速、高质量的施工步骤和方法。

（2）施工以不影响用户通话为原则，在改接用户线之前，须事先和有关方面联系，为确保其通信不阻断，必要时应确定改线时间，按时进行改线。

（3）对专线、中继线、复用设备线对、数字传输线对及重要用户线对割接改线时，不得任意将 a、b 线颠倒，并要采用复核改线法，以避免通信中断，对号时需串一个 1～2μF 的电容。

（4）测量室及局外的改线点，必须相配合，以免发生接错等障碍事故。

（5）对所设置的新电缆及设备，必须严格的检验测试及验收，完全符合技术标准要求后，方可进行对旧设备的改换。

（6）电缆线路工程竣工验收工作必须执行部颁《邮电基本建设竣工验收办法》的规定。

（7）在 MDF 上所布放的聚氯乙烯（0.5mm × 2mm）跳线，线间不得有接头。

（8）不得同时在同一条电缆上设立多处改点，尽量减少临时性措施，以避免发生因改线施工造成的人为障碍。

2. 改（割）接的基本方法

（1）局内跳线改接

① 环路改接法：新旧纵列与横列构成环路如图 6-3 所示。改线时先上好热线轴，新局处新的电缆或引线设备成环路，听一对改一对，测试无误后，再正式绕接跳线并拆除旧跳线。

② 直线改接法：如图 6-4 所示，先布放好新跳线位置，并连接好新纵列，上好热线轴。改线时线

对与局外配合，同时改动横列，烫掉跳线，改连新跳线。这种方法只适用于少量普通用户线对。

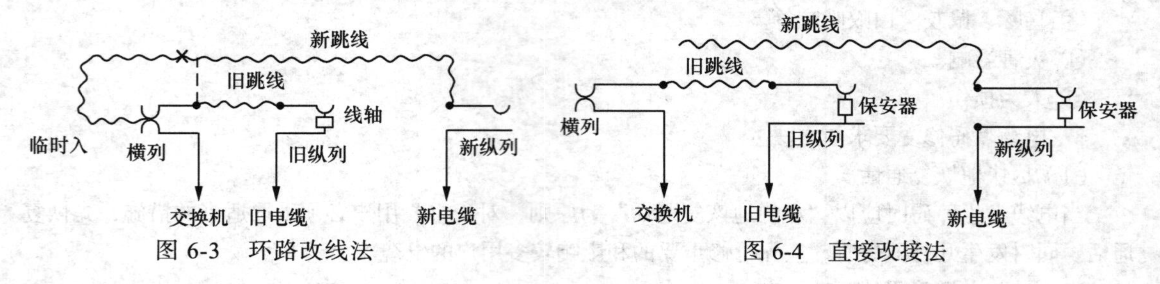

图 6-3 环路改线法　　图 6-4 直接改接法

（2）局外电缆芯线改接

① 切断改接法：将新电缆布放到两处改接点，新、旧电缆对好号后，切断一对改接一对，短时间地给用户阻断通话。采用这种方法时，新旧芯线对号必须准确，改线各点要密切配合，同时改接。此种方法改接，适用一般的用户。

② 扣式接线子复接改接法：如图 6-5 所示，将新电缆布放到改接点，新旧电缆对好号后，先利用 HJK4 或 HJK5 扣式接线子进行搭接，然后再剪断要拆除的旧电缆芯线。此种方法适用于较小对数电缆的改接，特别适用于个别重要用户的改接。

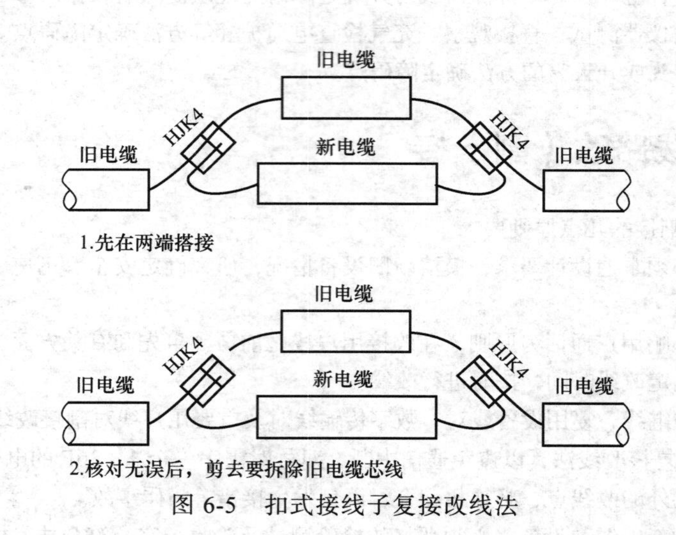

图 6-5 扣式接线子复接改线法

（3）模块式接线子复接改接法

模块复接割接方法复接时不影响用户通话，不影响业务发展（装机），割接时障碍极少，安全可靠。此种方法适用于大对数电缆的割接。

割接的步骤如下：

① 电缆的对号

A. 在复接点有原有电缆（塑缆）接头对号的要求：

a. 在原接口处与旧电缆局方竖列线序（或交接箱端子板线序）对号（应用感应对号器对号或利用模块测试孔对号，不得损伤芯线绝缘层）。

b. 在原接线模块上写有线序号的也应复对号。

c. 对旧号时，竖列线序号（或交接箱端子板线序）与模块出线色谱一致时可在模块上写好线序，以便复接用（如模块上已有线序号时，只做好复对号的标记），可不作临时编线。

d. 竖列线序号与模块线序不一致时，可采用临时编线（编篦子）的方法。

B. 在复接点没有原有电缆（塑缆）接头时（塑缆）对号的要求：

a. 在复接点的旧电缆处把电缆开长 1.3m，剥去电缆外护套，将旧电缆的将被拆除端余弯向复接点处拉过约 80cm，使电缆芯线成 U 形弯。如图 6-6 所示。

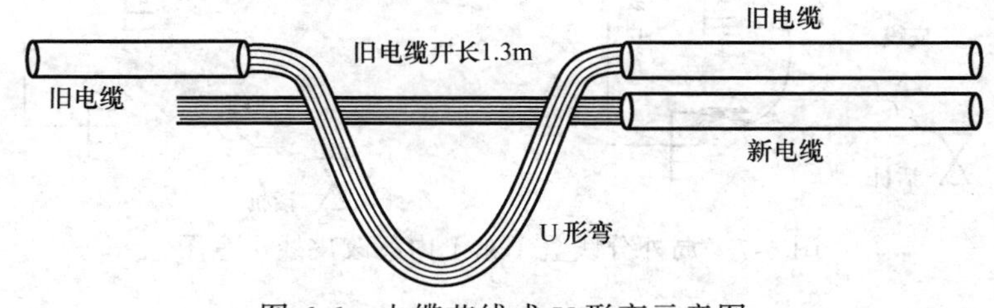

图 6-6 电缆芯线成 U 形弯示意图

b. 对旧号采用临时编线的方法（编篦子），以一个基本单位（25 对）一编，同时挂标牌写明线序号。

C. 根据设计对新电缆进行对号。

注：若对一条旧电缆中的一部分进行更换，则应在两割接点都应与旧电缆局方竖列线序（或交接箱端子板线序）进行对号。

② 安装好模块机。

③ 进行复接：

第一步：在接线头耐压底板上装好接线模块的底座（深黄色），按色谱放入新电缆的线对（注意 A 线在左，B 线在右），用检查梳检查有无放错线位的。

第二步：装好接线模块的本体（带刀片的），深黄色在下、乳白色在上，放入旧电缆利旧端的线对，用检查梳检查有无放错线位的。

第三步：在用户方向的线对上装好复接模块（蓝色朝下，乳白色朝上），再放入旧电缆拆除端的线对，用检查梳检查有无放错线位的，最后装好接线模块的上盖（乳白色）。

第四步：装好手压泵头，位置端正，关紧泵气阀，手握泵柄下压数次至听到二次声音，将切断的余下线头轻轻拉下，拉开泵气阀拆去泵头。在模块上写线序号，便完成了 25 对基本单位的复接。

按照以上四步，将所有的线对全部复接后再进行套管的封合。

④ 待所有的割接工作完成后，再拆除旧电缆。

其步骤为：

第一步：打开接头套管。

第二步：使用模块开启钳，将复接模块的上盖开启，把要拆除的旧电缆线对从卡接刀片中拆下，拆除复接模块，再将模块上盖盖好，用手压钳压紧。重复此步动作，直至将所有复接模块拆完。

第三步：拆除旧电缆，将接头重新封合好。

3. 局外分线盒（箱）内移改皮线

（1）剪断移改

当用户无通话时，自旧分线盒（箱）拆下皮线，连在新分线盒（箱）内。

（2）复接后移改。如图 6-7 所示。

（3）爬杆皮线采用装新拆旧的更换方法改接。

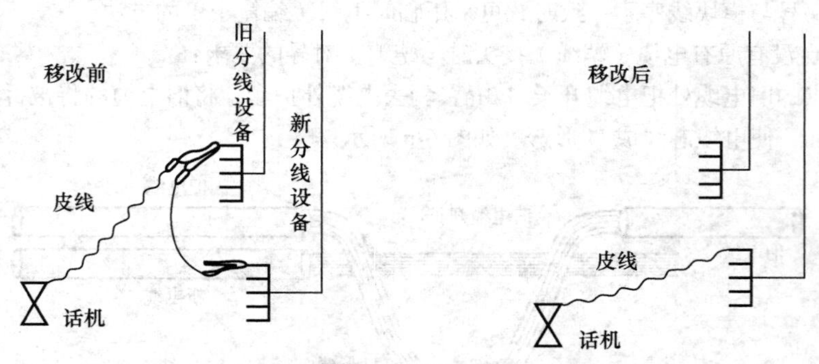

图 6-7　局外分线盒（箱）内移改皮线示意图

4. 调区改线

（1）新建配线区

以环路改接为主。

① 调查现场用户分布情况，确定改入分线设备位置（不能任意改变用户号码）。绘填配线表和改线簿。

② 布放跳线，一端在纵列端子上绕接，另一端引至横列前，导线临时绕接在端子上，然后新旧纵列对号核对无误。

③ 局外改连用户引入线时，通知局内在新列上上好保安器，通话或听测，确定无误即改下线。

④ 局外每改完一个分线盒（箱），应通知测量员拆旧列保安器，叫测用户，测好后即可拆除旧跳线，正式绕接新跳线。

（2）调改线序换电缆

① 更换分线盒（箱）

a. 把旧分线盒（箱）拆离原位并临时吊在钢线上或电杆上，装钉新分线盒（箱）并对号编线。

b. 拆旧接口，至局内（交接箱）对号核对原芯线。如果扩大线序，应对出设计编排的新线序。

c. 按对好的线序顺序改接，当改接使用线对时，局内跳线（交接箱跳线）、接口内的芯线、引入线同时改动。全部改完通知测量台测试，测试后才能封焊。

② 更换配线电缆

a. 调查现场用户下线分布情况，填制配线表及改线簿。

b. 根据调查的结果，在新架设的电缆上编排线序和安装分线盒（箱）并进行一次绝缘及气压试验，符合要求才能与旧电缆改接。

c. 在旧电缆改线点开接口，至局（或交接箱）对号编线。

d. 分线盒（箱）的线序不变时，接口与引入线同时改线。

e. 分线盒（箱）的线序有变动时，必须由局内列上（或交接箱端子）、接口及分线盒（箱）三处同时改线。有时在接口内先临时复接上，然后再改跳线及下线，以减少影响通话时间。

5. 新旧局割接

（1）环路割接方法

① 如果旧电缆离新局较远，则应设联络电缆（或通过中继光缆）调线。

如图 6-8 所示，首先布放好联络电缆，将塑料芯线头绕缠在纵列端子板上，然后在改接点改接电缆。待开通时，拔掉旧局纵列上的保安器，去掉新局横列上的绝缘片。若无障碍可拆除联络电缆。

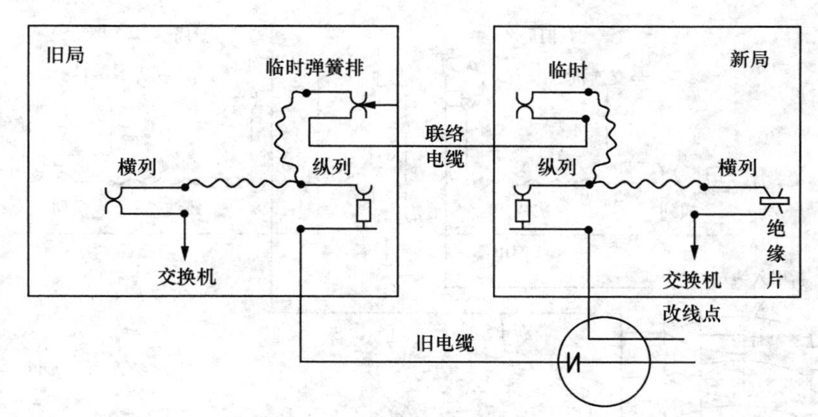

图 6-8　旧电缆离新局较远时，环路割接方法示意图

② 如果旧电缆距离新局很近，可以不设联络电缆。一般施工步骤如下：

a. 按图 6-9 所示，布设好临时电缆和临时列，把使用的线对连好跳线。在新局的横列上嵌入绝缘片，纵列上好保安器。

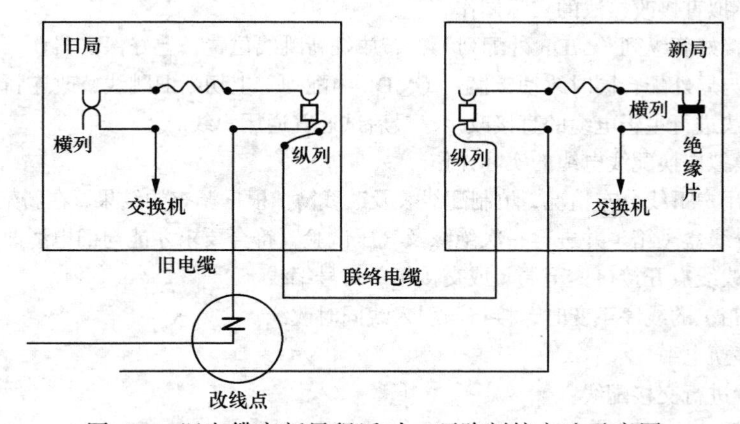

图 6-9　旧电缆离新局很近时，环路割接方法示意图

b. 剥开新旧电缆至局内对号编线。

c. 在两改接点同时进行改接（应当注意新旧电缆芯线头不得有混线、地气现象）。

d. 开通时，新局横列拆绝缘片，旧局拔除保安器，若无障碍即可拆除临时设备。

（2）临时复接割接方法

此种割接方法是应用较广泛的割接方法之一。如图 6-10 所示，由新局引出电缆与旧电缆进行临时复接。开通时，新局拆绝缘片，旧局嵌入绝缘片（或拉电闸）。开通后若无障碍便可排除复接线作正式接续，并拆除不用的设备。

割接步骤：

① 将新旧分线设备的有关端子复接。

② 拆下旧分线设备的用户皮线，改由新设备引入。

③ 新局内布好跳线，上好保安器，但其横列应嵌入绝缘片。

④ 开通时新局横列拆绝缘片，旧局纵列拆保安器。开通后若无障碍拆除复接线及旧设备。

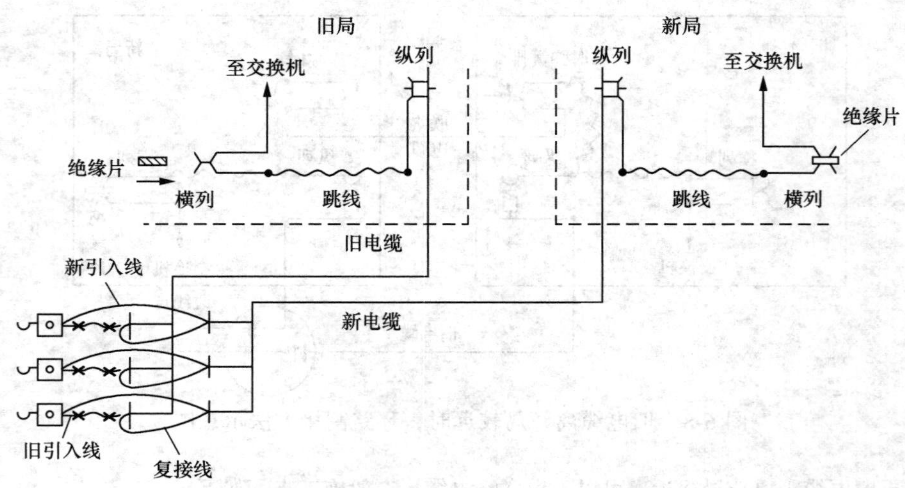

图 6-10　临时复接割接方法示意图

6. 改（割）接的基本方法实际操作

（1）课堂上模拟直接改接法的实际操作

① 安装和连接好新纵列（MDF 外配列），布放好新跳线位置，上好保安器。

② 改线时，与局外配合同时改动，横列（MDF 内配列）上切断旧跳线，改连新跳线。

③ 用这种方法进行主干电缆的直接改接，最后试通普通用户线对。

（2）课堂上模拟更换配线电缆的实际操作

① 调查现场用户下线分布情况，填制配线表及改线簿。根据调查的结果，在新架设的配线电缆上编排线序和安装分线盒（箱）并进行一次绝缘及气压试验，符合要求才能与旧电缆改接。

② 在旧电缆改线点开接口，至局（或交接箱）对号编线。

③ 分线盒（箱）的线序不变时，接口与引入线同时改线。

（3）调改线序换电缆

在交接箱位置进行交接配线：

① 各配线电缆的线序调改；

② 更换分线盒（箱）的线序。

本章小结

（1）通信线路的基本维护介绍，包括光缆与电缆线路。阐述了通信线路维护的基本任务与特点。

（2）光缆线路故障判断与处理，包括故障分类，故障原因，故障处理原则，故障处理方案，故障恢复流程，故障处理注意事项及常见故障处理。光缆的纤的熔接与测试等。

（3）通信光缆维护及防护要求，包括通信光缆的运行维护，通信光缆的防雷，通信光缆的防强电，通信光缆的防蚀、防鼠害、防白蚁等。

（4）通信电缆线路维护，包括电缆线路维护技术要求与障碍的排除，电缆线路改（割）接技术等。

思考与练习

简答题

1. 说明通信线路维护的基本任务和特点。
2. 引起光缆线路故障的原因大致可以分为四类，分别是什么？
3. 光缆线路故障如何分类？
4. 通信光缆故障处理的基本原则是什么？
5. 说明 OTDR（光时域反射仪）工作原理？
6. 电缆障碍产生的原因是什么？电缆障碍修复要求有哪些？
7. 提高光缆线路故障定位准确性的方法有哪些？
8. 简单说说光缆线路故障抢修的基本流程是什么？
9. 光纤熔接的质量控制要求是什么？
10. 通信光缆的防雷措施是什么？
11. 通信光缆的防强电措施有哪些？
12. 通信电缆的改接方法是什么？

第 7 章

通信线路质量控制和施工安全规程

通信线路设备质量管理控制是通过认真执行维护规程和贯彻指标体系，达到不断提高线路设备运行质量、维护效率和管理水平的目的，从而确保通讯传输线路高质量的运行，为全网各类通信设备提供安全、可靠的互联保障。本章从质量控制点，线路施工安全操作规程及安全生产案例给予说明，加强安全生产操作，提高线路维护质量。

7.1 质量控制点

质量控制点设置的原则，是根据工程的重点程度，即质量特性值对整个工程质量的影响程度来确定。为此，在设置质量控制点时，首先要对施工的工程对象进行全面分析、比较，以明确质量控制点；尔后进一步分析所设置的质量控制点在施工中可能出现的质量问题、或造成质量隐患的原因，针对隐患的原因，相应地提出对策措施予以预防。由此可见，设置质量控制点，是对工程质量进行预控的有力措施。

质量控制点的涉及面较广，无论是操作、材料、机械设备、施工顺序、技术参数、自然条件、工程条件等，均可作为质量控制点来设置，主要是视其对质量特征影响的大小及危害程度而定。

质量控制点的设置，应根据工程性质划分工序，按照《建设工程项目管理》的有关要求设定质量控制点，并对其进行动态控制。

7.1.1 设备安装工程的质量控制点

设备安装工程的质量控制，按照其实施过程，可分施工准备、硬件安装、性能测试、竣工验收四个阶段进行。

施工工序包括：施工现场勘查—施工图复核—器材检验—安装走线槽（架）—抗震基座的安装制作—机架、设备的安装—电源线的布放—电缆的布放—信号线的布放—加电本机测试—系统测试—竣工文件的编制。

从某种意义上讲，各个阶段各工序都有可控制的质量控制点，下面列出一些可设置质量控制点的位置：

1. 设备安装准备阶段

（1）现场勘查：机房内部装修；地槽、走线路由；交流电源引入、机房照明；机房的防静电地板（如有）；空调系统；机房温度、湿度；机房的防雷接地、保护接地；机房内消防设施。

（2）器材检验：现场开箱检验设备、主要材料的品种、规格、数量、外观；设备、主要材料的出厂合格证书、技术说明书。

2. 设备安装阶段

（1）走线槽（架）安装；

（2）机架安装质量；

（3）子架安装质量；

（4）室外设备的安装；

（5）光、电缆布放及成端；

（6）电缆头的焊接。

3. 设备测试阶段

（1）设备通电检查；

（2）电源设备安装测试；

（3）交换设备测试；

（4）微波设备测试；

（5）基站设备测试；

（6）光传输设备测试。

4. 竣工阶段

（1）验收前成品保护：局部封闭、环境保护、防护标志设置、维护测试。

（2）竣工文件：竣工文件完整、外观整洁、符合归档要求，技术文件内容齐全、数据准确、与实物相符。

7.1.2　线路工程质量控制点

通信线路工程的质量控制，按照其实施过程，可分准备、实施、竣工三个阶段进行。

控制工序包括：施工现场路由复测—线缆单盘检测—挖沟（立杆—拉线—吊线）—敷缆—回填及保护—线缆接续及测试—中继段性能测试—竣工图的绘制及竣工文件的编制。下面列出一些可设置质量控制点的位置：

1. 工程准备阶段

（1）施工现场摸底；

（2）线缆单盘检测；

（3）路由复测及光（电）缆配盘。

2. 杆路施工

（1）立线杆；

（2）架设吊线。

3. 管线缆敷设

（1）埋式线缆敷设；

（2）埋式线缆回填及保护；
（3）架空线缆敷设；
（4）布放管道光缆；
（5）布放管道电缆；
（6）微控定向敷设管线；
（7）气流吹放管道光缆。

4. 线路设备安装

（1）交接设备安装；
（2）配线电缆布放；
（3）充气设备安装；
（4）局内成端电缆布放。

5. 线缆接续及测试

（1）线缆接续及实时测试；
（2）线缆成端及标识；
（3）中继段全程电气性能测试；
（4）光缆；
（5）电缆。

6. 标识、保护

（1）路由标识、绘图控制点；
（2）管线标识、绘图控制点；
（3）路由地面保护措施；
（4）人孔内线缆的保护。

7.1.3 管道工程质量控制点

通信管道建设工程的质量控制，按照其实施过程，可分准备、实施、竣工三个阶段进行。控制工序包括：施工地段、路由现场勘查—材料进场检测、检验—沟槽、基础施工—管道敷设、包封及回填—人（手）孔施工—管道试通—竣工图绘制及竣工文件编制。下面给出一些可设置质量控制点的位置：

（1）施工前路由及环境勘查；
（2）进场材料的清点检查；
（3）管道坑槽；
（4）管道基础；
（5）水泥管道敷设；
（6）钢管敷设；
（7）塑料管敷设；
（8）包封加固；
（9）回填土方；
（10）人（手）孔、电缆通道施工；
（11）管道试通。

7.2　线路施工安全操作规程

7.2.1　现场作业

1. 一般安全须知

（1）严格执行国家安全生产工作的各项法律及行政法规。

（2）牢固树立“安全第一、预防为主”的工作方针，时时事事注意做到安全生产。

（3）严格按照部颁施工及验收规范施工；严格按照工程施工图设计文件组织施工；严格按照部颁安全技术操作规程施工。

（4）自己不熟悉的工艺流程，须向专业技术人员咨询或在其指导下操作。

（5）开工前，组织人员了解施工现场，做好施工测量，熟悉地形地势，对危险路段，跨越电力线，要制定周密的施工方案和安全保护措施。

（6）开工前要对工具、机具、仪表等进行认真的维护检查，确保使用安全。

（7）施工前要组织施工人员进行工程技术、安全技术交底及安全教育，并纵向延伸至全体作业人员。

2. 现场安全

（1）项目负责人及安全员要适时组织开展安全教育活动，不断提高员工遵章守纪自觉性，要加强现场安全监督检查，对不安全因素要制订预防措施。

（2）坚持每日工作后碰头会制度，及时研究、解决施工过程中出现的问题，总结推广先进经验。

（3）进入作业区内的施工人员，必须正确穿戴和使用相应的劳动保护用品，严禁违章作业。从事特殊工种的作业人员在上岗前，必须进行专门的安全技术和操作技能的培训和考核，取得《特种作业人员操作证》后方可上岗。

（4）认真落实安全生产责任制，做到责任明确，落实到人。

（5）做好施工现场的“五防”（防火、防盗、防爆、防破坏、防中毒）安全保卫工作。

（6）施工过程中，要爱护已有的各种设施，严防由于施工造成通信阻断和其他设施损坏。

（7）发生任何事故，必须及时、如实、逐级上报。报告的内容应包括事故发生的单位、时间、地点、简要的事故经过、伤亡人数、财产损失情况和已采取的应急措施等。报告人应适时作出书面记录。

3. 作业场地标志

遇有下列情况时，在工作地点或其附近必须设置安全标志，如图 7-1 所示。

（1）在街道或公路上的工地的两端及有关的街口和胡同口；

（2）在街道拐角、道路转弯处、交叉路口；

（3）工作地点有碍交通时；

（4）在跨越马路架线需要车辆暂时停驶时；

（5）车辆或行人有陷入坑、沟、洞的危险时；

（6）开启人孔盖处；

（7）架空光（电）缆接头处及两侧；

安全标志在白天可用红旗，夜间用红灯，必要时应设围栏，或用绳索围起；但在铁路或桥梁和机场附近，不得使用红旗或红灯，应使用符合市政部门规定的标志。设置安全标志时，应注意下列各点：

图 7-1 作业场地标志

（1）标志应当放置在易于引起注意并且足以防止事故发生的地点；

（2）应尽量避免造成车辆行人不必要的麻烦；

（3）沿公路或街道进行工作时，安全标志应随工作地点变动而转移，工作完成，应立即撤除。

在设有安全标志的区域内，禁止非工作人员入内和触碰带有危险性的工具等。遇有需要封闭道路进行施工的，事先应征得公安交通部门的同意。在高速公路施工，所有进入施工地段人员一律穿戴安全标志服、标志帽，施工车辆设有明显标志（红旗等）。摆设方法按高速公路管理部门有关规定执行。

4. 车辆行驶

（1）驾驶机动车和非机动车，必须严格遵守《中华人民共和国道路交通安全法》、公司下发的《驾驶人员及运输设施安全管理规定》和《关于加强公司机动车辆成本管理的通知》（鲁邮电工程[2008]32 号）。不强行超车、不疲劳驾驶、不酒后驾驶、不驾驶故障车辆。

（2）严格执行驾驶员持证上岗和公司准驾证制度。严禁将机动车辆交给无驾驶执照人员驾驶。

（3）汽车在行驶时，严禁与驾驶员谈话，严禁伸头露臂于车厢外，汽车遇红灯等待时不得上下车，到达目的地，车辆停稳后，方能上下车。

（4）车辆在运输发电机、抽水机、喷灯、工器具、各种测试仪表仪器等机具时，装车要牢固安全，防止仪器仪表损坏。车辆不得客货混装或超员、超载、超速，车辆行驶中，要随时检查，谨防机具内油料外溢，发生火灾事故。

（5）高速公路施工车辆要严格按照《高速公路交通管理办法》规定的路线和地点行驶、停放，严禁车辆逆行。施工人员、车辆进入高速公路施工时，应在距离作业地点的来车方向按相关部门的要求分别设置明显的交通警示标志和导向箭头指示标志，按指定位置停放施工车辆，并有专人维护交通，收工时，安全警示标志的回收顺序必须与摆放顺序相反。施工人员不得以任何方式拦阻车辆，必须穿戴专用的交通警示服装。

（6）施工人员在高速公路上下车和穿越公路时，应由安检人员统一组织，集体行动。

（7）施工中，严禁机动车辆人货混装。

（8）施工中所用的自行车，应装设保险叉子，并应经常检查叉子及刹车的牢固情况，有损坏的要及时修理。

（9）笨重的工具线料等，不得挂在车把上，必须放在车后铁架上，并捆绑牢固。

（10）骑自行车时，不得肩扛物件或携带竹梯等较长的器材等物，如需携带竹梯或较长的器材时，必须绑缚在车上推着行走，并随时注意行人和车辆。

5. 砍伐树木

因工程原因需砍伐树木时，在砍伐之前，应与绿化主管部门联系，取得主管部门同意且办理手续后方可砍伐。整树的砍伐，原则上应由绿化主管部门自行处理；如需由施工人员砍伐时，应注意以下各点：

（1）工作人员应注意站立位置和工作梯的放置方法，防止树枝落下时被砸伤压倒或因工作梯滑动摔伤。

（2）砍伐较大树木时，应先砍伐树枝、支干，再砍伐主干。

（3）为了防止被砍伐的树木或其枝干倒折在线路或其他建筑物上，应用绳索绑在树头上，在将要锯断树木时，要有足够的人力拉拽，使树木倒向线路或建筑物的另一侧，以保障设备安全。

（4）沿街道伐树时，必须在树木两侧加设标志，并设专人指挥行人和车辆通行，以免发生危险。

（5）在攀登树木时，必须了解树木的脆韧性质，充分估计站立的树枝能否承担身体的重量。

（6）遇树枝上有蜂窝和毒蛇等有害人体的动物，伐树前，应采取有效措施，如天亮前烧窝或打药等。

（7）风力在五级以上时，不准进行砍伐树木工作。

6. 消防设备

（1）光（电）缆进线室、机房、施工驻地和材料库等处，应设置适当的消防设备，如灭火器、消防水龙等防火用具。

（2）消防器材应设置于明显的地方，并应注意使分布位置合理，便于取用。

（3）对各种消防器材、设备应定期检查，确保使用有效。

（4）所有施工人员对各种消防设备的性能均应了解，并应熟知其使用方法。电气设备着火时，应首先切断电源，必须使用干灭火器，严禁使用水和泡沫灭火器。

（5）使用各种性能不同的灭火器时，须按照厂家使用说明进行操作（使用说明贴于灭火器瓶）。

（6）灭火器应放置在阴凉干燥的地方，严禁暴晒、雨淋。

（7）通常使用的灭火器，一般分为两种，一种 ABC 干粉灭火器，主要用于扑救有机固体、棉麻、木材、石油及其产品、可燃气体等初起火灾。另一种 1211 灭火器，主要用来扑救机房、车辆、配电室、资料室等场地的油类、电器、仪表、精密仪器、图书资料等初起火灾。后者使用时，喷出的气体含有低毒，对人身体有害，在室内使用后应进行通风。在机房内施工一旦听到告警声，应及时撤离，退至安全地带。在未采取可靠的安全措施或险情未排除前，严禁再次进入机房，以免造成伤害。撤离人员如身体出现头晕、目眩、恶心、呼吸道不畅等症状，应及时到医院就诊。

（8）在室外使用灭火器时，应根据风向，确定灭火人员的位置，如风自南往北刮时，则灭火人员应站在火焰的南面，即火焰的上风向，才不致被火烧伤。

（9）ABC 干粉灭火器与 1211 灭火器的使用方法基本一样，使用时，首先右手拉出保险销，然后手抓紧喷嘴，对准火焰的根部，左手提起灭水器，按下压把，药剂即自动喷出。

7. 野外工作

（1）遇有地势高低不平的地方，勿冒然下跳，以防尖石或竹根等物刺伤。

（2）攀登山岭，不要站在活动的石块上或有裂缝的土方边缘上，涉渡浅水溪沟时，应以竹竿探测，稳步前进，以防陷入溪沟的深处或淤泥里。

（3）在山区（特别是茅草多及树木地区）工作时，禁止吸烟。休息时，吸烟要将烟头和火柴余火熄灭。在护林防火区内，应遵守当地政府规定，严禁烟火。

（4）不得燃烧荒山野草，以免引起线路或树木的火灾。在农田中工作，注意爱护农作物。

（5）外线工作人员必须熟悉工作地区的环境，例如向当地群众了解哪些地区长有毒植物或毒蛇、野兽，以便事先采取预防措施，避免遭受各种动植物的伤害。

（6）在水田或泥沼中进行长时间工作时，须穿长筒胶靴以防吸血动物，如蚂蝗咬伤。

（7）在野外工作时，应提防狗及其他动物的伤害。

（8）在荆棘丛生的地方工作时，须带防护手套并绑扎裹腿。

（9）注意猎人预设捕兽的陷井或器具，不要触碰或玩弄。

（10）在野兽经常出没的地方行走和住宿时，特别注意防止野兽的侵害。夜晚查修线路障碍时，至少要有两人并携带防护用具，或请当地民兵协助。

（11）在深山野地工作时，勿食野生不知名的果实或野果，不喝当地水源生水，防止中毒。

（12）严禁在有塌方、山洪、泥石流危害的地方和高压输电线路下面架设帐篷及搭建简易住房。不许在铁轨、桥梁上休息，睡觉或吃饭。

（13）路基边有人行道时，不要在铁轨当中行走。在双轨的路基上，应在面向火车进行方向一侧行走，不准在双轨中间行走。火车驶进时，应停止前进，并远离路基，防止被列车及其所载运的货物挂伤或被火车掉下的东西砸伤。待火车驶离再继续前进。携带较长的工具时，工具一定要与路轨平行。

（14）在船上和木排上工作时，应选派熟悉水性的工作人员负责安全工作，并备有救生用具。

（15）在结冰的河中，冰的厚度及承载力不足以载人时，禁止由冰上度过。

（16）在工作时，不得到河中洗澡游泳。

（17）当船只在急流或有漩涡的水道上航行时，应听从船管人员的指挥。

8. 用电安全及其他注意事项

（1）用电应符合三级配电结构，即由总配线箱（配线室内的配线柜）经分配电箱（负荷或用电设备相对集中处）到开关箱（用电设备处）。分三个层次逐级配送电力，做到一机（施工机具）一箱。现场工作，首先应详细观察了解周围环境及设备情况，对存在的用电隐患，应采取有效防止措施，然后有秩序的进行工作。

（2）施工现场用的各种电气设备必须按规定采取可靠的接地保护，所有工作设施必须安全牢固，用电线路必须按规范架设，应采用绝缘阻燃护套导线，不可使用不合格的材料；临时性质的设备所用材料，虽以经济为原则，但仍应要求达到安全需要之坚固程度。

（3）电动工具的绝缘性能、电源线、插头和插座应完好无损，电源线不应随意接长或更换。在离开工作地点时，应将电源切断，拔掉所有电动工具的插头。

（4）检修各类配电箱、开关箱、电气设备和电力工具时，必须切断电源，并做警示标牌或专人看管。

（5）工作前和工作中禁止饮酒。使用有毒物品时，应配戴口罩、风镜及胶皮手套，必要时还需配戴防毒面具，以防中毒。

（6）在砖墙上凿孔时，开凿之前应告知室内的人，并注意勿使建筑物受到严重损坏，工作完应进行修补和现场清理。

（7）在气候特别寒冷和特大风雪天，外出施工时，应备足防寒用品。

（8）打冰凌时应注意安全，防止被落下的冰凌和折断的工具打伤，并注意脚下，以免滑倒跌伤。

7.2.2 工具和仪表使用的安全规范

1. 一般安全规定

（1）工作时必须选择合适专用的工具，并正确使用，不得任意代替。

（2）装柄的各种工具，其柄把必须完好，并安装坚固，严防使用时脱落。

（3）锋刃的工具，在携带与传递时，应盛在工具袋内或用吊绳绑牢吊上，不准插入腰带上或放置在衣服口袋内。严禁将工具从杆上，楼上或梯子掷下或上抛。

（4）锋刃的工具，要经常进行检查，存放运输要平放，锋刃口不可朝上向外，在工具袋内应向下，以免伤人。

（5）在使用有锋刃的工具时，应避免伤及自己或他人。

（6）使用钢剪切断线条或钢绞线时，必须注意剪下的线头不致弹起并碰到自己的面部或伤及他人。

（7）使用手锤、榔头应注意：

① 不允许带手套操作。

② 锤平时，握平锤和大锤的人不可面对面站立，应斜对面站立。

（8）台虎钳要装在牢靠的工作台上，用台虎钳夹工件时要夹牢，防止工件脱落伤人。

（9）不可用锉刀、板手、剪子、钳子敲击或撬工件。

（10）使用钢锯应注意：

① 锯条要装牢固、松紧适中。

② 使用时用力要均匀，不要左右摆动，以免钢锯条折断伤人。

③ 锯长物件时，要用支架或人扶持，以免物体摆动。

（11）使用切割机时应注意：

① 操作者不要站在砂轮的正前方，应站在侧面，以防砂轮破裂伤人，操作人员应戴防护眼镜。

② 搁工件的架子离砂轮不得大于 3mm，必须安装牢固。

③ 工件对砂轮的压力不可过大，以免砂轮破裂。

④ 不可在薄的砂轮侧面磨料件，否则砂轮有破裂危险。

⑤ 不准在砂轮上磨铅、铜等软金属；不准带手套操作。

（12）使用管钳时，不可将手靠近钳口。

（13）在挥动板斧时，必须注意勿受他物的障碍，并勿使他人靠近，否则自己或他人可能受到反击的严重伤害。

（14）皮卷尺里面有铜丝，使用时避免触碰电力线，以免发生触电事故。

（15）各工种使用的防护用品，应参照有关部门的规定，正确使用，并注意妥善保存，防止油污、受潮、受热等变质现象。

2. 梯、高凳

（1）使用梯子时，必须注意下列事项：

① 梯子应检查是否完好，凡任何部位已经折断、腐朽、松弛或破裂的梯子，均不可使用。

② 上下梯子不得携带笨重的工具和材料。

③ 梯子上不得有二人同时工作。

④ 梯子不用时应随时放倒或妥善保存，避免日晒或雨淋，以防损坏。

（2）梯子靠在电杆、墙壁或吊线上使用时，梯子上端的接触点与下端支点间水平距离，应等于接触点和支持点间距离的四分之一至三分之一。靠在电杆上的梯子上端应绑扎一半圆形铁链环，或用绳将梯子上端拴在电杆上，以防止梯子滑动、摔倒。

（3）上下较高及竖立地点容易滑动和有被碰撞可能的梯子，必须有专人扶梯。

（4）在有架空电线和其他障碍物的地方，不要举梯移动。在电力线、电力设备下方或附近，严禁使用金属伸缩梯。

（5）在梯上的工作人员，如两手均须工作时，应将一足穿过上面一根梯蹬，以取得较好的支持。

（6）在梯上工作时，除手臂外，勿将身体伸到梯架外 30cm 以上。

（7）上梯和下梯时不可匆忙，每次应只踏一蹬。

（8）携带梯子进入建筑物时，必须另有一人在前面开门，并在转弯时予以协助，以免撞及他人。注意不碰坏电灯及其他陈设装修等物。

（9）当梯子靠在吊线时，梯子上端至少应高出吊线 30cm，不能大于梯长的三分之一。

（10）从梯子与支持物接触点起向下数第四档，为最高的站立位置，切勿站立在这一档以上之处工作。

（11）梯子不得搁在导线上。

（12）在梯子上操作时，不得用力过猛，以免发生危险。

（13）梯子所靠着的支持物必须相当坚固，并能承受梯上最大的负荷。

（14）在梯上工作，不能一脚踩在梯上，另一脚放在其他支持物上，或用脚移动梯子。

（15）使用伸缩梯时，必须逐节扣牢后方可攀登。

（16）使用高凳、人字梯注意事项：

① 凡工作点超过工作人员的水平视线时，均应使用木高凳。

② 使用前应检查高凳、人字梯是否牢固和平稳。

③ 两人不可在同一高凳上工作。

④ 使用人字梯一定把螺丝旋紧或把搭扣扣牢，无此设备时，须用坚韧可靠的绳子在中间缚住，站在上面打洞或封接光电缆时下面应有人扶住。

使用梯、高凳等工具作业时，现场应设置如图 7-2 的标志。

图 7-2　高空作业标志

3. 保安带（绳）及上杆工具

使用保安带（绳）必须注意下列事项。

（1）使用前，必须经过严格检查，确保坚固可靠，才能使用。如出现弹簧、扣环不灵活或不能扣牢，皮带有折痕，皮带上的眼孔有裂缝的，均禁止使用。

（2）使用时，切勿使皮带扭绞，皮带上各扣套要全数扣妥，皮带头子应穿过皮带小圈，保安带的绳索和保安绳不得乱扣节，也不可吊装物件，以免损坏绳索。

（3）保安带（绳）不可放在火炉、暖气设备、酸碱类物品的附近，或其他过热、过湿之处，以免损坏。

（4）切勿使用绳索或铜铁线代替保安皮带。

（5）在梯上工作时，不可将保安皮带拴在梯上。

（6）在杆上工作时，不可将保安皮带拴在距杆顶 30cm 以上之处。

（7）切勿在保安皮带上自行钻眼。

使用脚扣注意事项：

（1）经常检查是否完好，勿使用过于滑钝和锋利；脚扣带必须坚韧耐用；脚扣登板与钩处必须铆固。

（2）脚扣的大小要适合电杆的粗细，切勿因不适合而把脚扣扩大窝小，以防折断。

水泥杆脚扣上的胶管和胶垫根，应保持完整，破裂露出胶里线时应予以更换。其他同一般脚扣要求。

搭脚板的勾、绳、板，必须确保完好，方可使用。保安带（绳）每使用或存放一段时间应进行可靠性试验。试检办法是，可将 200kg 重物穿过保安带（绳）、皮带中（绳套中），悬空挂起，无有裂痕、折断，才能使用。脚扣试检办法是：

（1）把脚扣卡在离地面 30cm 左右电杆上，一脚悬起，一脚用最大力量猛踩。

（2）在脚板中心采用悬空吊物 200kg 办法，若无有任何受损变形迹象，方能使用。

4. 滑车及绳索

（1）各种滑车应经常检查注油，保持良好，如有损坏迹象或缺少零件不应使用。

（2）使用滑车拉起或放下任何重物时，切勿骤然动作。

（3）各种吊拉绳索和钢丝绳，使用前必须检查，如有磨损、断股、腐蚀、霉烂或烧伤的现象，不可使用。

（4）受冷、潮湿的绳索不可用于电力线附近工作。

5. 喷灯

（1）不得使用漏油、漏气的喷灯；加油不可太满，气压不可过高。严禁将喷灯放在火炉上加热，以免发生危险。

（2）严禁在任何易燃物附近点燃和修理喷灯。在高空使用喷灯时必须用绳子吊上或吊下。

（3）燃着的喷灯不准倒放。

（4）点燃着的喷灯绝对不许加油；必须将火焰熄灭，稍冷之后，再加油。

（5）使用喷灯，一定要用规定的油类，不得随意代用，避免发生危险。

（6）不准用喷灯烧水、烧饭。

（7）喷灯用完之后，及时放气，并开关一次油门，避免喷灯堵塞。

6. 电气用具和切割、焊接用具

使用电气用具前，必须检查有无短路、绝缘不良、导线外露、插头和插座破裂松动、零件螺丝松脱等不正常现象；发现不妥之处，应立即停止使用。各种电器用具和电源相接之处，应设置开关或插销，不得随意插挂。各种电器用具，如电烙铁、电扇、手电钻、电炉等使用时，须有良好接地装置，否则不可使用。电器用具的电线，必须放置妥当，特别是室外使用时，防止绊住行人和被车辆压坏。人孔内应用工作手灯照明时，电压不超过36V，在潮湿的沟、坑用的工作手灯电压不超过12V。汽车电瓶作电源时，应放在人孔或沟坑以外。使用电烙铁应注意：

（1）不准放在地面和木板上，应放在搁架上；在机架上工作时，电烙铁要挂在人不易碰着的地方，并防止烧坏布线、电源线或其他设备。

（2）在带电设备上使用电烙铁，烙铁不应接地。

（3）烙铁上的余锡不得乱甩。

（4）禁止用电烙铁烧烘易燃物品，未冷却的烙铁不可放入工具箱。工作人员离开须切断带电的烙铁。

使用移动式的发电设备和配电设备及电动设备，应指定熟练电工进行操作，检修时必须停止使用，切断电源。使用砂轮切割机时，应在其前面设立1.7m高的耐火挡砂板，严禁在砂轮片侧面磨削，砂轮片外径边缘残损或剩余直径小于250mm时应及时更换。电气焊接工作的注意事项：

（1）电、气焊工作人员，必须经过专业培训和考核。

（2）禁止在转动、带电的设备上和有压力、密闭的容器上进行焊接。禁止在盛过油料或易燃物没有清除干净的容器上焊接和切割。禁止在存有易燃易爆物的房间内进行焊接、切割。焊接工地与油库、化工库等易燃物的距离应大于10m以外。

（3）电、气焊工作人员必须穿戴好防护用具。绝对禁止用普通涂色玻璃代替保护面罩。

电焊：

（1）使用焊机前，应先检查机件各部分是否正常完整，确认无异常情况后，才能合闸使用。

（2）电焊机调头、更换零件，均应断开电源。

（3）清除焊渣时，应带防护眼镜。

（4）不可注视电弧的强光，若眼发痛，应立即就医或先用稀苏打水洗眼（也可用人乳滴入眼内）。

气焊：

（1）使用氧气瓶应注意：

① 氧气遇油类便急剧燃烧，会引起爆炸，因此，氧气经过的焊枪嘴、瓶嘴等绝对不可有油污。

② 扳氧气瓶气嘴的扳手应是专用的，并事先清除油脂。

③ 检查氧气瓶有无漏气，应用浓肥皂水，严禁用火柴。

④ 冬天如阀门冻结，应用热水适当加热，严禁用火烧烘。

⑤ 氧气瓶的气压表必须指示正常，否则严禁使用。

（2）使用乙炔发生器应注意：

① 乙炔发生器应设有安全门或防爆膜，水封安全器等，安放位置应远离明火 10m 以外，与氧气罐应距离 5m 以外，附近严禁烟火。

② 检查漏气应用肥皂水。寒冷天气应有防冻措施；乙炔发生器冻结，不准用火烤，应用热水化开。

③ 开启电石筒所用工具不能起火星。打碎电石应带眼镜。

④ 气焊设备不得与电力线、高温物体接近，以防着火爆炸。

⑤ 焊枪有回火鸣爆及焊嘴堵塞时，应灭火，把嘴在冷水冷却后，用铜针穿通，不可用钢针。

（3）用完后氧气瓶应关闭，乙炔发生器剩余电石应取出，并放水。

7. 射钉枪

操作前必须对枪作全面检查。必须由经过培训，熟悉各部件性能、作用、结构特点及维护使用方法的人员使用，其他人员均不得擅自动用。射钉枪及其附件弹筒、火药、射钉必须分开，由专人负责保管。使用人员严格按领取料单数量准确发放，并收回剩余和用完的全部弹筒，发放和回收必须核对吻合。射钉枪使用注意事项：

（1）必须了解被射物体的厚度、质量、墙内暗管和墙后面安装的设备，是否符合射钉要求，如白灰土缝墙、空心砖泡沫砖墙壁不能射钉。墙上抹面灰皮刮掉见到砖后，符合要求才能射击。（被射物构件厚度大于射钉长度 2.5 倍）。

（2）必须查看沿射击方向情况，防止射钉射穿后发生对其他设备及人身的安全事故。在 2.5m 高度以下射击时，射击方向的物体背后禁止有人。

（3）弹药一经装入弹仓，射手不得离开射击地点，同时枪不离手，更不得随意转动枪口，严禁枪口对着人开玩笑，防止走火发生意外事故，并尽量缩短射击时间。

（4）射手在操作时，要佩戴防护镜、手套和耳塞，周围严禁有闲人，以防发生意外。

（5）发射时枪管与护罩必须紧紧贴在被射击平面上，严禁在凹凸不平的物体上发射，当第一枪未射入或未射牢固，严禁在原位补射第二枪，以防射钉穿出发生事故，在任何情况下都不准卸下防护罩射击。

（6）由于发射时稍有震动，操作者必须站立或坐在稳固的地方发射，在高空作业时必须拴有保安带。

（7）当发现有“臭弹”或击发不灵现象时，应将枪身掀开，把子弹取出，查找出原因之后再使用。

射入点距离建筑物边缘不要过近（不小于 10cm），以防墙构件裂碎伤人。往金属板上射钉时，金属板厚不得小于 10mm，材质必须是 G3 以下的，射钉直径不得大于 10mm。

8. 机械施工用具

各种机械施工设备及重要附件，应有定期检查和维护保养制度，经常保持机械设备完好状态。严禁非专业操作人员动用各种机械。各种挖掘机作业注意事项：

（1）挖沟、坑、洞前应了解地下各种设施，土质情况；松软土质地区，应保持安全距离，防止机械陷入沟、坑、洞内造成事故。

（2）挖掘中应观察四周的电力线、电杆及各种建筑物。以防工作中碰伤人员和碰坏建筑物。

（3）挖掘中如发现地下任何管线及建筑物，应立即停止工作，采用人工挖掘，以免发生人身与设备事故。

（4）严禁利用挖掘机转运器材。

推土机作业注意事项：

（1）推土机在堆土前必须了解地下设施情况，防止推坏设备及伤人。

（2）工作中应设有专人指挥，特别在倒车时应瞭望后面的人员和地面上下障碍物。

（3）用推土机回埋土方时，不准把挖出的大堆硬土、石块、构件碎块以及冻土块推入沟内，以防砸坏通信管道和其他地下建筑物。

各种吊车（起重机）作业注意事项：

（1）起吊前必须检查各支点、吊点、三角架底脚连固点是否平稳、牢固、可靠。吊车停车位置要适当，土质松软地区应采取措施，防止下沉和倾斜。

（2）所吊器材重量，不许超过设备标定负荷。自制的机具使用前，应进行技术鉴定，确定其负荷能力。

（3）吊装器材时，严禁有人在吊臂下停留和行走。如要改变器材搁置方向，必须待器材接近地面和车厢时再让人慢慢转动。

（4）严禁利用吊车拖拉物件或车辆，或直接吊起被泥土埋设重量大小不明的物件，如吊装不明重量物件时，应试吊可靠后再起吊。

（5）吊装有锐利、棱角、易滑物件时，必须加上保护绳索，一次吊装多件时应妥善处理后再行吊装。吊装物件应找好重心，垂直起吊，不许斜吊。

（6）严禁乘坐吊装物品之上，用人体找平衡。吊装物品挂起其他物件时，应停车落下取下挂物，防止意外事故发生。

（7）吊装物件时，应有专人指挥，明确信号，精神集中，密切配合。

（8）管道工程、吊装大型管块和铺管时，沟上沟下工作人员必须精神集中，注意吊车动向，随时离开起重臂下，吊装机具禁止急剧起降。

（9）在架空电力线附件进行起重工作时，起重机具和被吊物件与电力线最小距离不应小于表 7-1 中所示距离。

表 7-1　　起重机具和被吊物件与电力线最小距离

电压	1 千伏以下	6～10 千伏	35～110 千伏	220 千伏以上
距离（m）	1.5	2	4	6

机械顶管作业注意事项：

（1）未经培训人员，禁止开启空压机及其他操纵部件。

（2）设备运转期间，操作手不得擅自离开现场。

（3）顶管施工前，必须将顶管施工区域内的其他地下设备（如通信光（电）缆、电力电缆、上水管、下水道、煤气管等）的具体埋设位置调查清楚，以免发生人身和其他事故。

（4）在繁华地段、交通要道施工，必须摆放安全防护设施。

（5）夜间施工，须经路政部门及交通管理部门批准，设置安全警示标志，应符合路政和交通管理部门的有关规定。

（6）施工中，严禁将导气管面向他人，不得无故放气。

（7）汽车拖挂顶管设备，每小时行驶不得超过 35km。

定向钻作业注意事项：

（1）定向钻操作人员，必须是经过专业培训，取得合格证件人员，非操作人员不得擅自操作机器。

（2）在进行道路施工时，施工人员必须穿戴交通安全警示服及安全帽。

（3）车辆在道路上停放作业时，严格按照交通管理部门的有关规定，设置交通安全隔离桩。

（4）定向钻在作业前，施工人员必须向有关部门详细了解作业区域内河道及地下管线，设施情况，严禁在情况不明时盲目施工。

（5）钻机进入作业区内，在钻机周围 2m 范围内要设立警戒线。

（6）定向钻在施工过程中，操作人员精力要集中，机械出现异常情况，要及时停机，排除故障后方可恢复作业。

（7）在较宽的河道上施工，定向钻导向人员应选派识水性人员担任，并做好防护措施。

（8）雨季期施工，必须注意天气预报。若在泻洪沟、河道内施工，必须在雷雨到来前将定向钻移置安全地带。

（9）当日不能回填的作业坑，四周必须有防护措施。

（10）设备在转运过程中，必须有周密的紧固措施，要严格遵守道路交通管理规定，不得超速行驶。

（11）定向钻在装卸运输车时，周围 3m 内不得有闲散人员围观。操作手不得座在定向钻座位上操作。

（12）做好定向钻，车辆的日常维护保养。

各种机械施工用具共同遵守以下事项：

（1）司机人员应严格遵守交通规则。

（2）非机上人员不可乘座施工机械，劝阻不听时，司机有权停车。

（3）施工机械的制动设备要灵敏有效，夜间行车照明设备要符合规定要求。

（4）检修与清洁注油时，要停车。

9. 仪表

（1）使用仪表的人员必须熟悉仪表的正确使用方法，并按规定进行操作。

（2）仪表使用前，必须弄清楚需要的工作电源的电压，并按要求接引电源。

（3）使用直流电源的仪表要特别注意接入电源的“+”“-”极性，不得接反。电源电压要符合仪表要求。

（4）使用交流电源的仪表，在市电波动较大时（≥±10%）要经过稳压器后再供给仪表使用。

（5）交直流电源两用的仪表，在插入电源塞绳和接引电源时，要严防交直流电源接错，烧坏仪表。

（6）干电池的仪表使用完毕应随时关闭电源，仪表暂时不用时，要把干电池取出单独保存，以防日久电池蚀烂，使仪表受损。

（7）禁止用仪表的低（小）量程去测量高（大）信号值，（如电平、电压、电流等），被测量值的大小未知或无法估计时，应先把仪表量程放在最高档位测试，然后逐步降低量程到仪表得到明显的读数。使用仪表时，应按规定进行接地。

（8）不许用振荡器、电平表在电源或高压的线路上（如带有远供电源的电缆载波线路上）进行测试。做过耐压测试的线对必须立即进行放电，在经过放电后，再做其他测试。

（9）使用耐压测试器时，由于电压较高，操作者应穿胶底鞋或采取其他安全措施（如脚垫绝缘物等），并不得碰触经耐压测试而未曾放电的部件或端子。

（10）使用仪表的现场必须保持清洁干燥，防止日晒雨淋、火烤等，使用中要注意轻拿轻放，防止敲击和碰撞。

（11）仪表转移或运输时，备件要齐全，包装要牢固，要有三防标志，严禁与工具、铁件混装。

10. 化学用品

甲苯、二丁脂、乙二胺、丙酮、环氧树脂、聚酰胺使用时应注意：

（1）对挥发性较强的易燃有毒品，应妥当保管，严禁烟火。

（2）气温高于35℃时，不得装运。

（3）配制堵塞剂时，应戴防毒面具（通风良好的地方可戴口罩），胶皮手套，饭前一定洗手，以防中毒。

盛氯化钙、矽胶等干燥剂的滤气瓶，使用前必须仔细检查，干燥剂变质或滤气瓶有伤痕的严禁使用，滤气瓶壁厚不小于7mm，充气时气压不得超过3kg/cm^2（瓶的一端加串气压表并加盖小布）以防由于气压过高而造成爆破伤人。

氮、氢、氧气瓶使用时应注意：

（1）不得使用与气罐丝扣不合适的调压阀门，开高压阀门时，操作人员必须站在气罐的后方，充入电缆的氮气气压不得高于1.5Hg/cm^2。

（2）不得使用高压阀门漏气的气罐，操作人员不得自行检修气罐。

（3）不得把气罐放在烈日下和火炉旁，以免发生爆炸危险。气罐不得倒置使用，防止罐内余水进入电缆内。

（4）各种气罐内的气体不能全部用尽，应留有剩余压力。

7.2.3 器材储运

1. 一般安全规定

搬运器材时，必须检查：担、杠、链、撬棍、滚筒、滑车、抬钩、绞车、跳板等能否承担足够的负荷。人工挑、扛、抬工作应注意以下事项：

（1）每人负载不超过50kg，体弱者须酌情减少。

（2）捆绑要牢靠（越拉越紧），解结简便，着力点应放物体允许处，受剪切力的位置应加保护。

（3）抬扛电杆或笨重物体时，应配带垫肩，抬杆时要顺肩抬，脚步一致，同时换肩，过坎、越沟、遇泥泞时，前者要打招呼，稳步慢行。抬起和放下时互相照应。

（4）笨重设备和料具多人抬运，必须事前研究搬运方法，统一指挥，人员多少、高矮、所放肩位都应视具体情况恰当安排，稳步前进，必要时应有备用人员替换。

短距离采用滚筒等撬运、拉运笨重器材时，应注意以下事项。

（1）物体下所垫滚筒（滚杠），须保持两根以上，如遇软土，滚筒下应垫木板或铁板，以免下陷。

（2）撬拉点应放在物体允许承力位置，滚移时要保持左右平衡，上下坡应注意用三角木等随时支垫或用绳徐徐拉住物体。

（3）应注意滚筒和物体移动方向，听从统一指挥，脚不可站在滚筒运行的一侧，以免不慎压伤。

铲车进行短距离运输时，器材要叉牢并离地不宜过高，以方便行驶为度。用跳板或坡度坑进行装卸时应注意以下事项：

（1）坡度坑的坡度最好小于 30℃，坑位应选择坚实土质处。若土质不太坚实，应在上下车位置设护土板挡栏，以免塌方伤人。

（2）普通跳板应选用大于 6cm 厚没有死节的坚实木材，放置坡度不大于 1:3（高:低），跳板上端最好用钩绳固定，如遇雨、冰或地滑时，除清出泥冰外，地上应垫草包、粗砂防滑。若装卸较重（如光电缆等）物体时，其跳板厚应大于 15cm 并在中间位置加垫支撑木凳。跳板使用前必须仔细检查有无破、裂、损、腐现象。

汽车载运行驶，必须严格遵照行车规则。随车押运人员除注意器材在运行中的变化（如器材移动、跳动、下滑、滚摇等），还应协助司机眺望前进方向和上空可能触及的障碍物（如树枝、电线、桥、隧道等），以提醒司机停车或慢行。器材传递不得使用抛掷法。堆放器材应不妨碍交通，五金器材更要随时放好，必要时设标志或专人看管，以免碰伤行人。搬运脆弱物品，要轻拿轻放，不可与金属料或其他笨重物体放在一起。

2. 杆材

（1）汽车装运杆材时，杆材平放在车厢内的，一般根向前，稍向后，装运较长电杆时，车上应装有支架，尽量使杆料重心落在车厢中部，用两只捆杆器将前后车架一齐拴住（如无捆杆器，则用绳捆绑撬紧，勿使活动）严禁杆杠超出车厢两侧，以免行车时发生挂碰事故。

（2）用马车装杆，应先垫好支架，随时调整马车前后重量的平衡，逐杆架起，用绳捆绑扎紧；卸车时应用木枕或石块塞住车轮前后，并稳住牲畜。

（3）凡用车架运杆，无论汽车、马车，杆上不能坐人。

（4）装卸杆料时，应检查杆料有无伤痕，如有折断现象，应予剔除。

（5）卸车松捆时，应逐一进行，不可全部解开，以防电杆从车厢两边滚下，发生危险。

（6）卸车时，不可将杆直接由车上向地面抛掷，以免摔伤杆材。

（7）沿铁路抬运的杆料，严禁放在轨道上或路基边道的里侧，停留休息时，要选择安全的地方。抬运杆料器材需通过铁路桥梁，须事先取得铁路桥驻守人员的同意。

（8）堆放电杆应使梢、根各在一头排列整齐平顺，杆堆两侧应用短木或石块塞住，以免滚塌。电杆排列时，木杆最高不得超过六层，水泥杆不超过两层并且垫木要平放，堆完后用铁线捆牢，以免杆堆受震塌散，伤人损材。

3. 光（电）缆

（1）电缆盘用汽车或电缆拖车载运为原则，不宜在地上作长距离滚动。如须在地上作短距离滚动时，应按光（电）缆绕在盘上的逆转方向进行；电缆盘若在软土上滚动，地上应垫木板或铁板。

（2）装卸光（电）缆时，必须有专人指挥，全体人员应行动一致。

（3）电缆盘不可放在斜坡上；安放电缆盘时，必须在盘两面垫以木枕，以免滚动。

（4）电缆盘不可平放，也不能长期屯放在潮湿地方，以免木盘腐烂。若盘已坏朽，应即更换好盘。倒盘时，各盘均应安置在稳固的千斤顶上。

（5）光（电）缆如需放在路旁过夜，必须将电缆盘上的护板完全钉好，以免遭受损失；必要时，可派专人值守。

（6）人工转动电缆盘时，撬棍（铁或木质）应坚实有楞，长度适宜，上端顶冲点要对着电缆盘的坚固位置（如川钉头、铁盘的角钢或槽钢梁）如遇软土，顶杠下面应垫木板，动作时要统一口令行动。

（7）装运光（电）缆前，必须检查光（电）缆有无破损，若发现破损不可运出，应立即通知相关人员修复。

（8）光（电）缆装车后，应用绳索将缆盘绑固在车身铁架上，若车上无电缆盘座架时，必须垫以木枕，车行驶中，工作人员不得坐立在缆盘的前后方及上面。押运者还应随时检查木枕和盘移动情况，如发现问题，停车加固处理。

（9）光（电）缆装卸车，一般用吊车。如用人工装卸时，不可将缆盘直接从车上推下，应用粗细适合的绳索绕在盘上或中心孔的铁轴上，用绞车、滑车或足够的人力控制光（电）缆，使其慢慢从跳板上滚下。工作人员应远离跳板两侧，在3m以内不准有人行动。装卸时非工作人员不可在附近停留。

（10）装卸光（电）缆如使用电缆拖车，根据不同对象，用三角木枕恰当制动车轮。行车前应捆绑牢固，防止缆盘受震动跳出槽外。

（11）用两轮电缆拖车装卸光（电）缆时，无论用绞盘或人拉控制，都需要用绳着力拉住拖车拉端，慢慢拉下或撬上，不可猛然撬上或落下。装卸时，不得有人站在拖车下面和后面，以免伤人和摔坏光（电）缆。用四轮电缆拖车装运时，两侧的起重绞盘提拉速度应一致，保持缆盘平稳上升落入槽内。

（12）使用电缆拖车运输光（电）缆，除按规定设标志外，必须较一般汽车行驶速度为低，并要特别注意来往车辆和行人。

（13）电缆盘不可骤然坠下，以免盘缘损坏或陷入地下压伤光（电）缆。

4. 化学品和危险品

（1）搬运酸类危险物品和化学品，事前必须检查所用工具是否可靠。工作人员应配戴防护用品，以免中毒。

（2）爆炸物品的运输，必须按指定的路线和时间通过，不准在桥梁、隧道和人多的地方停留。

（3）搬运爆炸物品时，炸药、雷管、导火线、电池等应分装分运。避免爆晒。禁止带此类危险品乘坐火车、汽车。

（4）搬运易燃、易爆物品时，禁止吸烟。此类物品储存时也应分开屯放，专人专账严格保管。严禁放在宿舍、办公室内。存放严禁靠近高温和火源地区。

（5）搬运化学品时，要注意防震（多数为瓶装）物体不可倒置，如有泄漏在外的烈性化学药品，不可用手接触，拿取时应使用专用工具，工作后必须用肥皂洗手或消毒，才能饮食。

（6）危险品、易燃品（如汽油、防腐油、环氧树脂调合物、塑料稠粘物等等），必须用封闭式箱、桶、瓶装置，并盖紧盖严，以免泄漏液气体使人中毒。

（7）装运高压储气瓶（如氧、氢、氮等）时，必须以软物垫好并用绳捆牢，以免运行中产生碰撞，造成瓶子损坏或爆炸。

7.2.4 架空线路（光缆、电缆）

1. 勘测

（1）勘查时，应对拟定的通信线路所经过的沿线环境进行详细的调查，如有毒植物、毒蛇、血吸虫、猛兽和狩猎器具、陷井等，应告知测量和施工人员，采取预防措施。

（2）凡遇到河流、深沟、陡坎等，要小心通过，不能盲目泅渡和冒然跳跃。

（3）传递标杆，禁止抛掷，并不得要弄标杆，以免伤人。

（4）移动大标旗或指挥旗时，遇有火车行驶，须将旗放倒或收起，以免引起火车驾驶人的误会。

（5）冬季在雪地测量，应戴有色防护镜，以免雪光刺伤眼睛。

2. 打洞

在市区打洞时，应先了解打洞地区是否有煤气管、自来水管或电力电缆等地下设施。如有上述地下设备施时，应在挖到 40cm 深后，改用铁铲往下掘，切勿使用钢钎或铁镐硬凿。靠近墙根打洞时，应注意是否会使墙壁倒塌，如有此种危险，应采取安全加固措施。在土质松软或流沙地区，打长方形或 H 杆洞有坍塌危险时，洞深在 1m 以上时，必须加护土板支撑。打石洞需用火药爆破者，必须要有爆破经验的人员执行任务。对执行爆破任务的人员应进行安全教育。在市区内或者居民区及行人车辆繁忙地带，绝对不能使用爆破方法。打炮眼时，掌大锤的人，一定要站在扶钢钎的人的左侧或右侧，严禁对面操作。土石方爆破注意事项：

（1）打眼、装药、放炮有严密的组织和严格的安全检查制度。

（2）装药严禁使用铁器，装置带雷管的药包要轻塞，不准重击，不准边打眼、边装药。

（3）放炮前要明确规定警戒时间、范围和信号。经确认人员全部避入安全地带，方准起爆。

（4）用电雷管起爆，应设专用线路，起爆装置要由接线人负责管理，用火雷管起爆，要使用燃烧速度相同的导火索。

（5）遇有瞎跑，严禁掏挖，或在原炮眼内重装炸药爆破，应指派熟悉爆破的人员专门处理。未处理完，其他人员不准进入险区。

（6）大、中型爆破，事先应编制方案，报经上级批准。

在建筑物、电力线、通信线以及其他设施附近，一般不得使用爆破法；如必须采用爆破手段时，只能放小炮（炮眼一次深度小于 50cm），而且炮眼上方应盖以荆棘或树枝等物（点“炮”前必须通知屋内和附近人员离开危险区），防止石块飞起伤人损物。

3. 立杆、拆杆、换杆

（1）立杆必须由有经验的人员负责组织，明确分工。立杆前检查立杆工具是否齐全牢固，参加立杆人员听从统一指挥，各负其责。

（2）立杆时，非工作人员一律不准进入工作场地，在房屋附近立杆时，不要碰触屋檐，以免砖、瓦、石块落下伤人。在铁路、公路、厂矿附近及人烟稠密的地区，要有专人维持现场，确保安全。

（3）立起的电杆未回土夯实前，不准上杆工作。

（4）上杆解线和拆担前，应首先检查电杆根部是否牢固；如发现危险电杆时，必须用临时拉线或杆叉支稳妥后，才可上杆工作。

（5）拆除电杆，必须首先拆移杆上线条，再拆除拉线，最后才能拆除电杆。

（6）不在原洞更换电杆时，必须把新杆立好后，自新杆攀登，并把新旧杆捆扎在一起，然后才能在旧杆上进行拆除、移线和附属设备等。

（7）更换电杆时，如利用旧杆挂设滑车，以吊立新杆，应先检查旧杆腐朽情况；必要时，应设置临时拉线或支持物。放倒粗大旧杆时，应在新杆上挂设滑车。但如旧杆细小，亦可用绳索以一端系牢旧杆，另一端环绕新杆一整圈后，用手徐徐放松，杆下禁止站人，以免发生危险。

（8）使用吊车立、撤杆时，钢丝套应拴放在电杆的适应位置上，以防“打前沉”，吊车位置应适当，发现下沉或倾斜应采取措施。用吊车拔杆，应先试拔，如有问题，应挖开检查有无横木或卡盘等障碍。

4. 登高

（1）从事高空作业人员必须定期进行身体检查，患有心脏病、贫血、高血压、癫痫病及其他不适于高空作业的人，不得从事高空作业。

（2）上杆前必须认真检查杆根有无折断危险，如发现已折断腐烂者或不牢固的电杆，在未加固前，切勿攀登。还应观察周围附近地区有无电力线或其他障碍物等情况。

（3）上杆前仔细检查脚扣和保安带各个部位有无伤痕，如发现问题不可使用。

（4）到达杆顶后，保安带放置位置应在距杆稍 50cm 的下面。

（5）利用上杆钉上杆时，必须检查上杆钉装设是否牢固。

（6）利用上杆钉、脚扣上杆时不准两人同时上下。

（7）利用上杆钉或脚扣在杆上工作时，必须使用保安带，并扣好保安带环方可开始工作。

（8）杆上有人工作时，杆下一定范围内不许有人，在市区内，必要时用绳索拦护。

（9）高空作业，所用材料应放置稳妥，所用工具应随手装入工具袋内，防止坠落伤人。

（10）上杆时除个人配备工具外，不准携带任何笨重的材料工具。站在杆上、建筑物上与地面上人员之间不得扔抛工具和材料。

（11）杆路上有一部分电杆腐烂的，凡须进行杆上作业，以及可能因邻杆工作而致张力不平衡的电杆，都应在加做临时拉线或临时支撑装置后，才能攀登。

（12）在紧拉线时，杆上不准有人，待紧妥后再上杆工作。

（13）使用吊板时，应注意以下几点：

① 吊板上的挂勾已磨损掉 1/4 时就不得使用，坐木板及连绳捆扎应牢固。

② 坐吊板时，必须扎好保安带，并将保安带拢在吊线上。

③ 不许有两人同时在一档内坐吊板工作。

④ 在 2.0/7 以下的吊线上不准使用吊板（不包括 2.0/7）。

⑤ 坐吊板过吊线接头时，必须使用梯子，经过电杆时必须使用脚扣或梯子，严禁爬抱而过，造成意外人身事故。

（14）楼房上装机引线时，如窗外无走廊晒台，勿立在或蹲在窗台上工作；如必须站在窗台上工作时，须扎绑保安带。

（15）遇有恶劣气候（如风力在六级以上）影响施工安全时，应停止高空、起重和打桩作业。

（16）遇雷雨天气，禁止上杆工作，并不得在杆下站立。雨后上杆须小心，以防滑下。

（17）上建筑物工作时，必须检查建筑物是否牢固，不牢固不许登上。

（18）在房上工作时必须注意安全（在屋顶上走时，瓦房走尖，平房走边，石棉瓦走钉、机制水泥瓦走脊、楼顶内走棱），要避免踏坏屋瓦。

（19）升高或降低吊线时，必须使用紧线器，不许肩扛推拉，小对数光电缆可以用梯子支撑，并注意周围有无电力线。

（20）凡沿吊线上工作时，不论是用滑行车或竹梯，必须先检查吊线（用绳索跨挂于吊线上，以一人的重量加于绳上，先做试验），确知吊线在工作时不致中断，同时两端电杆不致倾斜倒折，吊线卡不致松脱时，方可进行工作。

（21）使用平台接续架空光电缆时，必须仔细检查平台是否确实扣扎妥当，安全可靠。

5. 一般架设及拆除

（1）在杆上紧线时，应检查导线有无被树枝卡住、泥土埋住、河水冻住现象及其他障碍物，避免收紧线条时崩断伤人。

（2）向宅内架设引入线时，须装妥引入支架后方可架设，并须用力收紧，避免线条下垂妨碍交通。如跨过低压电力线之上，必须另有一人用绝缘棒托住引入线，切勿搁在电力线上拖拉。

（3）在拆除线路的工作地方，禁止非工作人员接近。

（4）拆除终端杆线条时，须先由最下层两边逐条向中间松脱，（应用绳索系牢慢慢放下）不得一次将一边全部剪断。

（5）对中间杆的线条，应将全部扎线拆开，拆至最后几条时，必须注意电杆本身有无变化；如发现电杆有折断的可能，应立即下杆，采取措施后再行工作。

（6）在剪断线条时，应先与有关杆上人员联系，提醒有关人员注意。

（7）切勿将任何线条扣于身上，以免被线条拖跌。

（8）在收紧拉线时，扳动紧线器以二人为限，工作时必须在紧线器后边的左右侧。

（9）跨越供电线路、公路、街道、河流、铁路等的线条，应将其跨越部分首先拆除。

6. 在供电线及高压输电线附近工作

（1）工作人员应熟悉并注意各种供电线的设备。在电力线下或附近紧线时，必须严防与电力线接触。在高压线附近进行架线及做拉线等工作时，离开高压线最小空距，应保证如下：

① 35kV 以下线路为 2.5m；

② 35kV 以上的线路为 4m；

（2）在通信线路附近有其他线条时，没有辨明清楚该线使用性质时，一律按电力线处理。

（3）在通过供电线工作时，不得将供电线擅自剪断，须事先与电力部门取得联系征得其同意后，派人到现场停止送电，并经检查确属停电后，才能开始工作，但仍须带胶皮手套，穿着橡胶套鞋及使用胶把钳子。现场停电开关须有专人看守。

（4）开始上杆前，应沿电杆检查架空线条、电缆及其吊线，确知其不与供电线接触，方可上杆。上杆后，先用试电笔检查该电杆上附挂的线条、电缆、吊线，确知没有电后再进行工作。如发现有电，应立即下杆，并沿线检查与供电线接触之处，妥善处理。

（5）在三电（电灯、电车、电话）合用的水泥杆上工作时，必须熟悉、注意电力线、电灯、接户线、电车馈电线、变压器及刀闸等电力设备，并不得接触。

（6）如需在供电线（220V、380V）上方架线时，切不可用石头或工具等系于线的一端经供电线上面抛过，必须用下列的方法牵引线条：

在跨越两杆各装滑车一个，以干燥绳索作为环形，（绳索距电力线至少 2m）再将应挂线条缚于绳上，牵动绳环，将线条徐徐通过。在牵动线条时，勿使过松，免得下垂触及电力线。也可在跨越电力线处做安全保护架子，将电力线罩住，施工完毕后再拆除。尽管如此，放线车和导线均应很好接地，以防万一。

（7）如应挂线条的杆档过大时，除将应挂线条缚于绳环外，并在引渡时每隔相当距离用细绳在绳环上系一小绳圈，套入线条，以免线条下垂，触碰供电线。

（8）遇有电力线在电信线杆顶上交越的特殊情况时，工作人员的头部不得超过杆顶。所用的工具与材料不得接触电力线及其附属设备。

（9）当电话线与电力线接触或电力线落在地上时，除指定专人采取措施排除事故外，其他人员，必须立即停止一切有关工作，保护现场，禁止行人走入危险地带，不可用工具触动电话线或电力线，并立即报告施工项目负责人设法解决。事故未排除前，不得恢复工作。

（10）在吊线周围 70cm 以内有电力线或电灯时，不得使用吊板。

（11）在地下电缆与电力电缆交叉平行埋设的地区进行施工时，要特别注意，必须反复核对位置，确实无误时方可进行工作。

（12）在带有金属顶棚的建筑物上工作时，应带上胶皮手套，用地线试验或用试电笔检查是否有电，并接好地线，拆除地线时，必须先将全身离开地线，再戴上胶皮手套将地线拆下。

（13）现场需用临时电灯时，应指派专人装设（要得到供电局同意），其他人不得担任此项工作，所有的电工工具必须绝缘良好，所用的导线要仔细检查，发现漏电时应报告现场负责人及时修理或更换。

（14）跨越高压电力线装拆线时，必须事先与电力部门联系，等停电以后再进行工作，必要时设专人看闸。工作人员必须使用绝缘胶鞋、胶手套、胶把钳子。

（15）在高压线下穿线条时，应将施工放的线条用绳索控制在线担上（不捆死），特别是在通信线吊档放线或紧线时，更要采取可靠措施，防止线条跳起，碰到高压线发生触电事故。

7.2.5 地下及水底光（电）缆

1. 地下室内工作

（1）进入地下电缆室工作时，须进行通风，防止有害气体中毒。

（2）站（室）内如有漏堵、漏水的管孔，应予以补堵。

（3）站内有积水时，应及时抽干，去潮烘烧；如用木炭烘烧站内不得留人，烘烧完毕经通风后，方可进入。

（4）地下室、人孔内不得熬制绝缘混合物。严禁将易燃物品，如汽油等物带入站内，以防火灾。严禁在地下室吸烟和生火取暖，照明应采用防暴灯具。

2. 启闭人孔盖

（1）开闭人孔盖应用钥匙，以免伤手。如不易揭开，应以一木块垫在铁盖边缘上，再用铁锤等敲打垫木震松，不可用锤直击铁盖，以免孔盖破裂。

（2）人孔周围如有冰雪，揭盖前必须先铲除，必要时，人孔周围可垫砂灰或草包防滑。

（3）人孔揭盖进行工作时，应设置市政规定的标志，必要时派人值守。工作完毕后，待盖好孔盖，方可撤除栅栏和标志。

3. 人孔内工作

（1）打开人孔后，首先进行有害气体测试和强制通风，下人孔前必须确知人孔内无有害气体，人孔通风采用排风布，排风布在井口上下各不小于1m，并将布面设在迎风方面，尤其在“高井脖”人孔内施工，必须保证人孔通风效果。下人孔时必须使用小梯，不得踩蹬光（电）缆或电缆托板。严禁在人孔内使用排风扇、电风扇。

（2）在人孔工作时，如感觉头晕呼吸困难，必须离开人孔，采取通风措施。

（3）在人孔内抽水时，抽水机的排气管，不得靠近人孔口，应放在人孔的下风方向。

（4）在人（手）孔内工作时，必须事先在井口处设置井围、红旗，夜间设红灯，上面设专人看守。

（5）在人（手）孔内工作时，不准在人孔内点燃喷灯。使用喷灯时应保持通风良好，点燃的喷灯不准对着光（电）缆和井壁放置。在焊封接光（电）缆时，谨防烧坏其他光（电）缆。

（6）凿掏人孔壁、石块硬地及水泥地时，必须带护目眼镜。

（7）在人孔内不许吸烟，照明应采用防暴灯具。

（8）在风暴或下雨时工作，应在人孔上设置帐篷。若雨季须在低洼地区人孔内工作，应先将人孔四周用干土筑以足够高厚的防水圈子，或用预制的铁井口罩，以防暴雨时水流入人孔内。

4. 地下光（电）缆

（1）放设光（电）缆，千斤顶须放置平稳，千斤顶的活动丝杆顶心露出部分，不可超出全丝杆的五分之三；若千斤顶不够高，可垫以专用木块或木板，有坡度的地方，千斤顶座下铲平垫稳。

若光（电）缆搁在汽车上施放，千斤顶必须打拉线，使其稳固。

（2）放光（电）缆前，盘上拆下的护板、钉子必须砸平收放妥当，盘两侧内外壁上的钩钉应拔除，以免刺伤人和缆皮。

（3）管道内牵拉引线和钢丝绳以及敷设光（电）缆时，应戴手套。

（4）放光（电）缆时，缆盘应保持水平，离地面不可过高，一般只要电缆盘能自由旋转为宜。

（5）放光（电）缆时，须检查人孔内的滑车、钩练是否坚固，防止断脱发生危险。人孔内抹油人员，不得靠近管口，以免挤伤手部。

（6）无论使用人工或汽车、机具牵引管道光（电）缆时，速度应均匀，不宜过快，以免进口伤缆。

（7）高速公路敷设光（电）缆时，应注意以下事项：

施工前，首先向高速公路管理部门提供施工方案，经审验批复后，按照高速公路管理部门规定的时间、区间、人员、车辆等进入规定区域进行施工。坚决服从路政、交通监理和交警人员的管理和指挥，主动接受询问、交验证件、协助搞好交通安全工作。每个施工点安排专职安全员，负责设置摆放安全标志，观察过往车辆并监督各项安全措施执行情况，发现问题及时处理。在夜间、雾天或其他能见度较差的气候条件下禁止施工。各施工点的占用场地应符合高速公路管理部门有关规定，一般横向不超过和不占用车道分界线，纵向不超过 1.0km。爱护高速公路上的有关设施，严禁将人井内水排放到路面。每个施工点在当日收工时，必须认真清理施工现场，做好井孔盖复原，保证路面及公路其他部位的清洁，不留任何机具、材料及废弃物，保证过往车辆安全。

（8）高速公路摆放安全标志注意事项：

① 首先根据施工需要，选择好安全标志摆放位置，自来车方向开始，第一块安全标志距施工地点，应按高速公路管理部门的规定，留出足够的安全距离，一般不小于 500m，同时，第一块安全标志应设在驾驶人员容易看到的位置，严禁将第一块安全标志设在拐弯两侧或坡顶上下 150m 之内的位置。

② 装有安全标志的车辆在行驶到接近预定的摆放位置时，应减速慢行并变道至要占用的车道上行驶，安全员使用红旗指挥过往车辆变至另一车道行驶，装有标志的车辆在到达预定位置后，在确保安全情况下，迅速摆好第一块安全标志，并留下安全员指挥过往车辆安全通过，然后依次摆放安全标志。安全员应站在安全标志后方 10m，靠近隔离带处，并注意观察来车动向，确保安全。

③ 施工完毕，安全标志及时撤除，撤除时应先从来车方向的最后 1 个安全标志收起，依次撤除，当撤除最后几个安全标志时，安全员应站在来车方向第一个标志牌前方 10m 靠近隔离带附近，用红旗指挥过往车辆通行。撤除最后 1 个标志牌时，先由二人将标志牌拔起，并临时举牌站立原处，另二人将标志墩装车后，举牌人员迅速将标志牌装车撤离。

5. 埋式光（电）缆

放、拆埋式光（电）缆所需一般掘土及回土工作的安全注意事项参照“地下管道”部分第三节的相关规定，石方爆破作业安全注意事项，参照“架空线路”部分第二节的有关规定执行。敷设光（电）缆前，必须先调查沿途地势（如沟、坎、塘、屋等等）而后确定人员、运行路线和保护措施。气流吹放光缆注意事项：

（1）在吹缆时要注意检查导气管是否漏气，吹缆过程中，在出缆端应与出缆硅芯管保持一定的距离。

（2）空压机要派专人盯守，注意机器的运转，防止火灾及其他意外情况的发生。

（3）检查空压机导气管接头的牢固性，以免气流伤人；检查各主要部件的牢固性及磨损情况，注意保养和及时更换。

（4）空压机装卸要统一指挥，步调一致，以免被机器砸伤。

（5）敷设光缆时，千斤顶要放置平稳，缆盘转速要均匀，要派专人看守，避免损伤光缆。

（6）空压机各部件要轻拿轻放，爱惜使用，导气管不使用时要盘好放好，防止高温和腐蚀。

（7）定期检查机器的运转情况，及时发现问题并及时解决，情况严重的要向上级部门汇报，尽快处理。

（8）吹缆过程中要实时检测压强值，保证光缆顺利到达人孔内；人孔内的予留光缆盘好放在与井口垂直看不到的地方。

敷设硅芯管注意事项：

（1）用千斤顶支撑硅芯管盘时，要确保硅芯管盘牢固，防止滑落，损坏硅芯管及造成人身伤害。

（2）硅芯管弹性很大，布放时应避免伤及他人及自己。

（3）使用专用工具制作硅芯管接头，应注意刀具伤人。

（4）敷设硅芯管时沟槽要尽量平直，沟底无硬坎，无突出的尖石砖块。

（5）敷设硅芯管时应注意不要损坏其他已放硅芯管或光（电）缆，避免导致正在使用的线路中断，造成经济损失。

（6）新敷设硅芯管应从与之相交越的光（电）缆或硅芯管下通过。

（7）硅芯管布放后，在未固定连接之前，要对管口采用临时包封。

（8）同沟敷设多条硅芯管时，应将硅芯管按顺序排好放入光（电）缆沟内，严禁出现硅芯管扭绞、缠绕、死弯、环扣等现象。

（9）沟槽内有水时，敷管前后将水抽干或采用砂袋加重的方法，避免硅芯管漂浮导致埋深不够。

（10）硅芯管进入人（手）孔可直接通过去，如需将管断开，应用膨胀塞进行封堵，硅芯管必须在人（手）孔内留 20cm 以上长度，管间相距 3cm 以上，否则气吹机无法连接。

（11）当天敷设的硅芯管应当天回土掩埋，以防损伤及其他人为事件的发生。

（12）遇到在路由的转弯、地形高低起伏较大或进入人（手）孔和端站等地点，导致硅芯管必须弯曲时，要保证硅芯管的弯曲半径必须大于 1 米，绝对禁止出现折弯。

（13）硅芯管路由通过容易动土的地段，应采取保护措施。

放光（电）缆时，必须做到：

（1）统一指挥，步调一致，按规定的旗语和哨令放缆。

（2）放光（电）缆时对转动的缆盘应严加看管，光（电）缆应由盘的上方牵出，牵行速度不得过快。

（3）放缆时抬距不可过长，以保证光（电）缆曲率半径达到要求，如因人力不足可采用中间向两头敷设，或倒“8”，大“S”弯等接力推移敷设，不可将光（电）缆在地上、石上、树上磨擦拖拉，以免损害光（电）缆。

（4）光（电）缆入沟时严禁抛甩，应组织人员逐段下放；穿过障碍应加防护，光（电）缆悬空时，不得强行踩落。

如用机械牵引敷设光（电）缆，必须事先铲除光（电）缆路由上有碍机械工作的障碍物，主机上、缆盘工作区周围必须设活动（可拆卸）式安全保护架，防止人员摔下伤亡。并在牵引机后，敷设主机前，设不碍工作视线的花孔档板，以防牵引钢丝绳断脱伤人。放光（电）缆完毕复查气闭后，应立即填入 20cm 细土，不使光（电）缆暴露在外，交通路口将沟填平，恢复交通，否则应设临时便桥。

6. 水底光（电）缆布放

（1）在通航河流放水底光（电）缆之前，应与航务管理部门洽商施放时间、封航办法，并取得水上公安机关的协助，视河道运输繁忙情况在施放地的上下游，派船警戒；指挥信号应用高音喇叭和水上交通规定的旗语。

（2）水线敷设，根据不同的施工方法和光（电）缆的粗细、重量，选用吨位、面积合适、船体牢固的船只。

（3）扎绑船只，所用绳索和木杆（钢管）应符合最大受力要求，扎绑支垫要牢固可靠，工作面铺板应平坦，并无钉露出，施放工作区域不得有冰、油、白腊或其他杂物，船缘要设安全保护围拦。

（4）散盘工作地点，应选择平漫坡便于停船的非港口繁忙区。

（5）水线敷放前，工作船上应按水上航行规定设立各种标志；船上工作人员应选择适宜水上操作的同志，每个人员都要穿救生衣，正式敷放前必须恰当地组织人员，研究好施放方案，装设指挥联系用的扩大器，并用旗语统一指挥，先进行试放，使船员和工作人员都心中有数。快速放缆时，船速要均匀，应随时控制光电缆下水速度。

（6）敷放水线前，必须对所有水上用具、绳索、绞车、吊架、倒链、滑车、水龙带和所有机械设备进行严格的检查，确保安全可靠。

（7）河上有五级以上大风及大雨或起雾时，不可施放水底光电缆。

（8）所有绞车或卷扬机都应可靠地固定在船上，工作地域的钢丝绳，应干净利落的摆放好，防止绞入船浆船舵或缠人伤身。

（9）敷放水线人员应戴手套，一般每人负载不超过 50kg，如遇光（电）缆接头须两人抬送，采用快放法时，船上盘缆位置离龙门架不得小于 1.5m；“∞”字圈排列平顺，中间交叉点应分散，避免堆积过高，人不可进“∞”字圈内操作。

（10）水底光（电）缆施放后，两岸应按规定立即设置标志牌和标志灯。

7.2.6 地下管道

1. 共同遵守的项目

（1）上下沟时必须使用梯子，不得攀登沟内外的设备。

（2）工具和材料不得随意堆放在沟边或挖出的土坡上，以免落入地沟伤害人体。

（3）在工地堆放器材，应选择不妨碍交通、行人少、平整地面堆放，不宜堆积太高，必要时采取适当措施，以保安全。

（4）在工地现场用车辆搬运器材时，必须指定专人负责安全，在公路上行车必须遵守交通规则。

（5）在地沟中工作，应随时注意护土板的横撑是否稳固，起立或抬头时应注意护土板撑木，以免碰伤头背。

（6）在未经现场负责人同意前，不得随便变动和拆除撑板和撑木。

（7）在沟深 1m 以上的沟坑内工作时，必须头戴安全帽，以保安全。

2. 测量

（1）测量仪器的放设地点，以不妨碍交通为原则。支撑三角架时，应拧紧螺丝，以免仪器突然倒下摔损。严禁使用金属杆直接钎插探测地下输电线和光缆。在地下输电线路的地面或在高压输电线下测量时，严禁使用金属标杆、塔尺。

（2）在十字路口和公路上测量时，应注意行人和各种车辆，必要时应当与交通警察联系，取得协助。测量动作应迅速，根据现场实际情况，可分二三次丈量。用皮尺、钢卷尺横过公路或路口丈量时，注意切勿被车辆滚压。

（3）进行测量时，仪器由使用人员负责保护，如使用人员因故需离开仪器时，应指定专人看守。测量仪器与工具不用时，应放置在安全的地方，以防止仪器被损坏。

（4）沿管线所打水平桩或中心桩时，不得高出路面 1cm。

（5）挖土前，测量人员应熟悉掌握图纸上、地上、地下障碍物的情况，将障碍物的具体位置与土方挖掘的负责人和挖掘机司机讲清楚，施工中紧密配合，以免损坏地上、地下设备和发生人身安全事故。

3. 土方

施工前，按照正式批准的设计位置，与有关部门办好挖掘手续，并与有关的居委会、街道办事处、工厂、学校、机关等部门取得联系，做好随工安全宣传工作，劝告居民教育小孩不要在沟边或沟内玩耍。在开始挖土时，须在两端放设标志（如红旗或红灯、红绳索等），以免发生危险。人工开挖土方、沟或路面时，相邻作业人员间必须保持 2m 以上间隔。流砂、疏松土壤在沟深超过 1m 时，均应装置护士板。一般结实土壤，其侧壁与沟底面所成夹角小于 115°者，须装置护土板。挖沟与装置护土板须具体情况配合进行，工作人员不得相距太近，以免发生意外。如果挖交叉地沟或者挖填平的老沟，而填土未觉落坚实者，在两沟互相穿通之处，必须支撑特别牢固。挖沟时如发现在挖沟地区有坑道枯井，应立即停止进行，并报告上级部门处理。在斜坡地区内挖沟时，须防止由于有松散的石块、悬垂的土层及其他可能坍塌的物体滚下，而发生危险。挖沟时，对地下各种障碍物，如电力线、上水、下水、煤气、热力、防空洞以及非通信行业的通信电缆等，应做如下处理，确保人身和设备的安全。

（1）在施工图纸上标有位置高程的地下设施，当挖到接近其 30cm 时，应采用铁铣轻挖。机构化挖沟时，遇到这种情况，应停止机械作业，采用人工挖掘。

（2）没有标记明确位置高程的，但已知有地下建筑物时，应事先指定有经验的工作人员进行探挖。

（3）在挖沟时突然发现地下建筑物，如古坟和不能识别的物品，应该立即报告上级部门处理。不得将其损坏，严禁随意敲击或玩弄。

（4）挖出地下任何管线时，应与沟上横架足以负重的元木或工字钢和适当的木板包托，用综绳或铁线吊起以防沉落。

（5）如遇有污水、雨水管道有漏水，应予封堵，难以一时修复的应以木板油毡做临时过渡流水槽，引至沟外下水道去。在工作中臭味太大时应戴口罩。

（6）如遇有上水管漏水、煤气热力管道漏气，特别是有毒的、易燃的气体管道出现障碍时，应及时请求有关单位配合修复。

（7）如遇有电力电缆、通信电缆出现意外故障，也应请求有关单位配合修复。

（8）在以上各种管线障碍未修复前，工地负责人应指派专人维持现场停止工作，防止意外中毒、触电等事故发生，待修复后，吊装牢固，方可复工，并加标记，防止其他人员乱动。

由地沟坑内抛出土石于沟外时，应注意以下事项，以防伤人伤物：

（1）使土石不致回落于有人的沟内。

（2）不应堆积过高，并须有适当的坡度。

（3）及时运清行人要道及妨碍交通之外的土石。

（4）注意周围情况，不得乱扔工具、石子、土块。

（5）从沟中或土坑向上掀土，应注意沟、坑上边是否有人；沟坑深在 1.5m 以上者，须有专人在上面清土，清除之土，应堆在距离沟、坑边沿 60cm 以外之处。

（6）所挖出的土与石块，不得堆在沟边的消火栓井、邮政信筒、上下水道井、雨水口及各种井盖上面。

（7）挖掘土方石块，应该从上而下施工，禁止采用挖空底脚的方法；在雨季施工时应该做好排水措施。

（8）在靠近建筑物旁挖土方的时候，应该视挖掘深度，做好必要的安全措施。如采取支撑办法无法解决时，应拆除容易倒塌的房屋墙壁等。

挖沟后，须视需要，在里弄口、机关、市民等门口及时搭临时木桥或钢板等，维持交通。所搭各种临时便桥，必须事前检查，不得有断裂移动情况，并充分估计不会有压断的可能。支搭以后，每日应由专人检查，并应符合下列要求：

（1）人行便桥的木板厚度不得小于 3cm，板宽不得小于 60cm。

（2）通行人力小车的便桥板厚不得小于 5cm，板宽不得小于 150cm。

（3）通行机动车的便桥厚不得小于 10cm，或采用钢板，一般应在板下加设横档，必要时用铁钩或铁线连牢。

（4）搭各种便桥的木板间隔不得大于 1cm，两端均应延长 50cm 以上，如沟壁土质松软，应视具体需要加长木板，并贴在地面上。

（5）繁华地区，便桥左右加设档板和明显标志。

在旧有人孔处改建与增添新人孔或新管道时，严禁将人孔中的电缆损坏。必要时，应加横杆悬吊保护。回土的一般要求：

（1）回土打夯时，注意平稳，用力均匀。电动打夯机，要用橡皮绝缘线，夯机不得碰伤电源线。使用内燃打夯机时，要防止喷出的气体及废油伤人。

（2）对原有的地下建筑物，回土时不得将其损坏。

4. 人（手）孔修建

（1）人孔口圈至少四人抬运，需有人指挥，以免力量不均衡，摔倒伤人。

（2）砌好人孔口圈后，必须盖好内盖，施工现场没有标志时，大盖也应盖好，以防发生交通事故。

（3）方型人孔盖，起和盖时要把边口摆好，以免落入人孔内，损坏设备。

（4）在完全回土的人孔内工作时，人孔周围应设围栏和红旗，并应设专人看守，防止人孔上面行人车辆落入人孔，以致发生事故。

7.3 施工安全生产案例及经验教训

7.3.1 项目安全管理案例

某通信工程公司承接了高速公路管道光缆放缆项目，工程全长 320km，工期为 4 月 1 日至 6

月 30 日。由于公司承接的项目较多，人手不足，新招了一批工人，经过技术培训后，抽调部分人员进入本项目。

项目经理部组织人员沿线进行了现场勘查，并编写了施工组织设计，其中包含安全控制计划。项目经理部计划分 3 个施工队分段完成此工程施工。由于在高速公路上施工的危险性比较大，项目经理决定亲自负责此工程的安全管理工作。

在工程开工前，项目经理指定现场勘查人员对项目人员进行安全技术交底，内容包括施工特点及危险点，危险点的预防措施，安全注意事项，事故应急预案。项目经理在口头向施工队长反复强调了要注意安全后，完成了安全技术交底。

工程于 4 月 1 日开工。项目经理要求项目经理部的技术负责人每周一次检查各施工队质量的同时检查施工安全，并将检查结果向其汇报。技术负责人每周检查完以后，都及时向项目经理口头汇报现场的情况。

施工现场检查中发现，有的工人打开人孔井盖，就跳进去开始工作了；抽水机直接摆在人孔井边进行抽水作业，高效快捷；施工人员严格按“高管处”的要求摆放安全标志，服从公路管理部门的指挥，保证了施工人员及材料的安全。在项目经理部及全体施工人员的共同努力下，此工程最终按期完工，未发生重大安全事故。

阅读以上材料，回答如下问题。

（1）安全交底存在哪些问题？

（2）现场检查中发现存在哪些不符合安全规范的地方？

（3）项目的安全管理存在哪些不足？

问题解析：

（1）安全交底存在哪些问题？

回答：①安全交底应由负责项目管理的技术负责人对全体人员进行交底，而不是现场勘查人员；②安全交底的内容还应该包括安全生产操作规程/规范和指标要求；③安全交底必须保留纸面的交底签名材料。

（2）现场检查中发现存在哪些不符合安全规范的地方？

回答：①为预防人孔井内的有毒气体，打开井盖后，必须进行通风，确保没有危险后才能下井工作；②为预防尾气中毒，抽水机不能摆放在人孔井边抽水，不能放在上风口或抽水机的排气口对着人。

（3）项目的安全管理存在哪些不足？

回答：除了前面提到的安全问题外，还存在：（1）新入职的工人未经过安全生产培训，没有上岗考核；未经过“三级安全生产培训”、安全生产考核不合格的人员不能上岗；（2）项目应配备专职安全生产管理人员，负责项目的安全生产；（3）安全生产的检查应由专人专职进行，检查情况必须形成书面报告，对发现的问题分析原因、制定整改计划并落实，遵循闭环管理的原则。

7.3.2 登高作业案例

如图 7-3 所示，某地维护项目在修复安装被盗馈线作业中，未佩戴安全带登高，严重违反作业规程。作业点为基站屋顶的铁塔上，距地面有 4m 多高。

如图 7-4 所示，登高作业携带的小工具在上下途中应装在工具袋中，而工具袋也应该绑在身上；工作中小工具应绑在身上，谨防高空坠物，对地面人员造成伤害。

图 7-3　违规高空作业

图 7-4　违规高空作业

7.3.3　涉电作业安全管理案例

如图 7-5 所示，某公司员工进行 WLAN 光缆检测时，未留意周边环境。结果受临近的高压线电击，滑落受伤。

图 7-5　光缆与高压电线毗邻区

如图 7-6 所示，某地直放站设备，接收天线所在的水泥杆的上端钢绞线及拉线共用一个抱箍。而设备端的 2 根水泥杆各个抱箍也被接地线串在一起，设备端避雷针地线也接在一起，导致设备端和接收天线端的拉线形成通路。某日，地里干活的农妇到田埂休息，用手扶水泥杆拉线时触电。

图 7-6　设备端和接收天线端形成通路

7.3.4 现网作业案例

案例 1：2012 年 10 月 22 日，佛山市顺德区出现大范围的小区闭站。某施工企业在佛山全球通机房施工时，在未与 3F 中心交换机房进行确认的情况下，把四个 DDF 柜的 2M 线全部剪断，导致顺德 330 多个小区闭站长达 3 个小时，造成一起较严重的网络安全事故。

案例 2：2011 年 11 月 17 日，新建 CE69/70 时，某施工单位调测人员失误配错局数据，导致新建 CE 与其上联的网管交换机之间产生二层环路并产生了广播风暴，导致网管交换机下带的多个网元出现 GB 口告警。

案例 3：2011 年 7 月月末，某地进行基站开通，需将 BSC 与基站之间（A-bis 接口）的传输改为华为模式。但由于未明确操作范围，未按流程接受指令、确认等原因，操作人员将 BSC 与 MGW 之间（A 接口）的传输也改成了华为模式，造成某地通话串音，引发大面积投诉。

案例 4：2011 年 5 月 25 日，某施工单位负责广州 2011 年度本地传输网光缆及接入一体化施工项目中的望岗汇聚机房 OLT 上联 24 芯光缆割接时，在设计方案与现场不符的情况下，因未严格按照流程实施割接，造成了二干广州西华至花都公益中继 4/6 系统倒换，出现了单边故障，严重影响了网络安全。

案例 5：2011 年 4 月 7 日下午，某施工单位在广州西华机房进行 TDM 拆迁。在施工中的剪线过程中，误剪了现网三个网元的 GBOIP 改造后连接 LAN SWITCH 的网线，共十二条。由于是只剪断了 B 边的网线，在双路由的支持下，A 边继续工作，对业务并未造成影响。单边并产生告警持续 5 个小时左右，其影响面和性质已经是很严重。

7.3.5 经验教训

对现网的任何操作，要执行“三步走”的原则。

一想：想想自己的职责是什么，这项任务是否在自己的工作范围内？想想如果操作错误会造成什么后果？一定要有畏惧之心，有安全第一的意识；

二确认：任何现网操作必须要有工单或书面确认，确保工作内容和审批流程合规；否则必须向项目经理/甲方工作接口人汇报、确认；现场操作中技术方法、方式的选择必须获得项目经理、监理、督导、甲方接口人的明确同意，严禁尝试创新；

三操作：1 人操作、1 人监督、3 方核对；关键信息要反复核对，关键操作要反复确认；确保每一个操作都符合相关的制度流程、施工预案。在遵守制度、流程、预案的基础上，如果出现告警，应立即汇报，严禁擅自尝试修复，以免问题扩大。

勿存侥幸心理：墨菲定律说不论发生的概率多么小，只要有可能就肯定会发生。

本章小结

（1）通信线路质量控制，包括设备安装工程的质量控制，线路工程质量控制，管道工程质量控制。

（2）通信线路施工安全操作规程，涉及现场作业，工具和仪表安全使用，器材储运，架空线路（光、电缆），地下及水底光（电）缆，地下管道等安全操作规范。

（3）给出了常见的施工安全生产案例及经验教训，举例涉及到登高作业，涉电作业，现网作业等。并总结了相关案例的经验教训。

思考与练习

简答题

1. 设备安装工程的质量控制点有哪些？
2. 管道工程质量控制点位置可以设置在哪里？
3. 设备安装工程的质量控制根据其实施过程可以分为哪四个阶段？
4. 在哪些情况下必须设置作业场地标志？
5. 使用梯与高凳时应注意哪些事项？

第 8 章

测试步骤及仪器仪表使用

在通信线路施工与维护过程中，会用到相关仪器仪表。本章对常用仪器仪表使用与维护全面系统地介绍，介绍了各种常用检测仪器仪表的基本结构、适用场合、功能特点以及基本操作使用方法。重点介绍了熔接机、光时域反射仪、光源、光功率计、光万用表、地阻仪等仪器种类特点与其典型仪器的按钮功能，以及在调试、维修和测量过程中的实际应用。

8.1 光缆熔接（接头盒）

8.1.1 常用设备工具

熔接之前各种设备工具准备齐全，不能有任何的遗漏，防止工作不能进行。常见的工具如图 8-1 至图 8-6 所示。

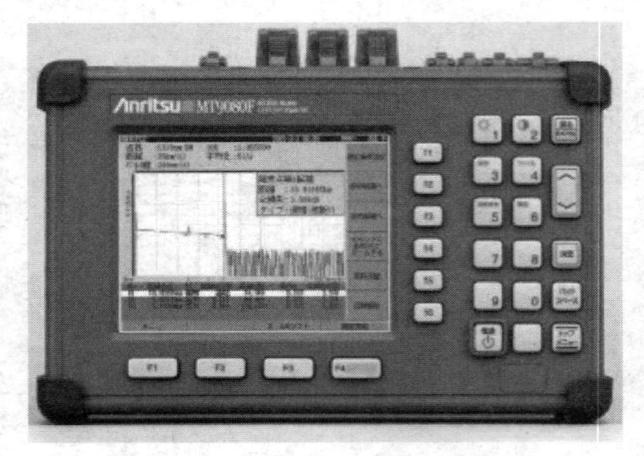

图 8-1 OTDR（光时域反射仪）

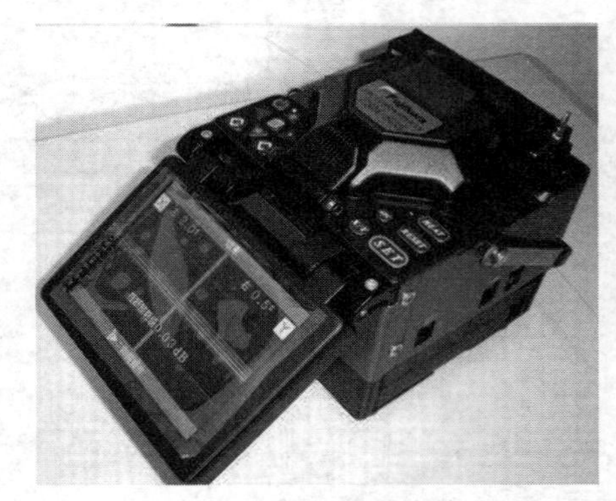

图 8-2 FSM-50S 熔接机

光缆施工时，除了上述设备外，还必须配备光纤工具箱，如图 8-6 所示，光纤工具箱里的工具名称与用途见表 8-1。

图 8-3　光功率计

图 8-4　光纤切割刀

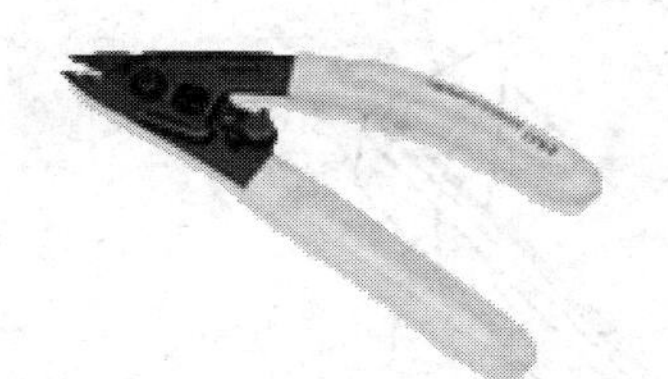

图 8-5　双口拨皮钳

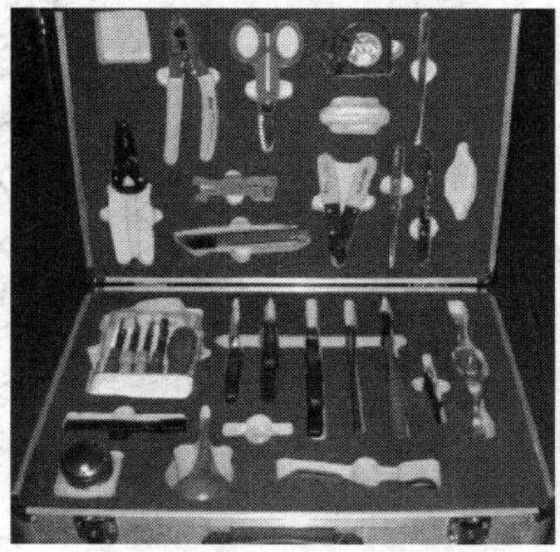

图 8-6　工具箱

表 8-1　光纤工具箱里的工具名称与用途

序　号	名　称	功　能
1	切割刀	用于切割光纤
2	红光笔	对纤以及检测光纤断点
3	皮线剥线钳	剥除皮线光缆外皮保护套
4	米勒钳	剥除光纤涂覆层/紧包层
5	斜口钳	辅助皮线光缆加强芯的剪切
6	老虎钳	用于钢丝加强芯的辅助切断
7	尖嘴钳	用于缝隙处螺丝的松紧等
8	横向开缆刀	用于横向切割光缆
9	纵向开缆刀	用于纵向切割光缆
10	酒精泵	盛放酒精
11	十字螺丝刀	用于拧紧螺丝
12	一字螺丝刀	用于拧紧螺丝
13	记号笔	用于标注信息
14	棉签	用于清洁光纤及其附件
15	镊子	
16	美工刀	
17	凯夫拉剪刀	
18	铝合金工具箱	

1. 光缆切割刀

光纤切割刀用于切割头发一样细的光纤，切出来的光纤用几百倍的放大镜可以看出来端面是平的，切后且平的两根光纤才可以放电对接，图 8-7 所示为光缆切割刀。

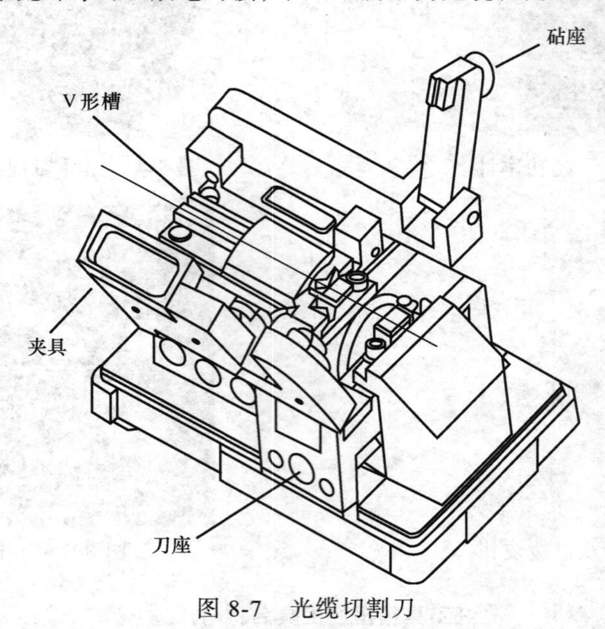

图 8-7　光缆切割刀

2. 光缆切割操作程序

（1）掀开夹具，提起砧座。

（2）沿箭头所指相反方向滑动刀座。

（3）把光纤放入 V 形槽。

（4）Φ0.25mm 光纤（普通光纤）切割长度为 8～16mm。Φ0.9mm 光纤（尾纤）切割长度为 16 mm。

（5）轻轻的关闭夹具直到听到“卡哒”声。

（6）沿箭头方向轻轻的推动刀座，并用拇指和食指使其保持住，如图 8-8 所示。

（7）按下砧座直到夹具弹起，如图 8-9 所示。

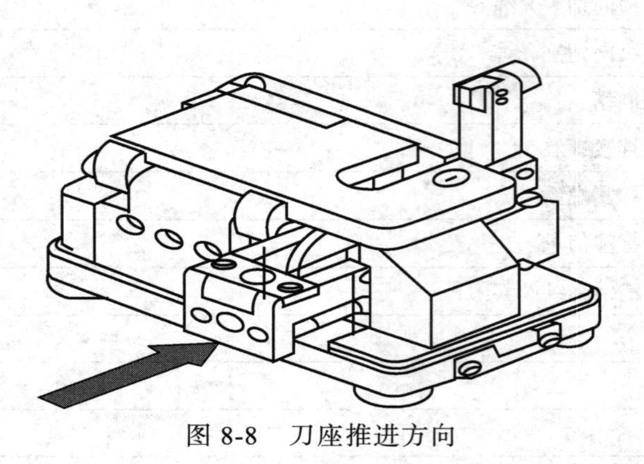

图 8-8　刀座推进方向

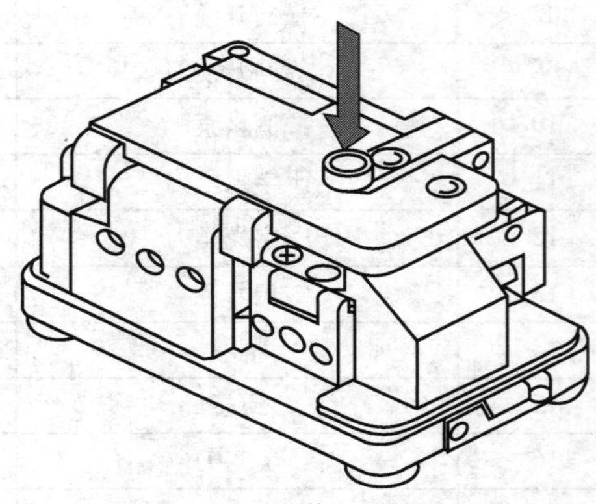

图 8-9　操作切割按钮

（8）如图 8-10 所示：提起砧座，打开夹具，从 V 形槽中取出光纤。切割后的端面应平滑、无毛刺、无缺损，切割后的裸纤不能再清洁，以免损伤光纤端面。

（9）将制备好的光纤放入熔接机 V 形槽内，光纤端面应距放电电极 1mm 远近，然后轻轻地盖上光纤压板，合上光纤压脚，盖上防风盖。

注意：请勿将光纤端面触及任何部位，以免弄脏或损坏光纤。

3. 熔接机光纤熔接区

熔接机光纤熔接区示意图如图 8-11 所示，熔接区功能表见表 8-2 所示。

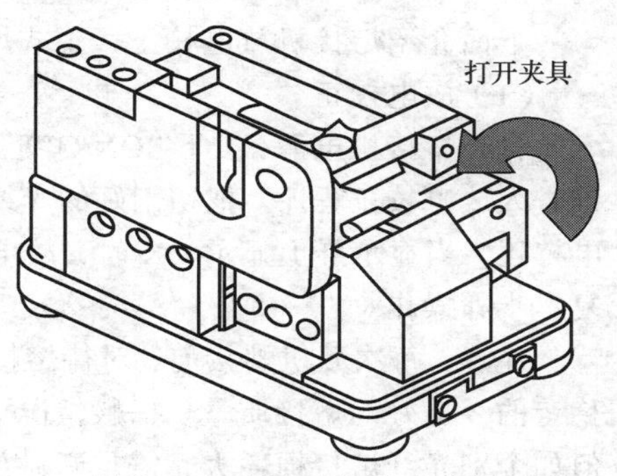

图 8-10　打开夹具示意图

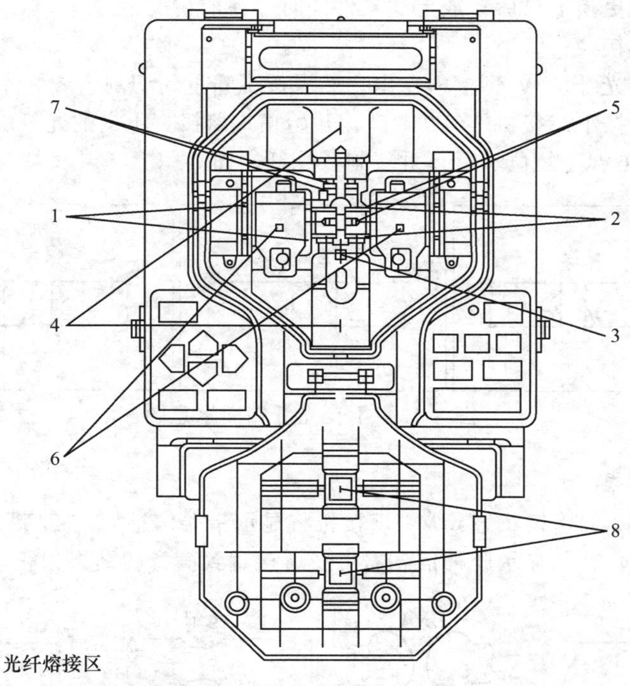

图 8-11　熔接机光纤熔接区

表 8-2　光纤熔接区功能表

序　号	名　称	功　能
1	物镜	用于观察光纤的透镜
2	电极	产生电弧放电
3	光源	照明熔接区域。仅当防风罩打开时灯亮
4	电极盖	安全保护电极夹具
5	V 形槽	用户 X 和 Y 场的光纤对准
6	光纤压板	夹紧光纤
7	光纤压脚	取保裸光纤位于 V 形槽底部
8	防风镜	反射光源发出的光以便观察光纤

下面介绍熔接机放电校正、正式熔接及熔接结果。

（1）放电校正

打开熔接机电源，按下“ON/OFF”键进入主菜单，用上下方向键选择“放电校正”，按“ENT”键进入放电校正程序。把切割好的光纤放入熔接机V型槽，按“SET”键对待熔接的光纤进行放电校正，当显示屏上显示OK时，放电校正操作完毕，如一次校正屏幕未能显示“OK”，则需重复本步骤操作。

注意：每次开机熔接前，对待熔接的光纤都须做放电校正，以选择良好的熔接程序，以确保稳定的、良好的熔接质量。一般情况下熔接程序选择好后，对同一批待熔光纤则不需再选程序，但如个别光纤熔接损耗大，需重新做放电校正，以选择适合的熔接程序。

在以下条件工作时也应做放电校正：超高温、超低温、极干燥，极潮湿环境，电极劣化，异类光纤接续，清洁及更换电极后，或上述条件同时存在的情况下。

（2）光纤正式熔接

放电校正完后将光纤从V型槽内拿出，然后按步骤重新切割、放好光纤，在显示屏上观察光纤端面如良好，则按下熔接机“SET“键，开始正式熔接。不良的光纤端面如图8-12所示，此类端面应按RESET键（复位）后，重新制备光纤端面。

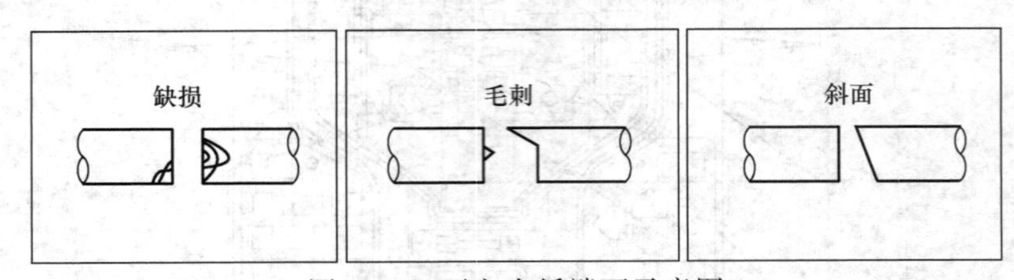

图8-12　不良光纤端面示意图

（3）光纤熔接结果

光纤熔接完毕后，如熔接状态异常，熔接机将显示错误信息如：“FAT”（粗）、“THIN”（细）、或“BUBBLE”（气泡），如显示此种信息需重新熔接直到满意的结果为止。如图8-13所示。

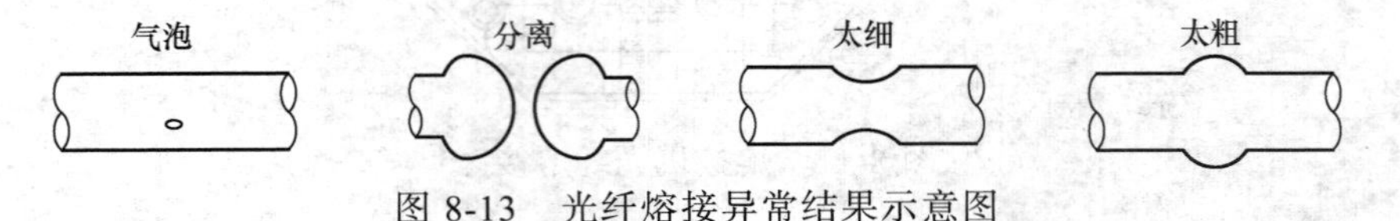

图8-13　光纤熔接异常结果示意图

若出现图8-13所示的结果需重新熔接。

若出现黑点或黑线，特别是包层不良时，有时可通过追加放电改善熔接。但追加放电勿超过两次，若问题仍存在，应重新熔接或做放电校正。如图8-14所示。

某些熔接瑕疵可以接受如图8-15所示，这些瑕疵并不影响光传输特性。

注意：熔接掺氟或掺钛光纤时会在熔接部位产生白线或黑线，这是由于图像处理方法的光学效果引起的，可视为熔接正常。

熔接损耗的最终评估以OTDR的测试值为准。用OTDR单向测试：普通光纤熔接损耗一般应≤0.07 dB，带状光纤熔接损耗一般应≤0.10 dB。

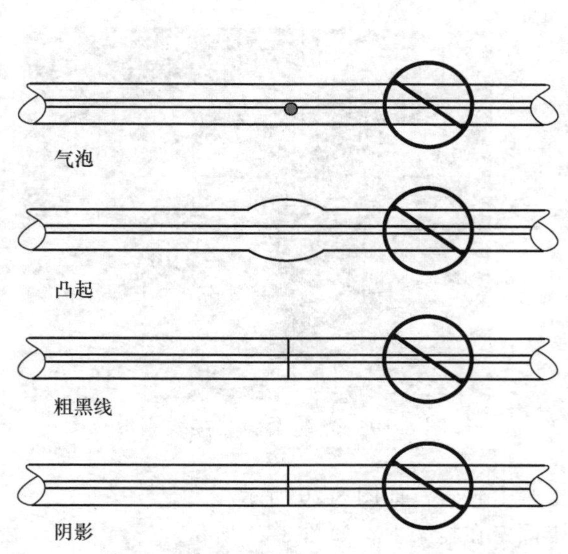

图 8-14　光纤熔接出现黑点或黑线等结果示意图

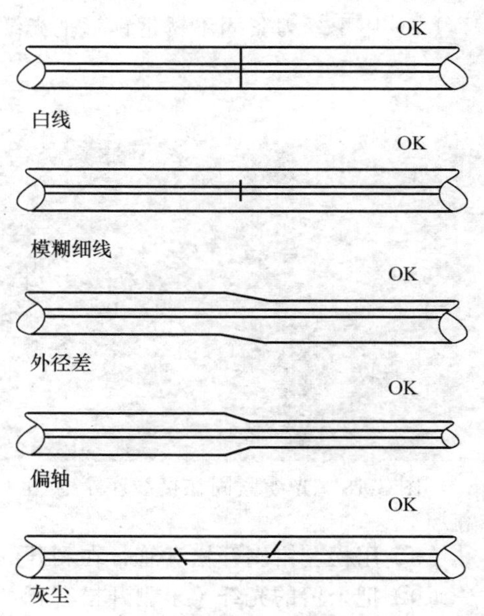

图 8-15　光纤熔接出现轻微瑕疵示意图

8.1.2　光纤熔接前准备工作

光缆接续一般是指光缆护套的接续和光纤的接续，在接续前一般应检查光纤芯数、结构程式等是否一致。通常整个光缆的接续按以下步骤进行。

（1）在光缆上套上热缩套管。

（2）用开缆刀将光缆外护套和金属铠装剥掉 1.3～1.6m，露出松套管，用卫生纸将松套管表面的油膏擦掉。

（3）用大力钳将加强芯剪掉，只留 3～4cm。

（4）把光缆接头盒的进出口按需用锯刀锯开（每根光缆一个进出口），如图 8-16 所示。

（5）把开剥的光缆顺着盒盖开口的孔，穿到盒盖另一边接线座上，如图 8-17 所示。

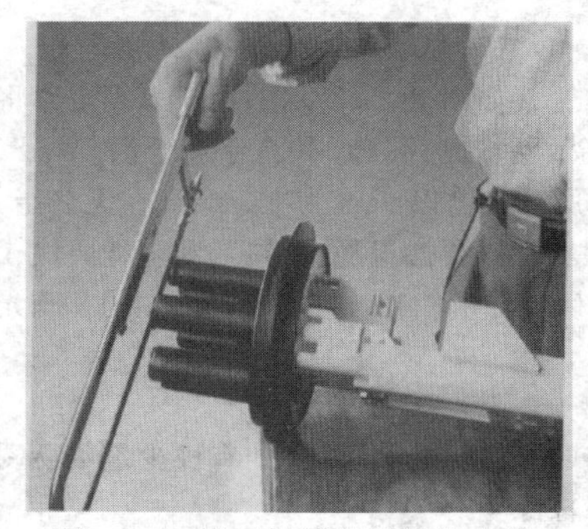

图 8-16　锯刀锯开光缆接头盒的进出口孔示意图

图 8-17　光缆穿过接头盒到接线座示意图

（6）用呆扳手或者活动扳手把光缆的加强芯紧固在接线座上，如图 8-18 所示。

（7）用螺丝刀紧固不锈钢钢箍把光缆紧固在接线座上，如图 8-19 所示。

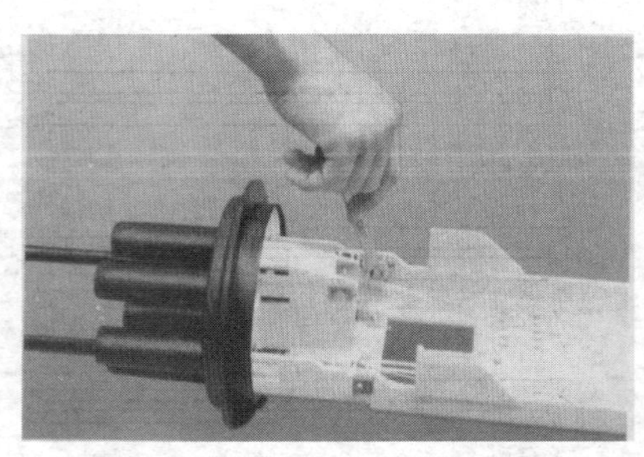

图 8-18　光缆紧固在接线座示意图

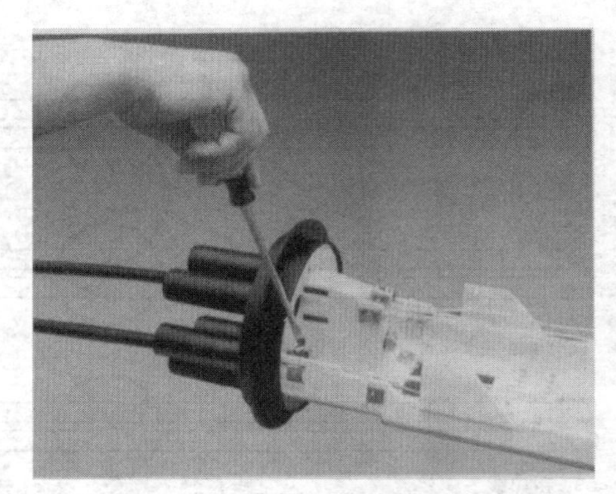

图 8-19　光缆紧固在接线座示意图

（8）用松套钳剥开松套管，在剥开的光纤上套上软管，如图 8-20 所示。

（9）把余留的光纤（未剥开松套管）用扎带固定在托架上，如图 8-21 所示。

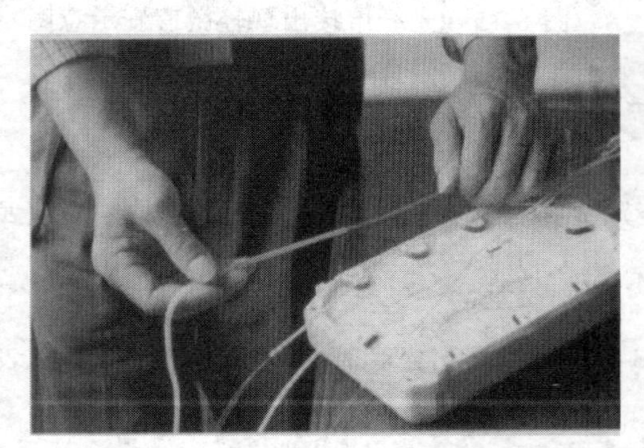

图 8-20　拨开光纤套软管示意图

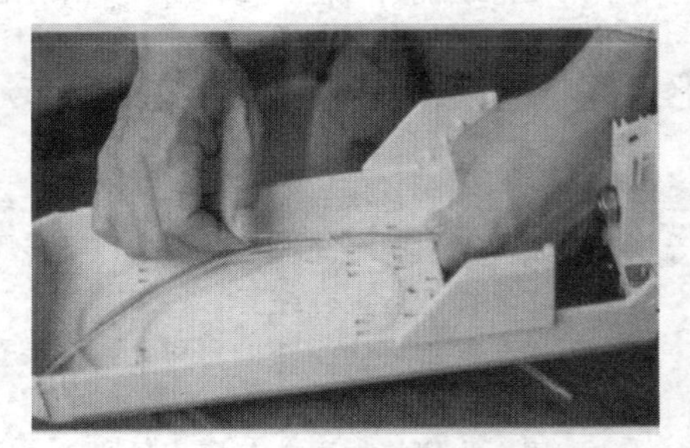

图 8-21　残留光纤固定托架示意图

8.1.3　熔接

（1）架设好熔接机。选对接光纤的任意一边穿上热缩管，如图 8-22 所示。用双口剥皮钳将待融光纤的涂面层剥掉 3cm，露出纤芯（光纤涂面层的剥除，要掌握平、稳、快三字剥纤法。“平”，即持纤要平。左手拇指和食指捏紧光纤，使之成水平状，所露长度以 5cm 为准，余纤在无名指、小拇指之间自然打弯，以增加力度，防止打滑。“稳”，即剥纤钳要握得稳。“快”即剥纤要快，剥纤钳应与光纤垂直，上方向内倾斜一定角度，然后用钳口轻轻卡住光纤右手，随之用力，顺光纤轴向平推出去，整个过程要自然流畅，一气呵成）。

（2）裸纤的清洁，应按下面的两步操作。

① 观察光纤剥除部分的涂覆层是否全部剥除，若有残留，应重新剥除。如有极少量不易剥除的涂覆层，可用绵球沾适量酒精，一边浸渍，一边逐步擦除。

② 将棉花撕成层面平整的扇形小块，沾少许酒精（以两指相捏无溢出为宜），折成“V”形，夹住以剥覆的光纤，顺光纤轴向擦拭，力争一次成功，棉花要及时更换，每次要使用棉花的不同部位和层面，这样即可提高棉花利用率，又防止了光纤的两次污染，如图 8-23 所示。

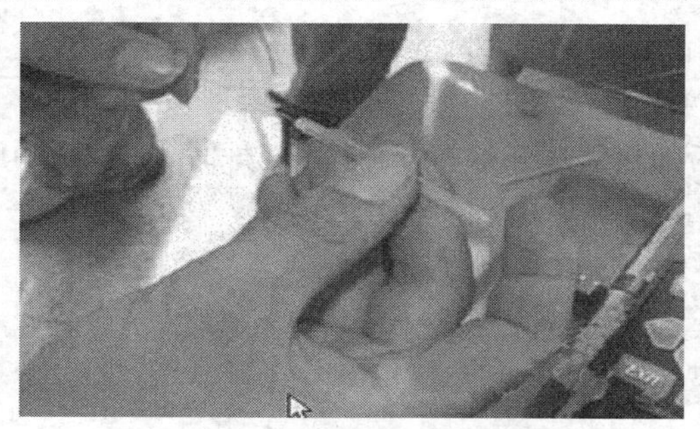

图 8-22　光纤套热缩管示意图

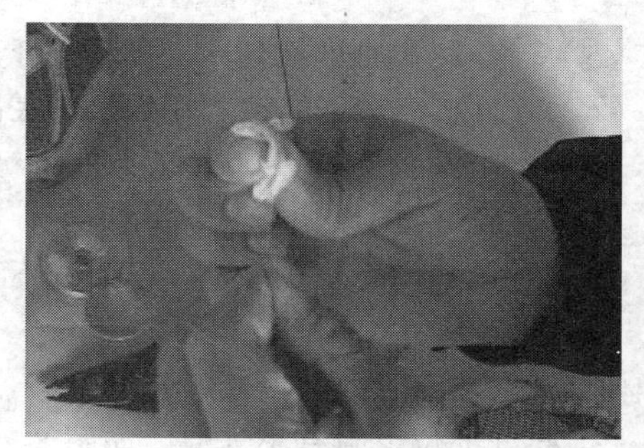

图 8-23　酒精擦拭光纤示意图

（3）将剥去外皮清洁好光纤用切割刀准确无误的切割，如图 8-24 所示。

（4）将两端剥去外皮切割好的露出玻璃丝的光纤放置在光纤熔接器，如图 8-25 所示。

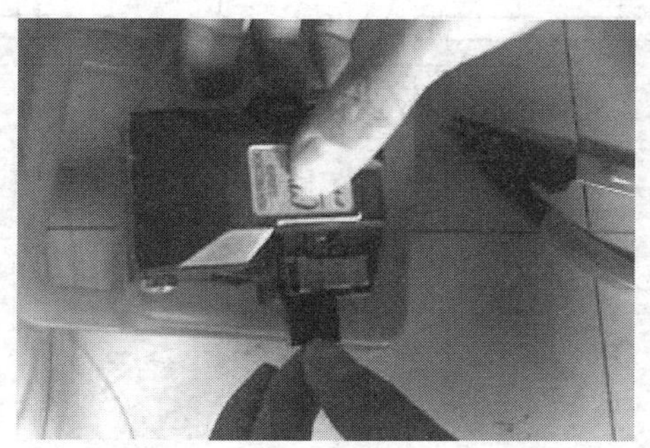

图 8-24　切割刀切割光纤示意图

图 8-25　光纤放置光纤熔接器示意图

（5）然后将玻璃丝固定，按 SET 键开始熔接，如图 8-26 所示。可以从光纤熔接器的显示屏中可以看到两端玻璃丝的对接情况，假如对的不是太歪的话仪器会自动调节对正，当然我们也可以通过按钮 X，Y 手动调节位置。等待几秒钟后就完成了光纤的熔接工作。

（6）熔接点的加固，如图 8-27 所示。

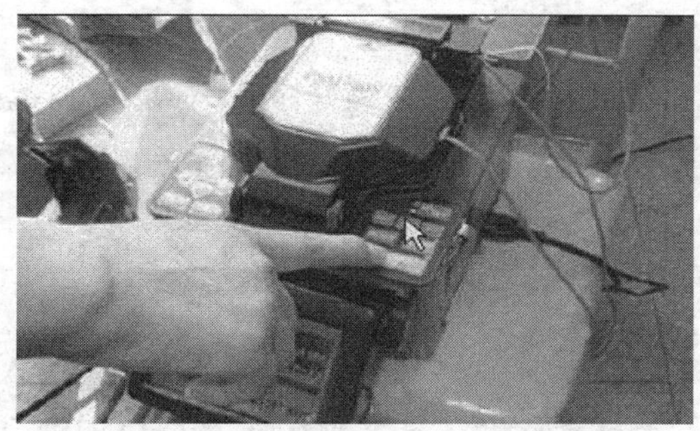

图 8-26　按 SET 键开始熔接光纤熔接示意图

图 8-27　熔接点加固示意图

熔接点加固的操作流程如下：

（1）打开加热器夹具，将热缩管滑至光纤熔接处中心对称，确保热缩管加固金属体（加强件）朝下放置，确保光纤无扭曲；确保被覆光纤进入热缩管部分>6mm，再放入加热器。

（2）确保熔接点和热缩管在加热器中心。

（3）按下 HEAT（加热）键开始加热。

（4）加热完毕后会发出声音告警且加热灯熄灭。

（5）打开左右加热器夹具，拉紧光纤，轻轻的取出加固后的光纤。

（6）有时热缩管可能粘着在加热器底部，可使用棉签轻轻推起后再取出。

（7）要中断加热进程，可按下 HEAT 键，然后加热器灯开始闪烁，当其闪烁时，再按下 HEAT 键，加热过程将被中断。

加固补强部位的外观评价。下面分不良例与良好例给予说明。

（1）不良例：

① 进入热缩管的被覆光纤长度不够，如图 8-28 所示。

② 裸纤部位上附有小气泡，如图 8-29 所示。

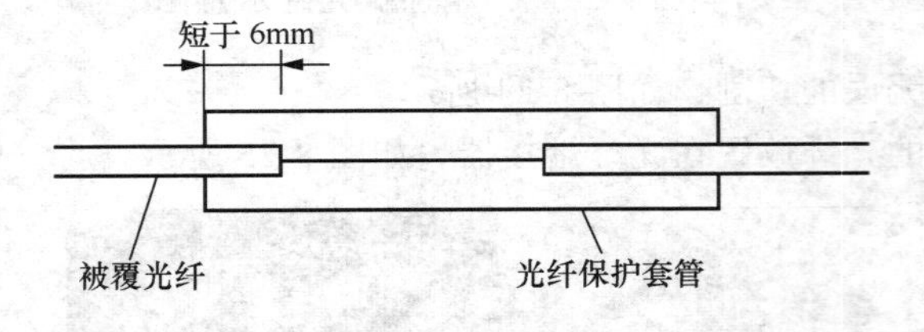

图 8-28　进入热缩管的被覆光纤长度不够示意图

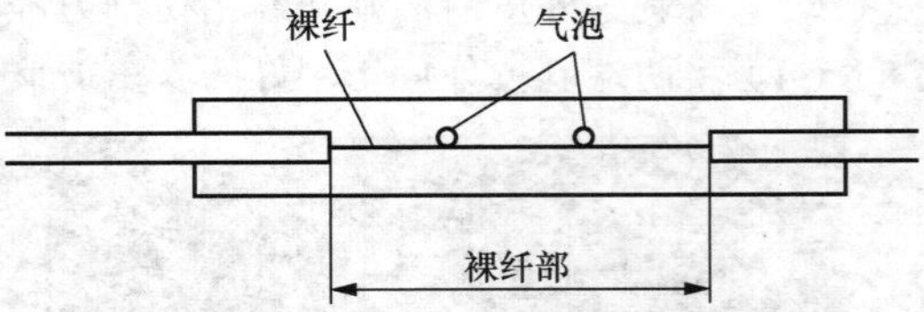

图 8-29　裸纤部位上附有小气泡示意图

③ 熔接部位光纤弯曲，如图 8-30 所示。

（2）良好例：

① 热缩管端部未收缩，如图 8-31 所示。

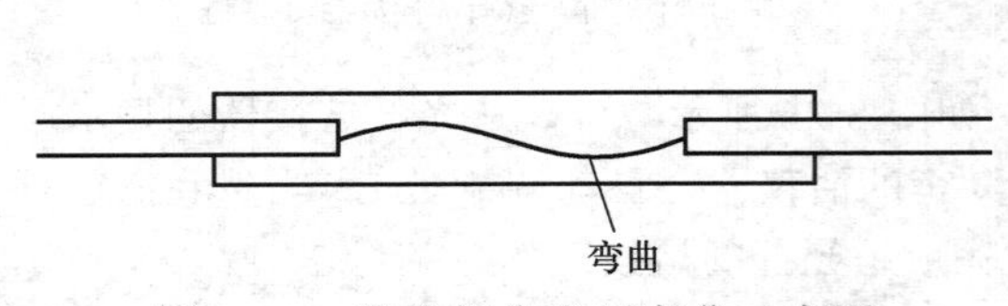

图 8-30　熔接部位光纤弯曲示意图

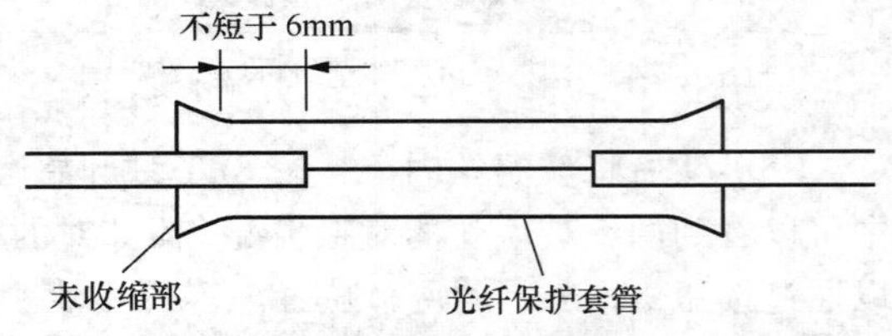

图 8-31　热缩管端部未收缩示意图

② 被覆部位附着气泡，如图 8-32 所示。

把熔接好的纤芯用扎带固定在容纤盘的进线及出线口上，用油性笔做好标记，对光纤进行盘纤，如图 8-33 所示。

图 8-32　被覆部位附着气泡示意图

图 8-33　光纤盘纤示意图

（1）盘纤规则：沿松套管或光缆分歧方向为单元进行盘纤，每熔接和热缩完一个或几个松套管内的光纤、或一个分支方向光缆内的光纤后，盘纤一次。

（2）盘纤方法：先中间后两边，即先将热缩后的套管逐个放置于固定槽中，然后再处理两侧余纤。

（3）根据实际情况采用多种图形盘纤。按余纤的长度和预留空间大小，顺势自然盘绕，且勿生拉硬拽，应灵活地采用圆、椭圆、“CC”、“～”多种图形盘纤（注意 R≥4cm），尽可能最大限度利用预留空间和有效降低因盘纤带来的附加损耗。

把容纤盘的配件（弧形盖、保护光纤的海绵及塑料片）装好，用魔术贴把容纤盘固定在托架上，如图 8-34 所示。

将干燥剂放入盒体内，把盒体与盒盖连接。把一对紧固环连接，锁紧盒盖和盒体，如图 8-35 所示。

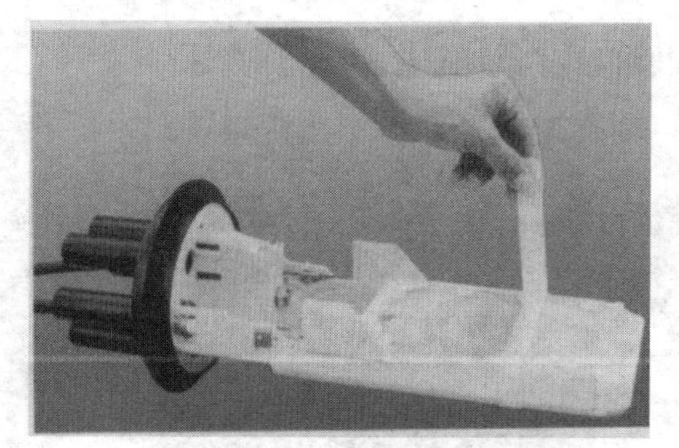

图 8-34　容纤盘固定示意图

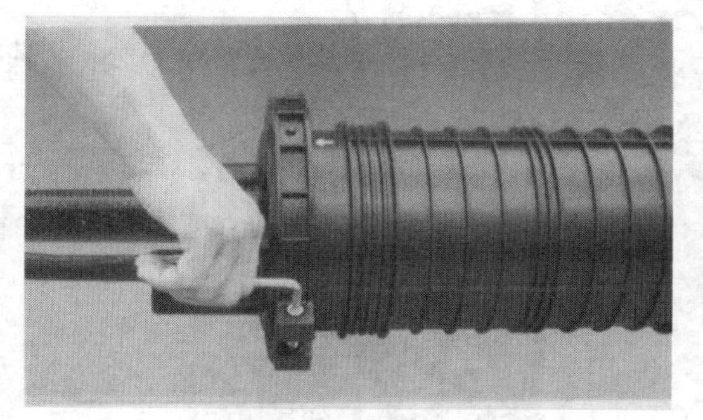

图 8-35　盒盖与盒体连接固定示意图

用清洁剂及干净的擦布把盒盖进出口孔及附近 10cm 区间的光缆清洁干净，用砂布把清洁过的进出口孔位置打磨。用铝箔包紧光缆（位置确保在热缩套管顶到接头盒底部时，铝箔一半被热缩套管覆盖，一半露出）把热缩管放在盒盖进出口管上，用喷灯加热使其收缩，直至热缩套管与盒盖进出口管牢固一体。将光缆盘入接头箱或沉井，沉井盘缆，接头箱盘缆必须严格遵守光缆弯曲半径≥15 倍缆径。

光纤熔接是一个熟能生巧的工作，并不是看别人熔接一次两次就能掌握的，只有你拥有相应的设备经过专业的培训后才能更快速更准确的熔接有质有量的光纤。

8.2　光缆熔接（成端）

步骤 1：剥光纤加固钢丝（约剥 1m 长），如图 8-36、图 8-37、图 8-38 和图 8-39 所示。

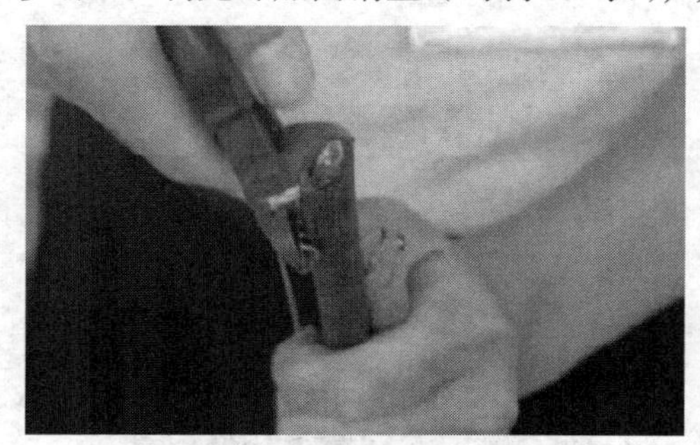

图 8-36　剥光纤加固钢丝示意图一

图 8-37　剥光纤加固钢丝示意图二

步骤 2：剥光纤金属保护层（用美工刀轻刻），如图 8-40 所示。

图 8-38　剥光纤加固钢丝示意图三

图 8-39　剥光纤加固钢丝示意图四

步骤 3：轻拆光纤让金属保护层断裂（弯曲角度不能大于 45°），如图 8-41 所示。

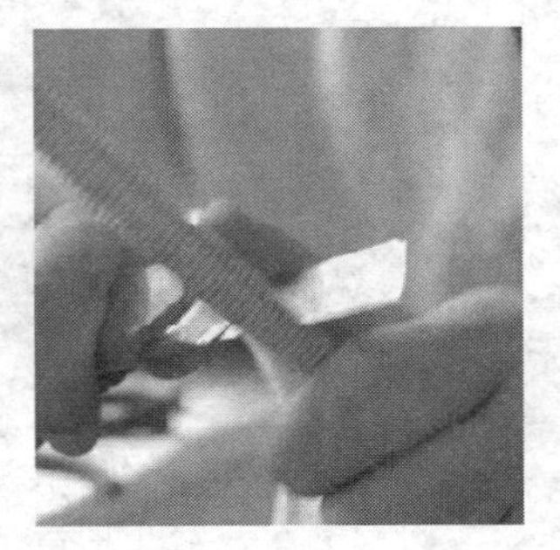

图 8-40　剥光纤金属保护层示意图

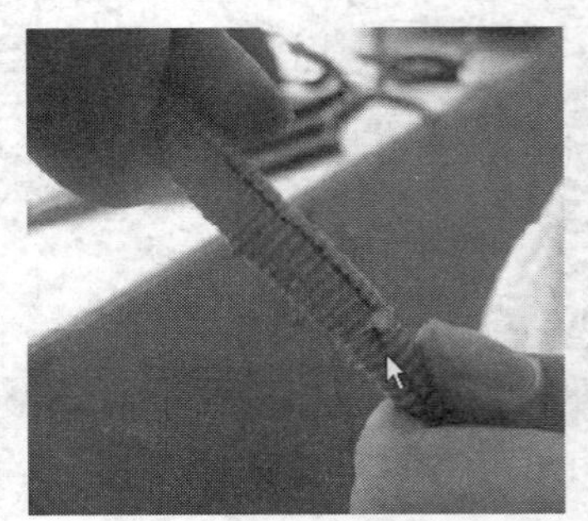

图 8-41　轻拆光纤使金属保护层断裂示意图

步骤 4：用美工刀在四周轻刻，不要太用力以免损伤光纤，如图 8-42 所示。

步骤 5：轻拆光纤让塑料保护管断裂（注弯曲角度不能大于 45°），如图 8-43、图 8-44 所示。

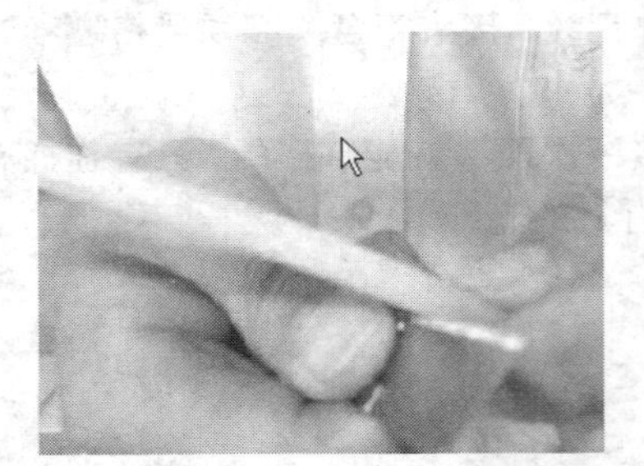

图 8-42　美工刀轻刻光纤塑料保护管示意图

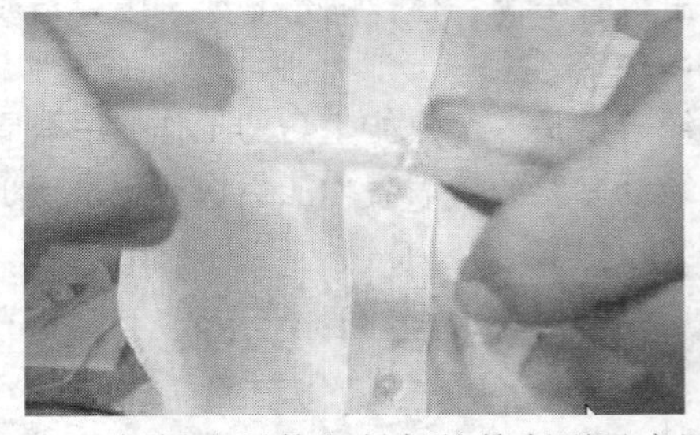

图 8-43　轻拆光纤使塑料保护管断裂示意图一

步骤 6：用纱布或棉花沾酒精，如图 8-45 所示。

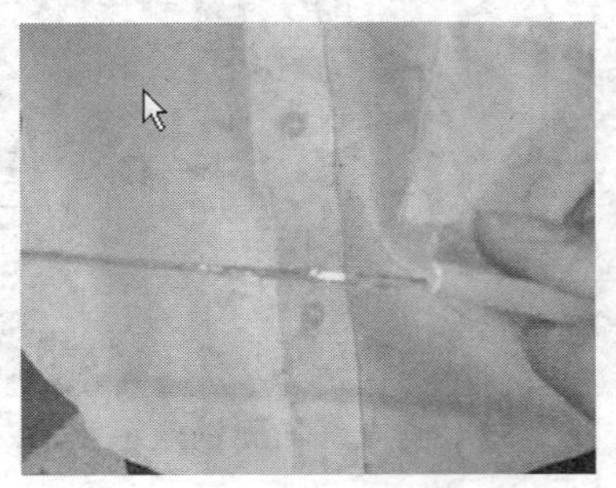

图 8-44　轻拆光纤使塑料保护管断裂示意图二

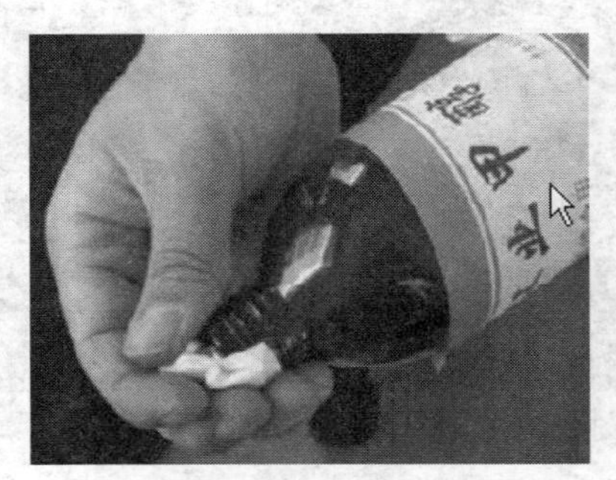

图 8-45　轻拆光纤使塑料保护管断裂示意图

步骤 7：用酒精清洁每一小根光纤，如图 8-46 所示。

步骤 8：套光纤热缩套管，如图 8-47 所示。

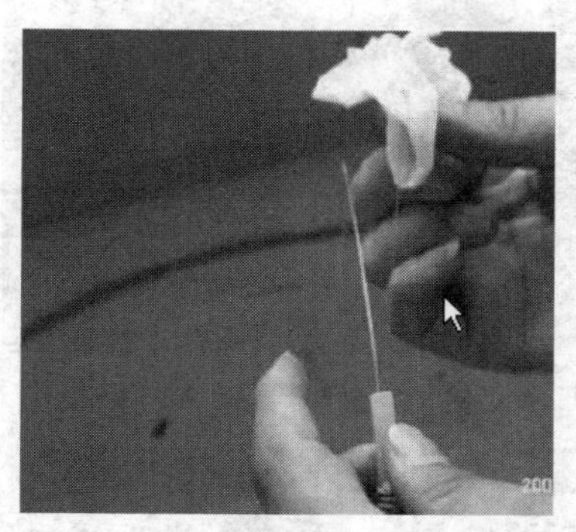

图 8-46　用酒精清洁光纤示意图

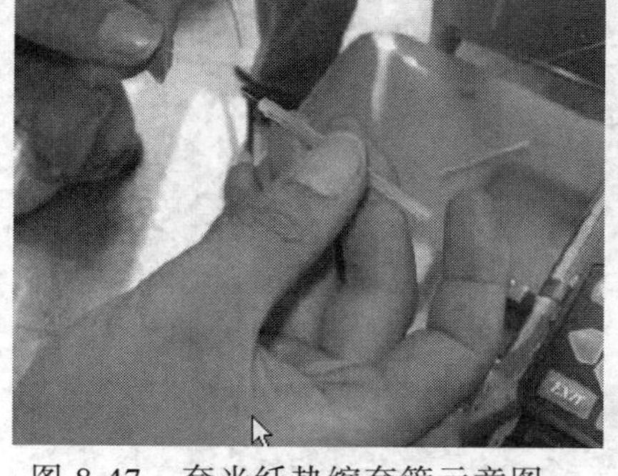

图 8-47　套光纤热缩套管示意图

图 8-48 为光纤热缩套管。

步骤 9：剥光纤绝缘层，如图 8-49 所示。

图 8-48　光纤热缩套管

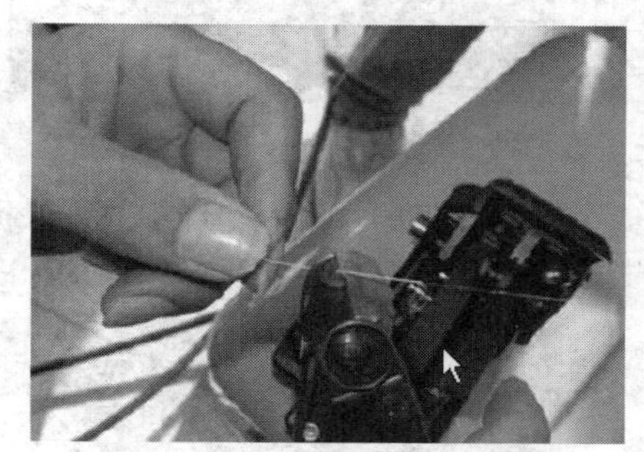

图 8-49　剥光纤绝缘层示意图

步骤 10：用沾酒精纱布将光纤擦试干净，如图 8-50 所示。

步骤 11：用光纤切割刀斩切光纤（斩切长度要适中），如图 8-51 所示。

步骤 12：将切好的光纤放到光纤熔接机的一侧，如图 8-52 所示。

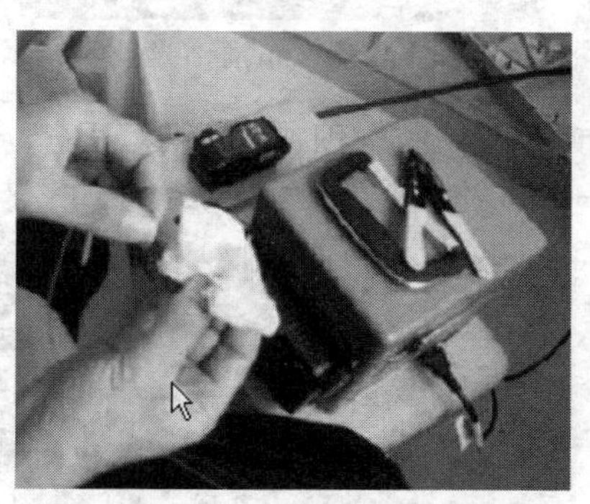

图 8-50　用酒精清洁裸纤示意图

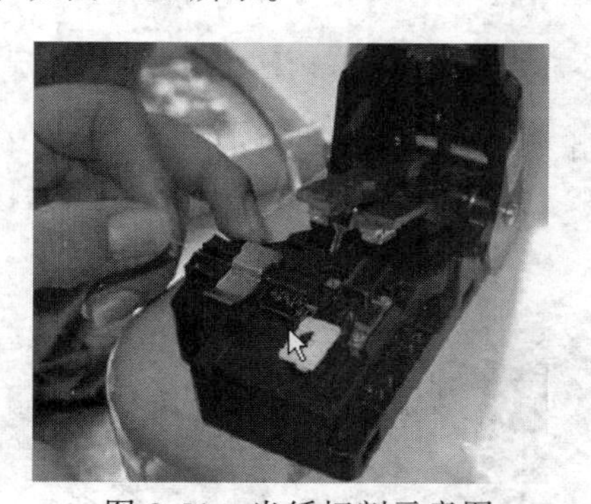

图 8-51　光纤切割示意图

步骤 13：在熔接机上固定好光纤，如图 8-53 所示。

步骤 14：光纤跳线的加工，当中剪断分开（两头圆口），如图 8-54 所示。

步骤 15：剪开光纤跳线石棉保护层（要用石英剪刀），如图 8-55 所示。

图 8-52　放置光纤到熔接机示意图

图 8-53　在熔接机上固定光纤示意图

图 8-54　光纤跳线

图 8-55　剪开光纤跳线石棉保护层示意图

步骤 16：剥好的跳线内绝缘层与外保护层之间长度至少 20cm，如图 8-56 所示。
步骤 17：用沾酒精纱布将光纤擦试干净，如图 8-57 所示。

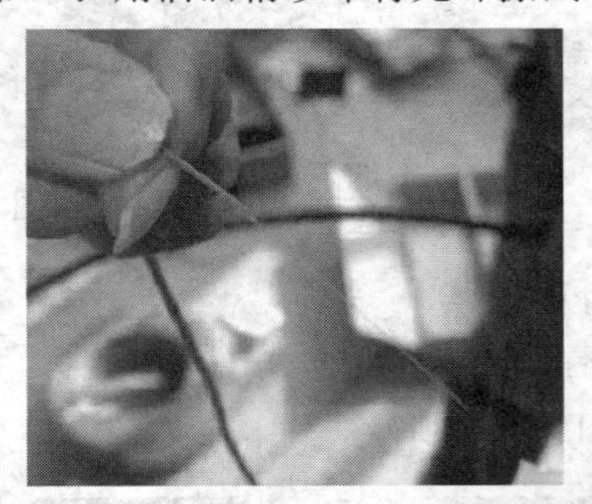

图 8-56　剥好的跳线内绝缘层与外保护层

图 8-57　用沾酒精纱布清洁光纤跳线示意图

步骤 18：用光纤切割刀斩切光纤跳线（斩切长度要适中），如图 8-58 所示。
步骤 19：将斩好的光纤跳线放到光纤熔接机的另一侧（注：两光纤尽量对齐），如图 8-59 所示。

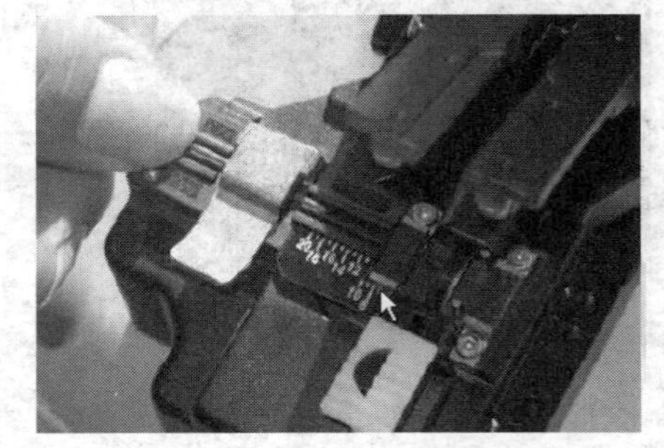

图 8-58　用切割刀切割光纤跳线示意图

图 8-59　切好的光纤跳线放到光纤熔接机的另一侧示意图

步骤 20：固定光纤跳线，如图 8-60 所示。

步骤 21：按“SET”键开始熔接光纤，如图 8-61 所示。

图 8-60　固定光纤跳线示意图

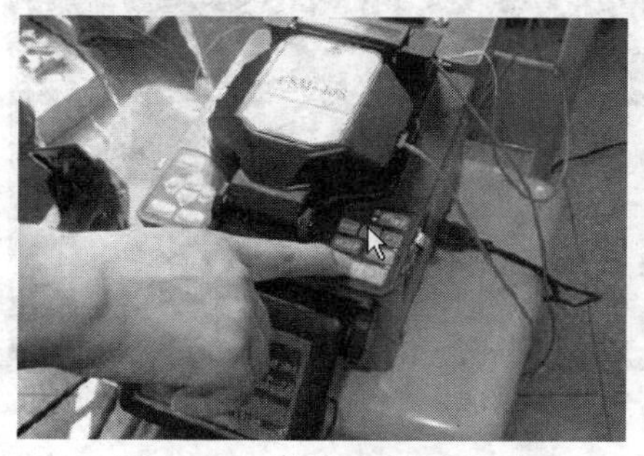

图 8-61　熔接光纤示意图

步骤 22：光纤熔接机 X、Y 轴自动调节，如图 8-62 所示。

步骤 23：熔接结束，观察损耗值，若熔接不成功会告知原因，如图 8-63 所示。

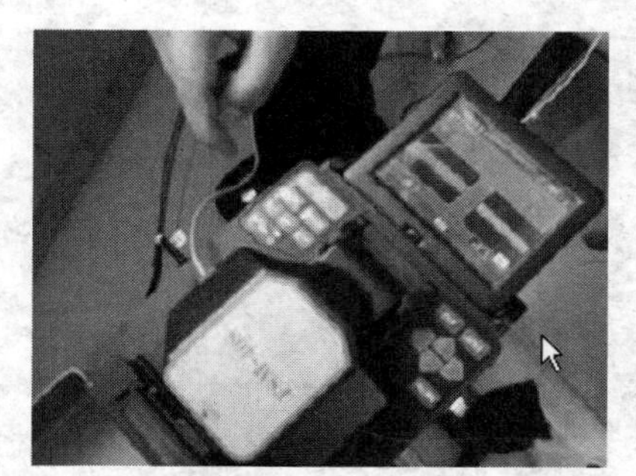

图 8-62　光纤熔接机 X、Y 轴自动调节示意图

图 8-63　熔接结束并观察熔接器显示屏示意图

步骤 24：用光纤热缩套管完全套住剥掉绝缘线层部份（剥光纤时要控制好长度），如图 8-64 所示。

步骤 25：将套好热缩套管的光纤放到加热器中，如图 8-65 所示。

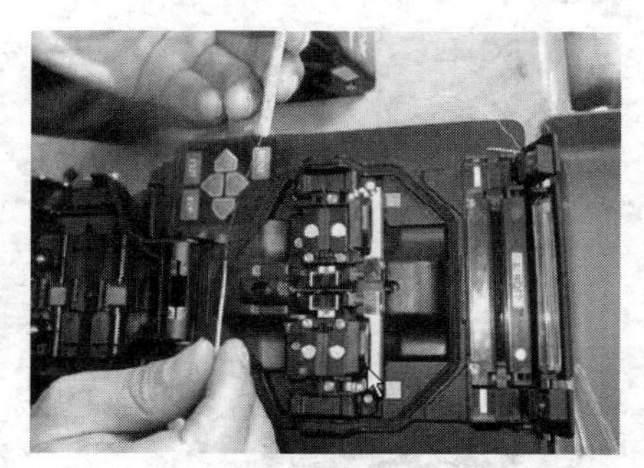

图 8-64　光纤热缩套管完全套住剥掉绝缘线层的光纤示意图

图 8-65　套好热缩套管的光纤放到加热器中示意图

步骤 26：按“HEAT”键加热，如图 8-66 所示。

步骤 27：取出已加热好的光纤，如图 8-67 所示。

图 8-66　加热光纤示意图

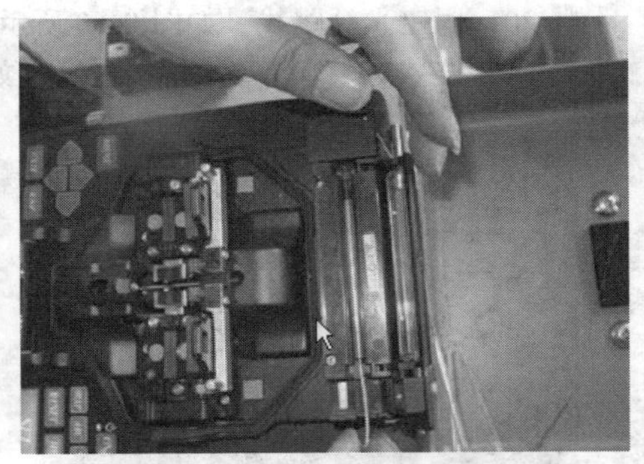

图 8-67　取出加热好的光纤示意图

步骤 28：取出已加热好的光纤，将熔接好的光纤装入光纤收容箱，如图 8-68 所示。

步骤 29：取出已加热好的光纤将光纤盘好并用封箱胶纸固定，如图 8-69 所示。

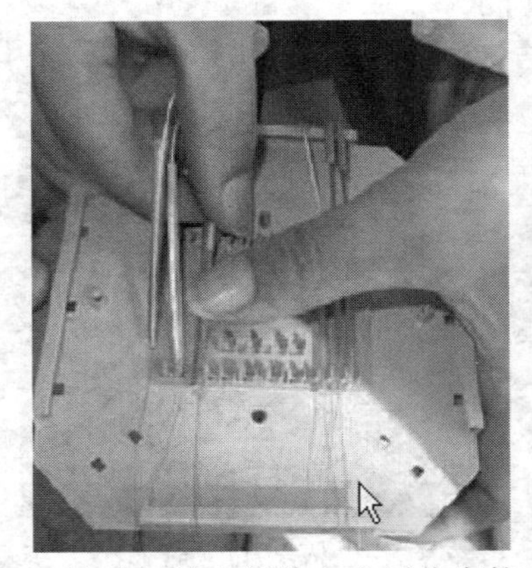

图 8-68　熔接好的光纤装入光纤收容箱示意图

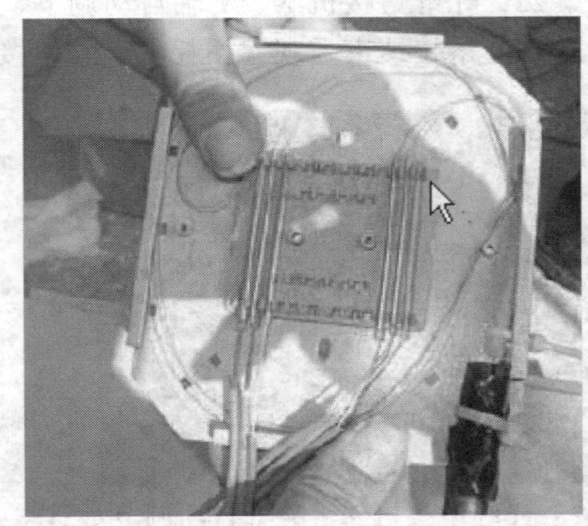

图 8-69　盘好光纤并用封箱胶纸固定示意图

步骤 30：取出已加热好的光纤，固定盘好的光纤并将光纤接头接入光纤耦合器，如图 8-70 所示。

步骤 31：取出已加热好的光纤固定光纤收容箱，如图 8-71 所示。

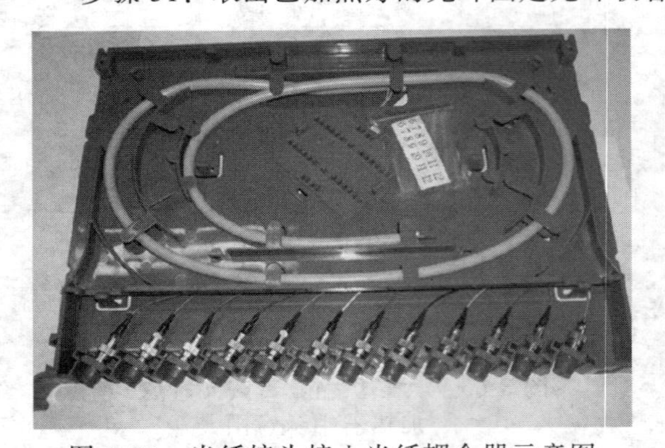

图 8-70　光纤接头接入光纤耦合器示意图

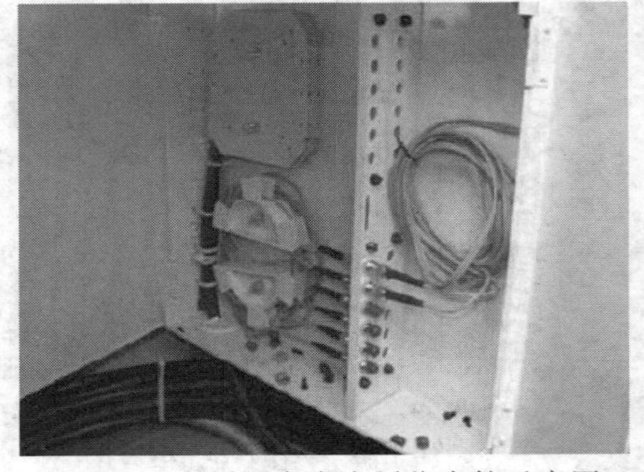

图 8-71　光纤固定在光纤收容箱示意图

步骤 32：取出已加热好的光纤跳线的另一头（方口）接 SWITCH HUB 光纤模块，如图 8-72 所示。

图 8-72　光纤跳线的另一头（方口）
接 SWITCH HUB 光纤模块示意图

8.3　光缆线路常用仪表

8.3.1　光纤熔接机

光纤熔接机是完成光纤固定连接接续的专用机具，外观如图 8-73 所示，原理图如 8-74 所示。

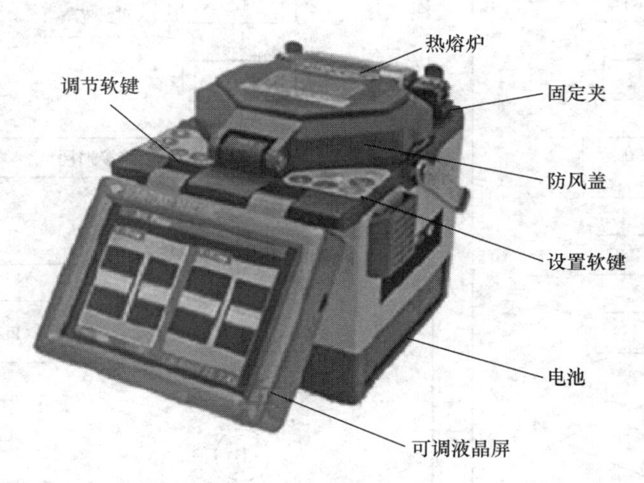

图 8-73　光纤熔接机外观图

光纤熔接机的工作流程图如图 8-75 所示。

光纤熔接机的使用注意事项及养护如下：

主要注意干燥，清洁，电源安全，配件更换，专人使用，保养等。

（1）清洁，光纤熔接机的内外，光纤的本身，重要的就是 V 形槽，光纤压脚等部位。

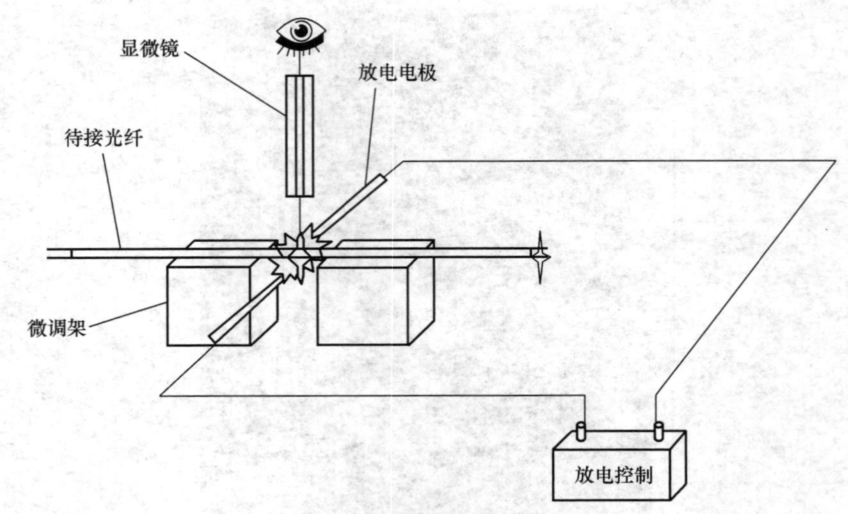

图 8-74　光纤熔接机原理图

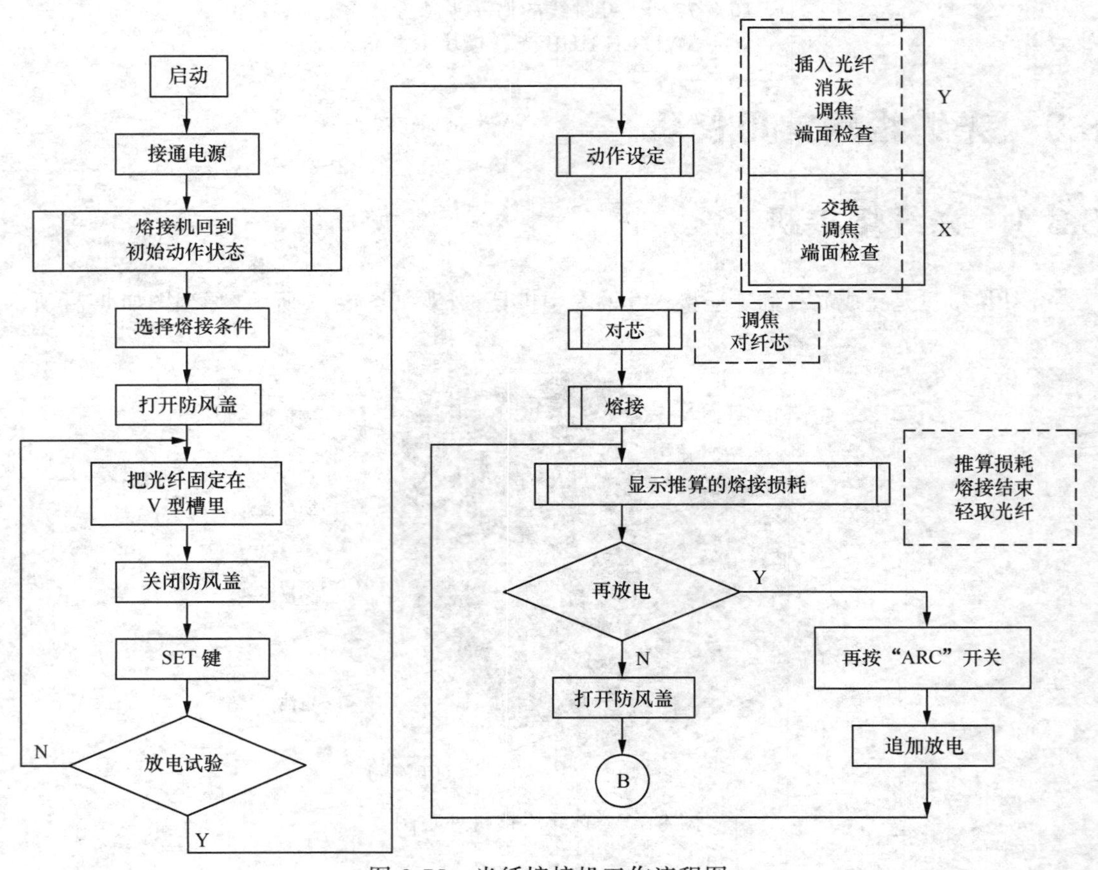

图 8-75　光纤熔接机工作流程图

（2）切割时，保证切割端面 89±1°，近似垂直，在把切好的光纤放在指定位置的过程中，光纤的端面不要接触任何地方，碰到则需要我们重新清洁、切割，强调先清洁后切割。

（3）放光纤在其位置时，不要太远也不要太近。

（4）在熔接的整个过程中，不要打开防风盖。

（5）加热热缩套管过程的学名叫接续部位的补强，加热时，光纤熔接部位一定要放在正中间，加一定张力，防止加热过程出现气泡，固定不充分等现象，强调的是加热过程和光纤的熔接过程可以同时进行，加热后拿出时，不要接触加热后的部位，温度很高，避免发生危险。

（6）整理工具时，注意碎光纤头，防止危险，光纤是玻璃丝，很细而且很硬。

8.3.2　光时域反射仪（OTDR）

光时域反射仪（OTDR）是一个使用率非常高的光纤测试仪表之一，它在光缆线路维护中起着非常重要的作用，如图 8-76 所示。

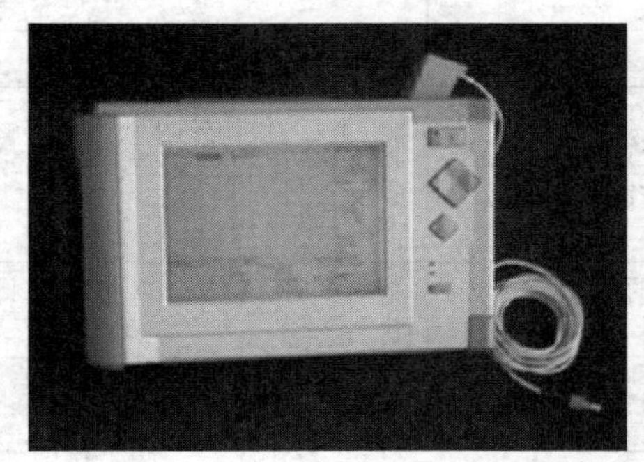
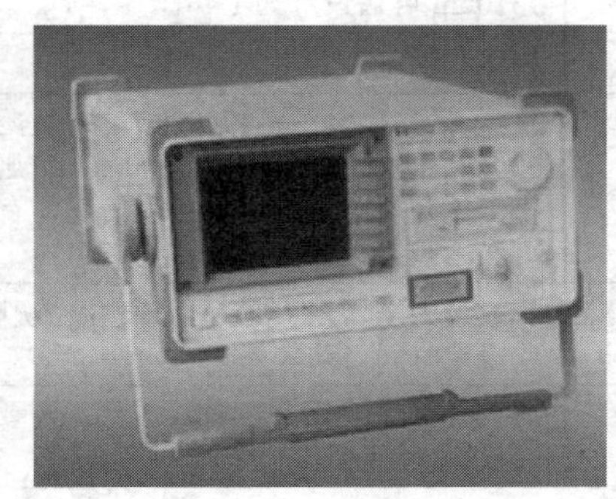

图 8-76　光时域反射仪

1. 光时域反射仪（OTDR）的主要功能

（1）长度测试：例如单盘测试长度、光纤链路长度。

（2）定位测试：如光纤链路中的熔接点、活动连接点、光纤裂变点、断点等的位置。

（3）损耗测试：以上所述各种事件点的连接、插入、回波损耗，单盘或链路的损耗和衰减。

（4）特殊测试：例如据已知长度光纤推测折射率等。 除了测试功能外，它还能实现光纤档案存储、打印以及当前历史档案对比等功能。

光时域反射仪（OTDR）的工作原理如下：

光时域反射仪（OTDR）利用激光光源向被测光纤注入一光脉冲，光脉冲将沿光纤传输，背向瑞利散射光和菲涅尔反射光将沿光纤不断返回入射端，通过检测背向光的大小和到达时间，就能测量出光纤的传输特性、长度及故障点位置等，这种测试方法又称背向散射法。OTDR 正是利用其接收到的背向散射光强度的变化来反映被测光纤上各事件损耗的大小及事件点的位置。

2. OTDR 模拟测试

OTDR 测试模拟图如图 8-77 所示，由 OTDR，尾纤，连接器（法兰头）及被测光缆构成。使用时，尾纤一端连接 OTDR 仪表对应的接口，另一端连接法兰头，被测光缆一端连接法兰头的另一侧。测试步骤如下：

OTDR
光缆
连接器

图 8-77　OTDR 测试模拟图

（1）确定附件齐全。

（2）开启 OTDR 电源，完成自检。

（3）确认待测链路光纤无光，对端未接入设备和其他仪器。

（4）耦合连接待测链路光纤。

（5）估测链路长度。

（6）设置参数。

（7）开启激光优化、分析曲线。

（8）测试结果存储、打印。

3. OTDR 参数设置

OTDR 参数设置见表 8-3 所示。

表 8-3　　OTDR 参数设置表

参　　数	设置参考值	关联测试结果
波长	一般常用 1550nm，根据要求设置	链路平均衰减，长波长对弯曲敏感
折射率	按要求设置，若未知，1550nm 可估设置为 1.4678，1310nm 可估设置为 1.4670	影响测试长度精度（d=tC/2n）
测试范围	按估测长度 1.5 倍近似设置	窗口显示和分辨率
脉宽	单盘 100ns，40km 以下推荐 300ns，50～80km 推荐 500ns，80km 以上推荐 1000ns，可用反射峰的尖锐度来简单判断脉宽的设置合适情况，有时链路衰减过大可选用高一级脉宽	脉宽和动态范围成正比，和事件分辨率成反比
测量模式	一般设为平均，可观察曲线变化情况随时关闭激光器，或设定时间自动关闭	平均多用于分析，实时多用于监测瞬间状态变化
事件门限	非反射事件门限设为 0dB 或根据需要，反射门限按需要设置	关系事件的统计显示

4. OTDR 曲线分析

（1）正常曲线

一般为正常曲线如图 8-78 所示，A 为盲区，B 为测试末端反射峰。测试曲线为倾斜的，随着距离的增长，总损耗会越来越大。用总损耗（dB）除以总距离（km）就是该段纤芯的平均损耗（dB/km）。

（2）光纤存在跳接点

如图 8-79 所示，曲线中间多了一个反射峰，因为很有可能中间是一个跳接点，能够出现反射峰，很多情况是因为末端的光纤端面是平整光滑的。端面越平整，反射峰越高。例如在一次中断割接当中，当光缆砍断以后，测试的曲线应该如光路存在断点图所示，但当你再测试时，在原来的断点位置出现反射峰的话，那说明现场的抢修人员很有可能已经把该纤芯的端面做好了。

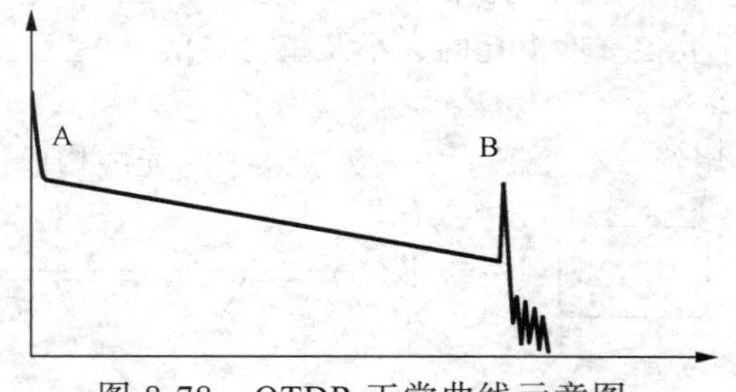

图 8-78　OTDR 正常曲线示意图

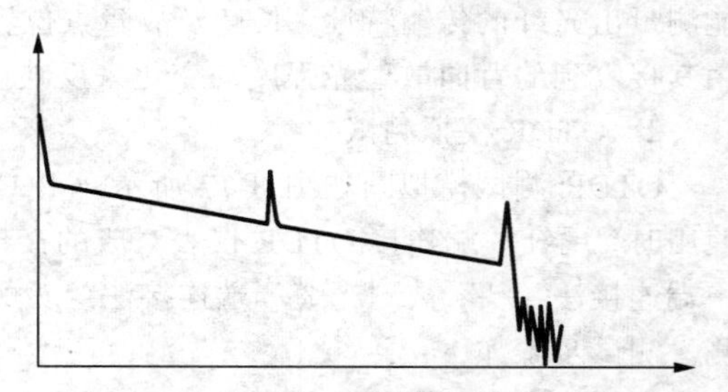

图 8-79　光纤存在跳接点曲线示意图

（3）异常情况

如图 8-80 所以，出现图中这种情况，有可能是仪表的尾纤没有插好，或者光脉冲根本打不出去，再有就是断点位置比较进，所使用的距离、脉冲设置又比较大，看起来就像光没有打出去一样。

出现这种情况，需要进行如下操作：

（1）要检查尾纤连接情况。

（2）更改 OTDR 的设置。把距离、脉冲调到最小，如果还是这种情况的话，可以判断：

① 尾纤有问题。

② OTDR 上的识配器问题。

③ 断点十分近，OTDR 不足以测试出距离来。

如果是尾纤问题，只要换一根尾纤就知道，不行的话就要试着擦洗识配器，或就近查看纤芯了。

（3）非反射事件

如图 8-81 所示，这种情况比较多见，曲线中间出现一个明显的台阶，多数为该纤芯打折，弯曲过小，受到外界损伤等因素。曲线中的这个台阶是比较大的一个损耗点，也可以称为事件点，曲线在该点向下掉，称为非反射事件，如果曲线在该点向上翘的话，那就是反射事件。这时，该点的损耗点就成负值，但并不是说他的损耗小，这是一种伪增益现象，造成这种现象的原因是由于接头两侧光纤的背向散射系数不一样，接头后光纤背向散射系数大于前段光纤背向散射系数，而从另一端测则情况正好相反，折射率不同也有可能产生增益现象。所以要想避免这种情况，只要用双向测试法就可以了。

图 8-80　异常情况曲线示意图

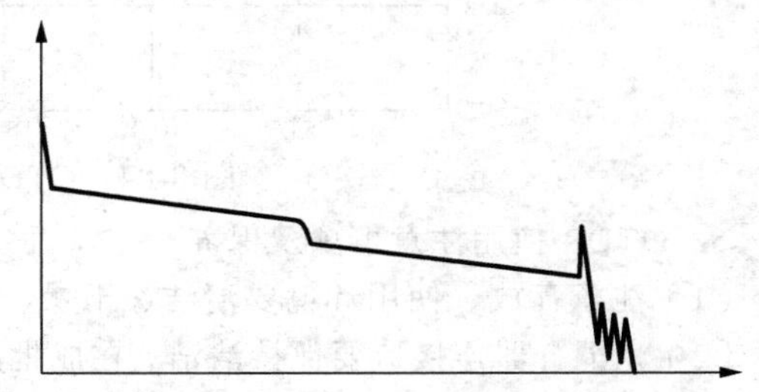

图 8-81　非反射事件情况曲线示意图

（4）光纤存在断点

如图 8-82 所示，这种情况一定要引起注意。曲线在末端没有任何反射峰就掉下去了，如果知道纤芯原来的距离，在没有到达纤芯原来的距离，曲线就掉下去了，这说明光纤在曲线掉下去的地方断了，或者也有可能是光纤在那里打了个折。我们经常用这个原因，在线路上排障的时候，把不能确定的纤芯打折，然后测试人员利用 OTDR 打时实监测，按照图中的这种情况来判断纤芯。

（5）测试距离过长

如图 8-83 所示，这种情况是出现在测试长距离的纤芯时，OTDR 所不能打到的距离所产生的情况，或者是距离、脉冲设置过小所产生的情况。如果出现这种情况，OTDR 的距离、脉冲又比较小的话，就要把距离、脉冲调大，以达到全段测试的目的，稍微加长测试时间也是一种办法。

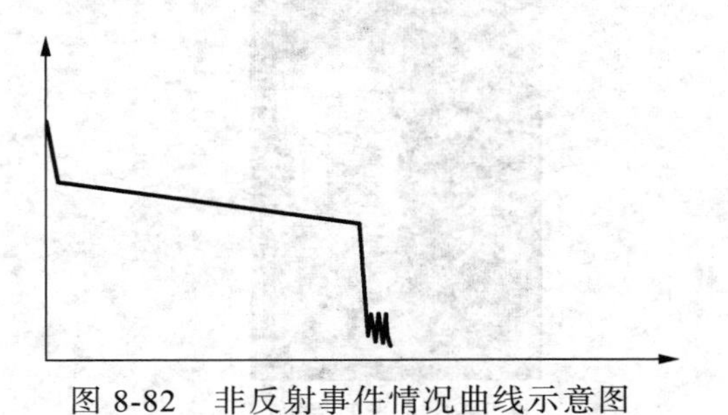

图 8-82　非反射事件情况曲线示意图

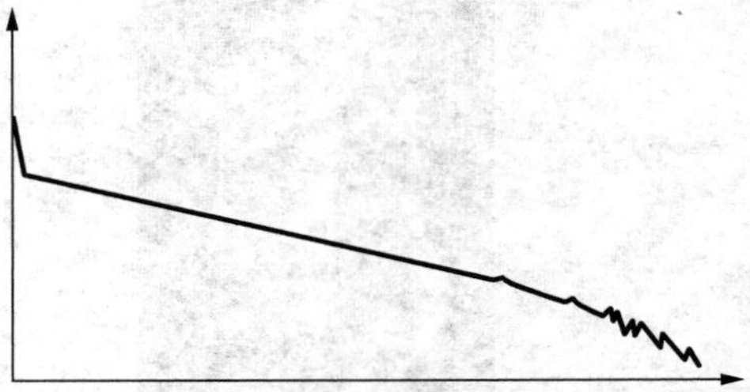

图 8-83　测试距离过长情况曲线示意图

（6）典型轨迹

图 8-84 中说明如下：

Front Connector：前端连接器

Fusion Splice：熔接点，光纤的熔接点缺陷容易造成轨迹图中散射曲线的突然跌落。

Bend：弯曲。弯曲直径过小，光就会不再遵循全反射，而是有以部分从纤衣出射，造成轨迹图中散射曲线的突然跌落。

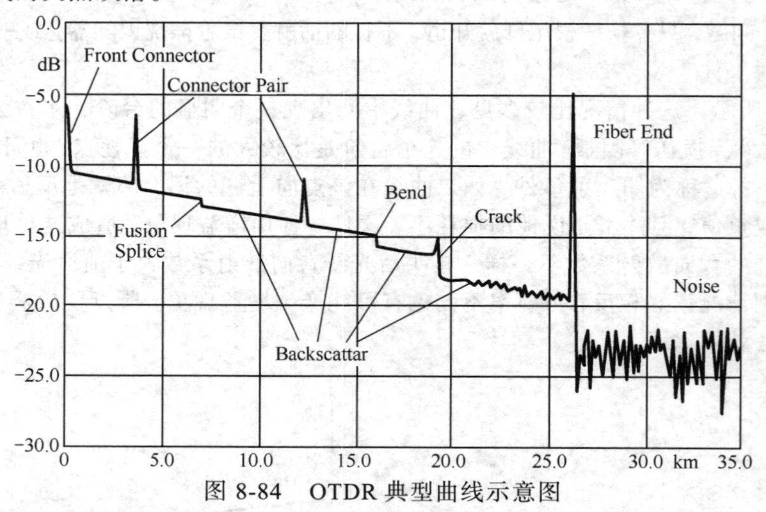

图 8-84　OTDR 典型曲线示意图

5. OTDR 使用注意事项及保养

（1）注意存放、使用环境要清洁、干燥、无腐蚀。

（2）光耦合器连接口要保持清洁，在成批测试光纤时，尽量采用过渡尾纤连接，以减少直接插拔次数，避免损坏连接口。

（3）光源开启前确认对端无设备接入，以免损坏激光器或 损坏对端设备。

（4）尽量避免长时间开启光源。

（5）长期不用时每月作通电检查。

（6）专人存放、保养，作好使用记录。

8.3.3　光源和光功率计

光源与光功率计如图 8-85、图 8-86 所示，主要用于中继段光纤通道总衰减的测试和一些光器件的功率、损耗值。

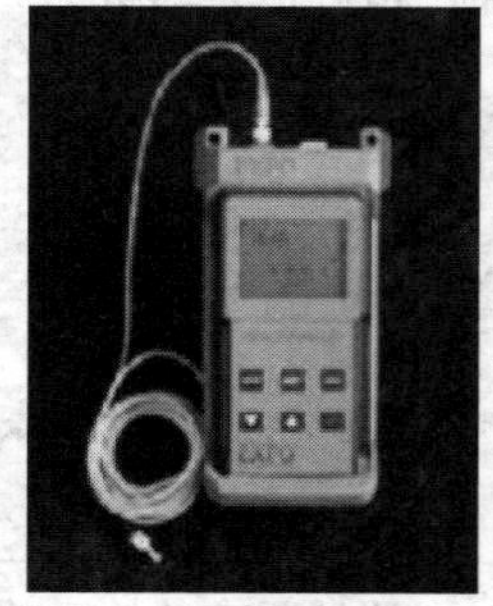

图 8-85　光源

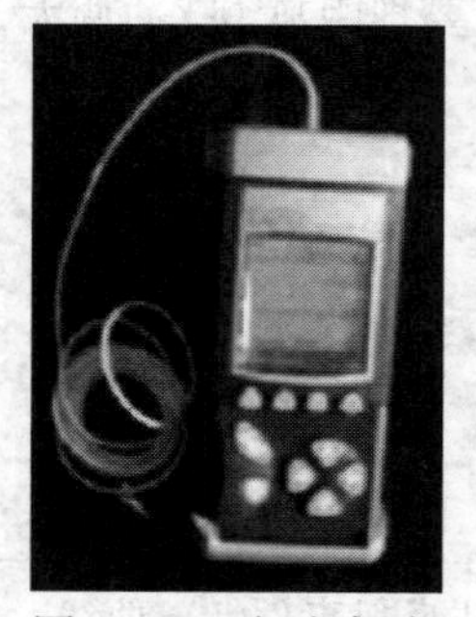

图 8-86　光功率计

1. 操作步骤

（1）开机检查电源能量情况，并预热光源 5 ~ 10 分钟。

（2）按需要设置光源性质、波长选择、功率单位，确认一致性。

（3）校表：用标准尾纤连接光源、功率计，记录入射功率 P1。

（4）测量：在需测链路的两端测试记录功率值为出射功率 P2。

（5）计算：A（dbm）=P1−P2

2. 注意事项

（1）清擦连接部位，核实实际情况。

（2）使用和网络设备相一致的光源。

8.3.4　光万用表

光万用表如图 8-87 所示，将光功率计和稳定光源组合在一起被称为光万用表。即光万用表是集成激光光源与光功率计模块的多功能测量仪表，内置双波长单输出口激光光源。光万用表可以同时提供光源和光功率计的功能，也可以独立使用。

光功率计的维护及保养

（1）经常保持传感器端面清洁，做到无脂、无污染，不使用不清洁、非标准适配器接头，不要插入抛光面差的端面，否则会损坏传感器端面，影响测试结果。

（2）尽可能坚持使用一种适配器。

（3）一旦光万用表不用时，立即盖上防尘帽，保护端面清洁，防止长期暴露在空气中附着灰尘而产生测量误差。

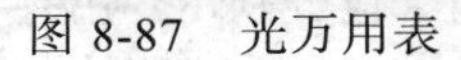

图 8-87　光万用表

（4）小心插拔光适配器接头，避免端口造成刮痕。

（5）定期性地清洁传感器表面。清洁传感器表面时，请使用专用清洁面签沿圆周方向轻轻擦拭。

（6）若长期不用请取出电池，防止电池受潮而影响它的测量。

8.3.5　地阻仪

主要用于各种装置接地电阻值的测量。同时，可测量土壤电阻率及地电压。

1. 操作方法

接地电阻测量，如图 8-88 所示。

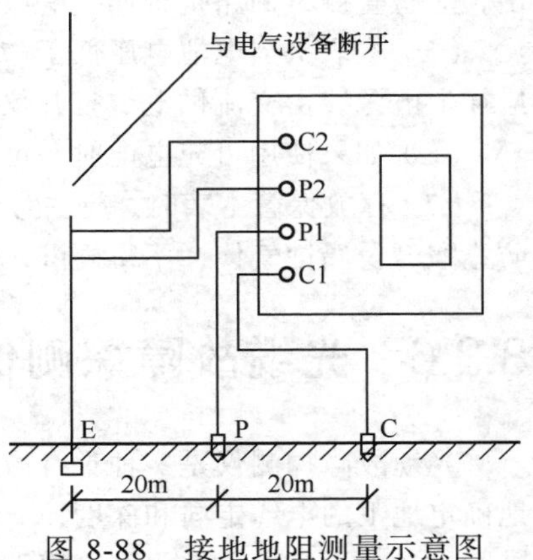

图 8-88　接地地阻测量示意图

（1）被测接地 E（C2、P2）和电位探针 P1 及电流探针 C1 依直线彼此相距 20m，使电位探针处于 E、C 中间位置，按要求将探针插入大地。

（2）用专用导线将端子 E（C2、P2）、P1、C1 与探针所在位置对应连接。

（3）开启电源开关“ON”选择合适挡位轻按一下键，该挡指示灯亮，表头 LCD 显示的数值即为被测得的接地电阻值。

土壤电阻率测量，如图 8-89 所示。

测量时在被测的土壤中沿直线插入四根探针，并使各探针间距相等，各间距的距离为 L，要求探针入地深度为 L/20cm，用导线分别从 C1、P1、P2、C2 各端子与四根探针相连接。若测出电阻值为 R，则土壤电阻率按下式计算：ψ=2πRL。

ψ一土壤电阻率（Ωcm）、L—探针与探针之间的距离（cm）、R—地阻仪的读数（Ω）。用此法则得的土壤电阻率可近似认为是被埋入探针之间区域内的平均土壤电阻率。

导体电阻测量，如图 8-90 所示。

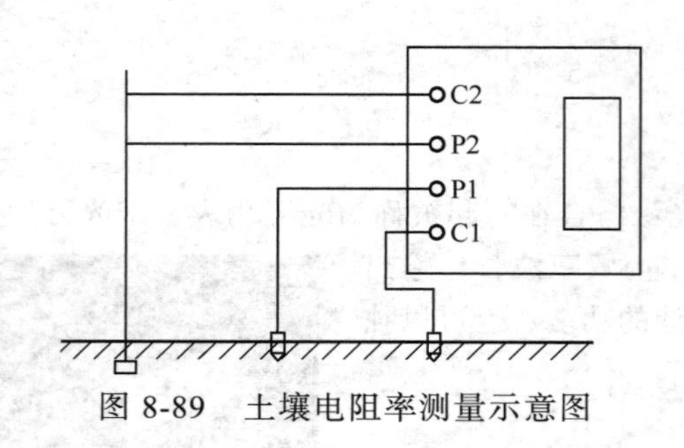

图 8-89　土壤电阻率测量示意图

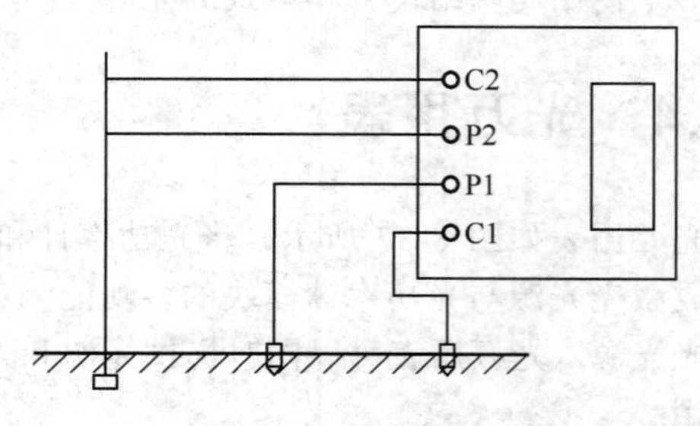

图 8-90　导体电阻测量示意图

地电压测量

测量接线如图 8-88 所示，拔掉 C1 插头，E、P1 间的插头保留，启动地电压（EV）挡，指示灯亮，读取表头数值即为 E、P1 间的交流地电压值。测量完毕按一下电源“OFF”键，仪表关机。

2．测量事项及维护保养

（1）测量保护接地电阻时，一定要断开电气设备与电源连接点。在测量小于 1Ω 的接地电阻时，应分别用专用有导线连在接地体上，C2 在外侧，P2 在内侧，如图 8-91 所示：

（2）测量接地电阻时最好反复在不同的方向测量 3～4 次，取其平均值。

（3）测量大型接地电网接地电阻时，不能按一般接线方式测量，可参照电流表，电压表测量法中的规定选定埋插头。

（4）若测试回路不通或超量程时，表头显示“1”说明溢出，应检查测试回路是否连接好或是否超量程。

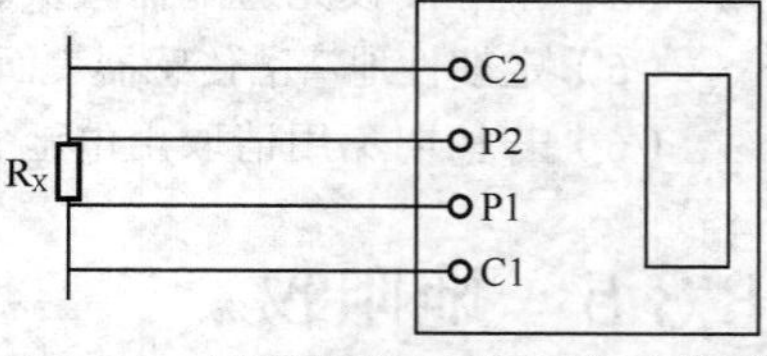

图 8-91　测量保护接地电阻示意图

（5）本表头当电池电压低于 7.2V 时，表头显示欠压符号“U<”表示电池电压不足，此时应插上电源线由交流供电或打开仪器后盖板更换干电池。

（6）如果使用可充电池时，可直接插上电源线利用本机充电，充电时间一般不低于 8 小时。

（7）存放保管本表时，应注意环境温度和湿度，应放在干燥通风的地方为宜，避免受潮，应防止酸碱及腐蚀气体，不得雨淋，暴晒、跌落。

8.3.6　光缆故障探测仪

光缆故障探测仪是一种具有微型处理器的电缆（光缆）外皮故障及路由探测仪，能快速有效地确定地下的电缆走向和深度，及确定外皮故障。能准确探测出所埋的电子标志器的位置、同步进行寻找电子标志器及跟踪电缆走向。如图 8-92 所示。

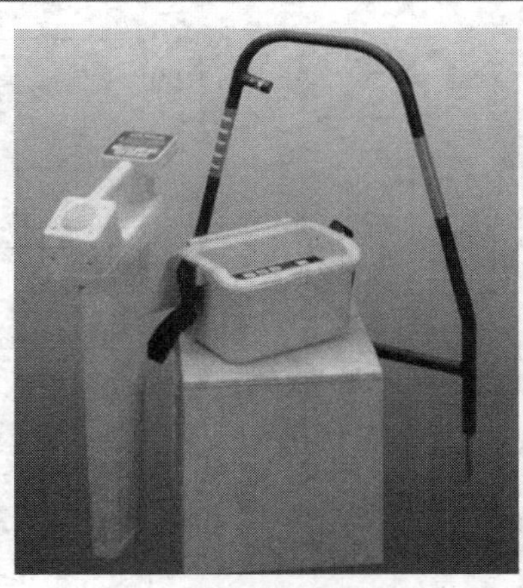

图 8-92　光缆故障探测仪

1. 工作原理

信号发生器产生的直流高压脉冲送入被测光缆，通过绝缘不良点入地时，在入地点表面形成点电场，该点电场离故障点越近则场强越强。

2. 操作步骤

（1）正确连线。

（2）选择合适的频率挡位。

（3）选择绝缘测量模式。

（4）发送信号。

（5）打开接收机，接收机选择“故障”挡。

（6）连接探测架和接收机。

（7）观察、分析确定故障点。

3. 注意事项

（1）接地线的放置应在尽量长一些。

（2）特殊地段（盘留、排流线、塑料管）细比较、综合考虑，准确判断。

（3）光缆很长时将对端接地，有利于查找故障点。

8.3.7　PMD（偏振模色散）测试仪

1. PMD 定义

在单模光纤传输中，光波的基模含有两个相互垂直的偏振模。如果光纤的几何尺寸具有理想的均匀对称性而且没有应力，这两个偏振模将以相同的速率在光纤中传播，到达光纤另一端的时间也没有任何延迟。但在实际的光纤中，这两个偏振模以不同的速率传播，因而到达光纤另一端就存在一个时间差，单位长度上的时间差就称为 PMD 系数。

2. 测量原理（干涉法）

宽带光源接收经过偏振器分离两个偏振态，然后经过光束分离器将入射光分成两束光，分别经固定反射镜和可移动反射镜进入干涉条纹探测器，当存在 PMD 时，两束光中的快轴和慢轴之间交叉发生干涉，相应于干涉条纹的主峰旁出现旁峰。通过相关函数分析得出延迟。原理图如图 8-93 所示。常见的测量图如图 8-94 所示。

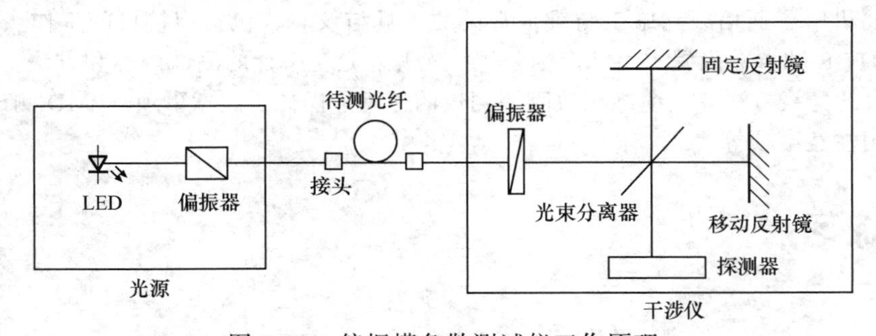

图 8-93　偏振模色散测试仪工作原理

3. 使用注意事项

（1）使用谱宽大的光源。

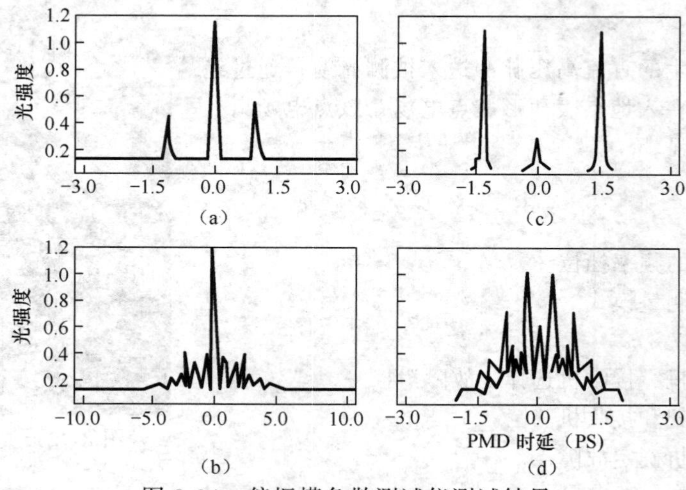

图 8-94　偏振模色散测试仪测试结果

（2）选择正确的波长和 PMD 值范围。

（3）选择正确的偏振模耦合模式。

（4）对一条曲线都可自动进行多重测试。

8.3.8　其他光通信仪表

在光缆施工与维护中，还涉及到其他仪表，如：

光纤识别仪：识别光纤中是否有光信号和对纤。利用加持微弯折射光原理，在抢修、割接中作用大。

光电话：割接、抢修的光通信联系。

红光仪：近距离的光纤识别和漏光点查找。

由于仪表比较多，这里不一一介绍。

本章小结

本章主要讲解了通信线路施工与维护常见的工具与仪表，包括熔接机的工作步骤和质量评判、保养。OTDR 的参数设置、手动定标分析。光源、光功率计的测试内容和方法。光万用表的功能。地阻仪的连线方法。光缆绝缘故障探测仪的原理、操作、注意事项。PMD 测试（干涉仪）的原理、使用注意事项等。

思考与练习

简答题

1. 光时域反射仪（OTDR）有哪些测试功能？
2. 画出 OTDR 测试模拟图，并说明测试过程。
3. 什么是 PMD？

4. 光缆切割刀的操作顺序是什么?
5. 光缆工具箱常用的工具及用途分别是什么?
6. 光纤切割后，不良的光纤端面有哪些?
7. 光纤熔接失败，熔接机显示的异常结果有哪些?
8. 简单说说光纤熔接的基本过程是什么?
9. 光纤熔接机的使用及养护要注意哪些方面?
10. OTDR 模拟测试过程是什么?

参考文献

[1] 胡庆，张德民，张颖. 通信光缆与电缆线路工程[M]. 北京：人民邮电出版社，2011.
[2] 刘强. 通信管道与线路工程设计[M]. 北京：国防工业出版社，2009.
[3] 罗建标，陈岳武. 通信线路工程设计、施工与维护[M]. 北京：人民邮电出版社，2012.
[4] 李波，解文博，解相吾. 通信工程设计制图[M]. 北京：电子工业出版社，2010.
[5] 程毅. 光缆通信工程设计、施工与维护[M]. 北京：机械工业出版社，2010.
[6] 中国电信集团公司. EPON/GPON 技术问答[M]. 北京：人民邮电出版社，2010.
[7] 李巍，刘册. 光纤到户（FTTH）安装调试[M]. 北京：中国劳动社会保障出版社，2009.
[8] 黄艳华，冯友谊，杜军. 现代通信工程制图与概预算[M]. 北京：电子工业出版社，2011.
[9] 于润伟. 通信建设工程概预算[M]. 北京：化学工业出版社，2011.
[10] 陇小渝，周海明，赵会娟. 通信工程质量管理[M]. 北京：人民邮电出版社，2008.
[11] 傅珂，李雪松. 通信线路工程[M]. 北京：北京邮电出版社，2010.
[12] 张开栋. 现代通信工程监理手册[M]. 北京：人民邮电出版社，2009.
[13] 陈海涛，李斯伟. 光传输线路与设备维护:学习工作页[M]. 北京：机械工业出版社，2011.
[14] 于润伟. 通信工程管理[M]. 北京：机械工业出版社，2008.
[15] 孙青华. 通信工程设计及概预算（上册）:通信工程设计及概预算基础[M]. 北京：高等教育出版社，2011.
[16] 孙青华. 通信工程设计及概预算（下册）:通信工程设计及概预算实务[M]. 北京：高等教育出版社，2012.
[17] 张航东，尹晓霞. 通信管线工程施工与监理[M]. 北京：人民邮电出版社，2009.
[18] 穆维新. 现代通信工程设计[M]. 北京：人民邮电出版社，2007.
[19] 王志宇. 通信建设工程安全生产操作规范[M]. 北京：北京邮电大学出版社，2008.
[20] 黄坚. 通信工程建设监理[M]. 北京：北京邮电大学出版社，2006.
[21] 寿文泽. 通信线路工程设计[M]. 北京：北京邮电大学出版社，2009.